高等职业教育“十四五”规划教材

化学分析

（第二版）

主　编　牟晓红　于娇娇
副主编　刘继超

中国石化出版社

内 容 提 要

本书以高等职业院校培养高素质、高技术技能型人才的基本要求为目标，以“实用为主、够用为度、应用为本”的原则，精选化学分析的内容而编写。全书共八章，主要内容包括概述、化学分析基础知识和基本技能、定量分析中的误差与数据处理、酸碱平衡与酸碱滴定法、配位化合物与配位滴定法、氧化还原滴定法、重量分析法、沉淀滴定法。本书集理论知识与实践技能于一体，注重复合能力和创新能力培养，强化技术应用和技术创新，重视实践教学管理，培养具有审辨式思维能力、解决复杂问题能力和创新能力的发展型、复合型、创新型高层次技术技能人才。

本书不仅适用于高职专科学生的学习，同时也体现了本科层次职业教育人才培养目标，可作为高等职业院校分析检验、石油化工、应用化工、炼油、环保等专业的化学分析教材，也可作为其他专业的化学分析教学参考教材，还可供从事相关工作的专业人员、分析测试人员以及自学者阅读参考。

图书在版编目(CIP)数据

化学分析 / 牟晓红，于娇娇主编 . —2 版 . —北京：中国石化出版社，2023. 4
ISBN 978-7-5114-6967-0

Ⅰ. ①化… Ⅱ. ①牟… ②于… Ⅲ. ①化学分析—高等职业教育—教材 Ⅳ. ①O65

中国版本图书馆 CIP 数据核字(2023)第 078133 号

中国石化出版社出版发行

地址：北京市东城区安定门外大街 58 号
邮编：100011　电话：(010)57512500
发行部电话：(010)57512575
http://www. sinopec-press. com
E-mail：press@ sinopec. com
北京艾普海德印刷有限公司印刷
全国各地新华书店经销

*

787×1092 毫米 16 开本 11. 25 印张 275 千字
2023 年 6 月第 2 版　2023 年 6 月第 1 次印刷
定价：38. 00 元

前　言

本书第一版于2013年5月出版，在多年的教学实践中得到了广大师生的好评。为了体现当前高职高专院校教学改革的成果，同时也体现职业本科教学内容和课程体系，体现职教本科办学定位的特色，于2022年启动本次修订工作，初稿于2022年12月完成。

本书把理论学习和实践应用紧密衔接，把职业素养和工匠精神与科学技术真正融合，是为培养高素质、高技术技能型人才而编写的，其特点是注重产教融合、校企双元合作开发；遵循职业本科人才培养的教育规律，将“足够、扎实”的理论基础和相对完整的实践技能有机结合，在更宽的理论技术基础上，突出实践，强化应用。本书语言精炼，条理性强，重点和难点明确；充分发挥课程教学的思政教育功能。

全书共分为八章，包括：概论、化学分析基础知识和基本技能、定量分析中的误差与数据处理、酸碱平衡与酸碱滴定法、配位化合物与配位滴定法、氧化还原滴定法、重量分析法和沉淀滴定法。本次修订删除了第一版中的气体分析章节，增加了化学分析基础知识和基本技能章节，教学内容力求以企业实际工作过程、真实生产项目、典型工作任务等为载体，将知识、能力和正确价值观的培养有机结合。通过学习使学生在掌握化学分析基本理论的基础上，初步具备化学分析基本操作技能，提高科学研究水平和科学研究的综合素质，培养严谨的科学态度、踏实细致的科学素养和实事求是的科学作风，提高分析问题和解决问题的能力。

本书由牟晓红、于娇娇担任主编，刘继超担任副主编，并由牟晓红统稿。牟晓红编写第一章、第四章(第一节至第四节)、第五章；于娇娇编写第三章、第四章(第五节，第六节)、第六章；刘继超编写第二章、第七章、第八章。

本书在编写过程中采纳了相关企业专家的指导意见，兰州化工研究中心在教材资源建设方面给予了大力支持；兰州石化职业技术大学姚冠旭、张兆辉、王梓帆、宋敏瑄、唐玉茹、景晓霞、李文慧在视频制作中做了大量工作；同时也得到了中国石化出版社的大力支持和帮助，在此，表示衷心的感谢！

限于编者的水平，书中不妥之处在所难免，恳请广大读者批评指正。

编　者

2023 年 6 月

目　录

第一章 概述

学习目标

❖ 了解分析化学的任务、作用和分类，明确该课程在国民经济中的重要性及发展方向；

❖ 了解滴定分析的基本原理及分类，掌握滴定反应应具备的条件和滴定分析方式。

能力目标

❖ 学会滴定分析中标准溶液的配制和表示方法；

❖ 掌握并灵活应用滴定分析中基本的计算方法。

第一节 分析化学概述

一、分析化学定义、任务和作用

在人类的生产实践、社会活动和科学实验中，会接触、应用到各种各样的物质。人们需要了解、认识这些物质的化学成分、各组分的含量以及其分子结构等。

分析化学(Analytical Chemistry)是研究物质的化学组成、含量、结构和形态的分析方法及有关理论的一门学科。分析化学是化学学科的一个重要分支。它对化学及其相关学科的发展有着重要的作用。

在国民经济、国防建设、科学研究、学科建设和人类各项活动中都需要分析化学提供大量的信息。在工业方面，资源勘探、原材料选择、工艺流程的控制、产品检验、新产品的研制，新工艺及技术的革新等；在农业方面，土壤普查、化肥和农药成分分析、农产品质量检验、优良品种的选育、肥料的合理配制等；在尖端科学和国防建设方面，原子能材料、半导体材料、核武器材料、人造卫星、新型材料研制等；在环保方面，大气和水质监测、“三废”治理、生态平衡研究等；在现代科学及人类当前所面临的资源、能源、人口、粮食、环境这“五大危机”中，所有问题的发现和解决等，都离不开分析化学。因此人们常将分析化学称为生产、科研的“眼睛”。

二、分析化学的分类

按照分析任务、分析对象、测定原理、试样用量、被测组分含量和具体要求，分析化学可按以下几种方式分类：

（1）定性分析、定量分析和结构分析

定性分析的任务是鉴定物质由哪些组分组成，给出物质的化学成分；定量分析的任务是测定物质中有关组分的含量；结构分析的任务是研究物质的分子结构或晶体结构，通过测定物质的空间构型、排布方式，从其微观结构进一步研究其物理、化学等方面的性质。

在对物质进行分析时，通常先确定物质的组成即定性分析，然后再选择合适的分析方法，进行各成分含量的测定，即定量分析。如果成分已知或仅对体系中某一已知成分进行测定，则只需进行定量、结构或形态分析。

（2）无机分析和有机分析

无机分析的对象是无机化合物，由于无机化合物的组成元素种类繁多，其主要任务是鉴定物质的组成和各组分的含量。

有机分析的对象是有机化合物，虽然构成有机化合物的元素种类不多，但其结构复杂，同分异构的性质也会有较大的差别。所以，有机分析不仅要进行定性、定量分析，更主要的是要进行官能团和分子结构分析。

（3）化学分析和仪器分析

以物质的化学反应为基础的分析方法，称为化学分析法。化学分析是分析化学的基础，是本课程主要学习的内容。化学分析主要包括滴定分析(也称容量分析)和重量分析，滴定分析根据其化学反应类型的不同，又可分为：酸碱滴定法、配位滴定法、氧化还原滴定法、沉淀滴定法。

以物质的物理或物理化学性质为基础的分析方法称为物理和物理化学分析法。这类方法通常需要利用特殊的仪器设备来完成，所以又称为仪器分析。仪器分析包括光学分析法、电化学分析法、色谱分析法、质谱分析，以及核磁共振波谱分析、电子探针和离子探针微区分析等。

（4）常量分析、半微量分析、微量分析和超微量分析

根据分析时试样用量的多少，可分为常量分析、半微量分析、微量分析和超微量分析，见表1-1。

表1-1　根据试样用量划分的分析方法

分析方法	固体试样质量/g	液态试样体积/mL
常量分析	1～0.1	100～10
半微量分析	0.1～0.01	10～1
微量分析	0.01～0.0001	1～0.01
超微量分析	<0.0001	<0.01

（5）常量组分分析、微量组分分析和痕量组分分析

根据被测组分在试样中相对含量的多少，可分为常量组分分析(质量分数>1%)、微量组分分析(质量分数为0.01%～1%)和痕量组分分析(质量分数<0.01%)。

随着新的分析测试方法的出现、分析技术的提高和分析手段的现代化，微量组分分析

和痕量组分分析的划分界限也在不断变化。

一般情况下，常量组分分析取样量较多，大都采用化学分析法；而微量组分和痕量组分分析，则采用仪器分析的方法。

知识拓展

超痕量元素分析技术是一种微量元素分析技术，可检测痕量元素，最高精度可达十亿分之一，是微量元素分析技术的发展趋势。

(6) 常规分析、快速分析和仲裁分析

常规分析是指厂矿企业实验室配合生产所进行的日常分析，也称为例行分析。快速分析则是为控制生产正常进行，要求在很短的时间内迅速给出分析结果的分析，例如，炼钢过程的炉前分析。

当不同单位对同一试样给出的分析结果有较大差异、产生争议时，则要求具有一定权威的部门，采用指定的标准分析方法进行分析，以确定原分析结果的可靠性，这种分析称为仲裁分析或裁判分析。

三、分析化学的发展及趋势

分析化学学科的发展经历了三次巨大变革：第一次是随着分析化学基础理论，特别是物理化学的基本概念(如溶液理论)的发展，使分析化学从一种技术演变成为一门科学。第二次变革是由于物理学和电子学的发展，改变了经典的以化学分析为主的局面，使仪器分析获得蓬勃发展。目前，分析化学正处在第三次变革时期，生命科学、环境科学、新材料科学发展的要求，生物学、信息科学、计算机技术的引入，使分析化学进入了一个崭新的境界。因此，现代科学的发展要求分析化学提供更多的关于物质组成和结构的信息，尤其是物质结构与性能关系的信息，同时，现代科学也向分析化学不断提供新的理论、方法和手段，促进了分析化学的发展。所以，现代分析化学朝着灵敏、准确、快速、简便、自动化和技术联用等方向发展，成为参与处理和解决问题的决策手段。

随着电子工业和真空技术的发展，许多新技术渗透到分析化学中来，出现了日益增多的测试方法和新的分析仪器。它们高度灵敏和测定快速，若使用电子探针，则试样体积可小至 10^{-12}mL；电子光谱的绝对灵敏度可达 10^{-18}g。

纯氧顶吹转炉炼钢法(转炉内高压氧气将铁水脱磷、去除夹杂物)每炉只用几十分钟，它要求炉前高速分析。在地质普查、勘探工作中，需要获得上百万、上千万个数据，不仅要求快速自动化，而且要求发展遥测技术。

激光技术的引入促进了激光共振电离光谱、激光拉曼光谱、激光诱导荧光光谱、激光热光谱、激光质谱等方法的开展；多元配合物、有机显色剂、增效试剂的研制等，大幅度提高了分析方法的灵敏度和分析性能，检测单个原子或分子已经成为现实。

由于计算机和计算科学的发展，计算机与分析仪器的联用，不但可以自动报出数据，对科学实验条件或生产工艺进行自动调节、控制，而且可以对分析程序进行自动控制，实现分析过程自动化，大大提高了分析工作的水平。

因此，分析化学的任务已不再局限于测定物质的组成和含量，而且还要对物质的结构、价态、状态等方面进行分析，因而它活动的领域也由宏观发展到微观，由表观深入内部，由总体进入微区、表面或薄层，由静态发展到动态。

总之，不论是常量、微量、痕量，组成、形态，表面、内部，静态、动态，还是离线、在线等方面的分析，其方法越来越灵敏、准确、简便和自动化，可以获得更多、更全面的信息。分析化学在人类历史上曾做出过卓越贡献，未来也必将继续做出重要贡献。

尽管分析化学正向着高灵敏度、高速度和仪器自动化的方向发展，但化学分析仍然是分析化学的基础，当前许多仪器分析方法都离不开化学处理和溶液平衡理论的应用，因此，分析化学作为一门基础课，仍然要从化学分析学起，进而扩展到仪器分析。

化学分析是一门以实验为基础的科学。在学习过程中应做到理论联系实际，掌握化学分析理论基础，加强实验操作技能的训练；培养严谨、求实的工作作风和科学态度，树立准确的“量”的概念；提高应用理论知识分析和解决实际问题的能力，提高综合素质，为学习后续课程打下基础，成为一名掌握一定专业技能的合格的工程技术人员。

第二节　滴定分析法概述

一、滴定分析的基本概念

将一种已知准确浓度的试剂溶液，通过滴定管滴加到一定量的待测组分溶液中，直到待测组分与标准溶液按化学计量关系定量完全反应，根据标准溶液的浓度和所消耗的体积，计算出待测组分的含量，这一类分析方法称为滴定分析法(或容量分析法)。已知准确浓度的溶液称为标准溶液(简称标液)。将标准溶液滴加到待测溶液中的操作过程称为滴定。滴加的标准溶液与待测组分恰好定量反应完全的这一点，称为化学计量点。

在化学计量点时，反应往往没有易为人察觉的任何外部特征，一般利用指示剂颜色的突变或仪器测试来判断化学计量点的到达，指示剂变色的点称为滴定终点。

实际分析操作中滴定终点与理论上的化学计量点不一定能恰好符合，它们之间往往存在很小的差别，由此而引起的误差称为终点误差也称滴定误差。终点误差的大小，决定于滴定反应和指示剂的性能及用量，是滴定分析误差的主要来源之一。

滴定分析法适用常量组分的测定，有时也可以测定微量组分；该法仪器设备简单，操作简便、快速，可用于多种化学反应类型的测定；分析准确度较高，相对误差在0.1%左右。因此，在生产实践和科学研究方面常作为标准方法，应用比较广泛。

滴定分析法主要包括酸碱滴定法、配位滴定法、氧化还原滴定法及沉淀滴定法等。

二、滴定分析反应的条件和滴定方式

1. 滴定反应的条件

① 反应定量完成。即被测组分与标准溶液之间的反应按一定的化学方程式进行完全(>99.9%)，无副反应的发生，这是定量计算的基础。

② 反应速率要快。滴定反应要求在瞬间完成，对于速率慢的反应，应采取适当措施

(如加热、加催化剂等)提高其反应速率。

③ 能用比较简便的方法确定滴定终点。

2. 滴定方式

(1) 直接滴定法

凡是滴定剂与被测组分的反应满足上述滴定反应的条件，就可以用标准溶液直接滴定被测的物质，这种滴定方式称为直接滴定法。直接滴定法是滴定分析中最常用和最基本的方法，其操作简便、准确度高、分析结果的计算也较简单，如以酚酞为指示剂，以 NaOH 标准溶液滴定 HCl。

(2) 返滴定法

当反应速率较慢、待测物难溶于水或没有合适的指示剂时，可在待测物中先加入适当过量的标准溶液，使之充分反应。待反应完成后，再用另一种标准溶液滴定剩余的第一种标准溶液，从而求出待测组分的含量，这种滴定方式称为返滴定法。如固体 $CaCO_3$ 的测定，可先加入过量的 HCl 标准溶液，待反应完成后，用 NaOH 标准溶液滴定剩余的 HCl。

(3) 置换滴定法

对于没有定量关系或伴有副反应的反应，可以先用适当的试剂与待测物反应，置换出可被准确滴定的物质，然后再用适当的标准溶液进行滴定，这种滴定方式称为置换滴定法。例如 $Na_2S_2O_3$ 不能直接滴定 $K_2Cr_2O_7$，可在酸性条件下，在 $K_2Cr_2O_7$ 溶液中加入过量的 KI，生成定量的 I_2，以淀粉为指示剂，用 $Na_2S_2O_3$ 滴定生成的 I_2。

(4) 间接滴定法

对于不能与滴定剂直接反应的物质，可以通过另外的化学反应间接进行滴定。例如 Ca^{2+}不能直接用氧化还原法滴定，若将 Ca^{2+} 沉淀为 CaC_2O_4，过滤并洗净后溶解于硫酸中，再用 $KMnO_4$ 标准溶液滴定与 Ca^{2+}结合的 $C_2O_4{}^{2-}$，从而可以间接测定 Ca^{2+}的含量。

由于滴定分析的滴定方法多，滴定方式灵活，从而拓展了滴定分析的应用范围。

第三节 基准物质与标准溶液

一、基准物质

基准物质是用于直接配制或标定标准溶液的物质，也称标准物质。基准物质必须符合以下要求：

① 物质的组成和化学式应完全符合。若含结晶水，如草酸 $H_2C_2O_4 \cdot 2H_2O$ 等，其结晶水的含量也应与化学式完全相符。

② 物质必须具有足够的纯度，即主要成分含量在 99.9%以上，所含杂质不影响滴定反应的准确度。

③ 试剂性质稳定。

④ 基准物质最好具有较大摩尔质量，以减小称量误差。如标定盐酸的基准物既可选择

Na_2CO_3 也可选择 $Na_2B_4O_7 \cdot 10H_2O$，仅考虑减小称量误差，应选择 $Na_2B_4O_7 \cdot 10H_2O$，但综合考虑时，实际通常选择 Na_2CO_3 作为标定盐酸的基准物。在实际分析工作中常用的基准物质见表 1-2。

表 1-2　常用基准物质的干燥条件和应用

基准物质		干燥后的组成	干燥条件/℃	标定对象
名称	化学式			
碳酸氢钠	$NaHCO_3$	Na_2CO_3	270~300	酸
十水合碳酸钠	$Na_2CO_3 \cdot 10H_2O$	$Na_2CO_3 \cdot 10H_2O$	270~300	酸
硼砂	$Na_2B_4O_7 \cdot 10H_2O$	$Na_2B_4O_7 \cdot 10H_2O$	放在装有 NaCl 和蔗糖饱和溶液的密闭器皿中	酸
二水合草酸	$H_2C_2O_4 \cdot 2H_2O$	$H_2C_2O_4 \cdot 2H_2O$	室温空气干燥	碱或 $KMnO_4$
邻苯二甲酸氢钾	$KHC_8H_4O_4$	$KHC_8H_4O_4$	110~120	碱
重铬酸钾	$K_2Cr_2O_7$	$K_2Cr_2O_7$	140~150	还原剂
溴酸钾	$KBrO_3$	$KBrO_3$	130	还原剂
草酸钠	$Na_2C_2O_4$	$Na_2C_2O_4$	130	$KMnO_4$
碳酸钙	$CaCO_3$	$CaCO_3$	110	EDTA
锌	Zn	Zn	室温干燥器中保存	EDTA
氯化钠	NaCl	NaCl	500~600	$AgNO_3$
硝酸银	$AgNO_3$	$AgNO_3$	220~250	氯化物

想一想

标定碱标准溶液时，邻苯二甲酸氢钾（$KHC_8H_4O_4$，$M = 204.23g/mol$）和二水合草酸（$H_2C_2O_4 \cdot 2H_2O$，$M = 126.07g/mol$）都可以作为基准物质，你认为选择哪一种更好？为什么？

二、标准溶液的配制与标定

1. 直接法

准确称取一定量的基准物质，用适当溶剂溶解后，定量转移至容量瓶中，稀释至刻度，根据称取的物质的质量和溶液的体积，计算出该标准溶液的浓度，这种方法称为直接配制法。只有基准物质才能用直接法配制其标准溶液。例如，称取 4.9030g $K_2Cr_2O_7$ 基准物质，置于烧杯中，用水溶解后，转移到 1L 容量瓶中，用水稀释至刻度，摇匀，即得 0.01667mol/L $K_2Cr_2O_7$ 标准溶液。

2. 间接法（也称标定法）

实际分析中用来配制标准溶液的物质大多不是基准物质，如酸碱滴定中所用的 HCl、

NaOH，氧化还原滴定中使用的 $KMnO_4$、$Na_2S_2O_3$ 等试剂，都不能直接配制成标准溶液，需采用间接法。即先将其配制成接近于所需浓度的溶液，用基准物质或另一种标准溶液来确定它的准确浓度，这种确定浓度的操作称为标定。例如，欲配制 0.1mol/LNaOH 标准溶液，先配成大约为 0.1mol/L 的 NaOH 溶液，然后准确称取一定量的邻苯二甲酸氢钾，用该 NaOH 溶液滴定，根据两者完全作用时 NaOH 溶液的用量和邻苯二甲酸氢钾的质量，即可计算出 NaOH 溶液的准确浓度，或者用已知准确浓度的 HCl 标准溶液进行标定，这样便可求得 NaOH 溶液的准确浓度。

想一想

为什么 HCl、NaOH 标准溶液不能采用直接配制法？

三、标准溶液浓度表示方法

1. 物质的量浓度

物质的量浓度是指单位体积溶液中所含溶质的物质的量(n)。如 B 物质的量浓度以符号 $c(\mathrm{B})$表示，即

$$c(\mathrm{B})=\frac{n(\mathrm{B})}{V(\mathrm{B})} \tag{1-1}$$

$$n(\mathrm{B})=\frac{m(\mathrm{B})}{M(\mathrm{B})} \tag{1-2}$$

式中 $c(\mathrm{B})$——物质的量浓度，mol/L；

$n(\mathrm{B})$——物质的量，mol；

$m(\mathrm{B})$——物质的质量，g；

$M(\mathrm{B})$——物质的摩尔质量，g/mol。

2. 滴定度

在生产部门的常规分析中，由于测定对象比较固定，常使用同一标准溶液测定同种物质，因此采用滴定度表示标准溶液的浓度会使结果的计算简便快速。滴定度是指与 1mL 标准溶液相当的被测组分的质量，用 $T_{\text{待测物/滴定剂}}$ 表示，单位为 g/mL。例如，用来测定铁含量的 $KMnO_4$ 标准溶液，其浓度可用 $T_{Fe/KMnO_4}$ 表示。若 $T_{Fe/KMnO_4}=0.005682$g/mL，即表示 1mL $KMnO_4$ 标准溶液相当于 0.005682g 铁，也就是说，1mL 的 $KMnO_4$ 标准溶液能把 0.005682g Fe^{2+} 氧化成 Fe^{3+}。

【例 1-1】 氧化还原滴定分析中，用 $K_2Cr_2O_7$ 标准溶液测定 Fe 的含量时，$T_{Fe/K_2Cr_2O_7}=0.003489$g/mL，欲测定某试样中的铁含量，消耗滴定剂为 24.75mL，则该试样中含铁的质量为多少？

解： $m=TV=0.003489\times24.75=0.08635\mathrm{g}$

有时滴定度可以用每毫升标准溶液中所含溶质的质量来表示，如 $T_{I_2}=0.01468$g/mL，即每毫升标准碘溶液中含有 0.01468g 碘。

第四节　滴定分析中结果计算

一、比例法

1. 待测物的物质的量 $n(A)$ 与滴定剂的物质的量 $n(B)$ 的关系

在直接滴定法中，设被测组分 A 与滴定剂 B 间的反应为：

$$aA+bB = dD+eE$$

当滴定到达化学计量点时，$a$molA 物质恰好与 $b$molB 物质作用完全，则 $n(A)$ 与 $n(B)$ 之比为：

$$n(A) : n(B)=a : b \tag{1-3}$$

故

$$n(A)=\frac{a}{b} \cdot n(B) \qquad n(B)=\frac{b}{a} \cdot n(A) \tag{1-4}$$

若被测物是固体，其质量为 $m(A)$，摩尔质量为 $M(A)$，到达化学计量点时用去浓度为 $c(B)$ 的滴定剂的体积为 $V(B)$，则，

$$c(B) \cdot V(B)=\frac{b}{a} \cdot \frac{m(A)}{M(A)} \tag{1-5}$$

例如，用 $NaCO_3$ 作基准物标定 HCl 溶液的浓度时，其反应式为：

$$2HCl+Na_2CO_3 = 2NaCl+H_2CO_3$$

滴定到达化学计量点时，由式(1-4)得：

$$n(HCl)=2n(Na_2CO_3)$$

根据式(1-5)得到：

$$c(HCl) \cdot V(HCl)=\frac{2m(Na_2CO_3)}{M(Na_2CO_3)}$$

$$c(HCl)=\frac{2m(Na_2CO_3)}{V(HCl) \cdot M(Na_2CO_3)}$$

【例 1-2】 有一份 KOH 溶液，24.59mL 能中和草酸($H_2C_2O_4 \cdot 2H_2O$)0.3000g。求该 KOH 溶液的浓度。

解： 此滴定反应为：

$$H_2C_2O_4+2OH^- = C_2O_4^{2-}+2H_2O$$

$$n(KOH)=2n(H_2C_2O_4 \cdot 2H_2O)$$

$H_2C_2O_4 \cdot 2H_2O$ 的摩尔质量为 126.07g/mol。

$$c(KOH)=\frac{n(KOH)}{V(KOH)}=\frac{2n(H_2C_2O_4 \cdot 2H_2O)}{V(KOH)}=\frac{2m(H_2C_2O_4 \cdot 2H_2O)}{M(H_2C_2O_4 \cdot 2H_2O) \cdot V(KOH)}$$

$$=\frac{2\times0.3000}{126.07\times24.59\times10^{-3}}$$

$=0.1935mol/L$

若被测物是溶液，其体积为 $V(A)$，浓度为 $c(A)$，到达化学计量点时用去浓度为 $c(B)$ 的滴定剂的体积为 $V(B)$，则，

$$c(A)V(A)=\frac{a}{b}c(B)V(B) \tag{1-6}$$

例如，用已知浓度的 NaOH 标准溶液测定 H_2SO_4 溶液浓度，其反应式为：

$$H_2SO_4+2NaOH = Na_2SO_4+2H_2O$$

滴定达到化学计量点时，则由式(1-6)得：

$$c(H_2SO_4)\cdot V(H_2SO_4)=\frac{1}{2}c(NaOH)\cdot V(NaOH)$$

$$c(H_2SO_4)=\frac{c(NaOH)\cdot V(NaOH)}{2V(H_2SO_4)}$$

式(1-6)也能用于有关溶液稀释的计算中。因为溶液稀释后，浓度虽然降低了，但所含的物质的量没有改变，所以，

$$c_1V_1=c_2V_2 \tag{1-7}$$

式中 c_1、V_1——稀释前溶液的浓度和体积；

c_2、V_2——稀释后溶液的浓度和体积。

在间接法滴定中涉及两个或两个以上反应，应从总的反应中找出实际参加反应物质的量之间的关系。

如用 $KMnO_4$ 法滴定 Ca^{2+}，经过如下几步：

$$Ca^{2+}\xrightarrow{C_2O_4^{2-}}CaC_2O_4\downarrow\xrightarrow{2H^+}H_2C_2O_4\xrightarrow{MnO_4^-}2CO_2\uparrow$$

此处 Ca^{2+} 与 $C_2O_4^{2-}$ 的反应摩尔比是 1∶1，而 $C_2O_4^{2-}$ 与 $KMnO_4$ 是按 5∶2 的摩尔比相互反应的。

$$5C_2O_4^{2-}+2MnO_4^-+16H^+ = 2Mn^{2+}+10CO_2\uparrow+8H_2O$$

故

$$n(Ca)=\frac{5}{2}n(KMnO_4)$$

2. 物质的量浓度 c 与滴定度 T 之间的关系

对于一个化学反应：

$$aA+bB\longrightarrow dD+eE$$

A 为被测组分，B 为标准溶液，若以 $V(B)$ 为反应完成时标准溶液消耗的体积(mL)，$m(A)$ 和 $M(A)$ 分别代表物质 A 的质量(g)和摩尔质量(g/mol)。当反应达到化学计量点时：

$$\frac{c(B)V(B)}{1000}=\frac{b}{a}\cdot\frac{m(A)}{M(A)} \tag{1-8}$$

移项得：

$$\frac{m(A)}{V(B)}=\frac{a}{b}\cdot\frac{c(B)M(A)}{1000}$$

由滴定度定义 $T_{A/B}=m(A)/V(B)$ 得到：

$$T_{A/B}=\frac{a}{b}\cdot\frac{c(B)M(A)}{1000} \tag{1-9}$$

【例 1-3】 计算 0.2015mol/L 的 HCl 溶液分别对 $CaCO_3$、NH_3 的滴定度，以 g/mL 表示。

解： 由式(1-9)得：

$$T_{CaCO_3/HCl}=\frac{0.2015\times100.09}{2\times1000}=0.01008g/mL$$

$$T_{NH_3/HCl}=\frac{0.2015\times17.03}{1000}=0.003432g/mL$$

练一练

计算 0.1896mol/L NaOH 溶液分别对 H_2SO_4、CH_3COOH 的滴定度，以 g/mL 表示。

3. 被测组分质量分数的计算

在滴定分析中，若准确称取试样的质量为 m_s，测得被测组分的质量为 m，则被测组分在试样中的质量分数 $\omega(A)$ 为：

$$\omega(A)=\frac{m}{m_s}\times100\% \tag{1-10}$$

由式(1-4)得：

$$n(A)=\frac{a}{b}\cdot n(B)=\frac{a}{b}\cdot c(B)\cdot V(B)$$

根据式(1-2)得：

$$n(A)=\frac{m(A)}{M(A)}$$

即可求得被测组分的质量 $m(A)$：

$$m(A)=\frac{a}{b}\cdot c(B)\cdot V(B)\cdot M(A) \tag{1-11}$$

则

$$\omega(A)=\frac{\frac{a}{b}\cdot c(B)\cdot V(B)\cdot M(A)}{m_s}\times100\% \tag{1-12}$$

这是滴定分析中计算被测组分的质量分数的一般通式。

【例 1-4】 分析不纯的 $CaCO_3$(其中不含干扰物质)时，称取试样 0.3000g，加入浓度为 0.2500mol/L 的 HCl 标准溶液 25.00mL。煮沸除去 CO_2，用浓度为 0.2012mol/L 的 NaOH 溶液返滴过量酸，消耗了 5.84mL。计算试样中 $CaCO_3$ 的质量分数。

解：

$$CaCO_3+2HCl = CaCl_2+H_2O+CO_2\uparrow$$

$$HCl+NaOH = NaCl+H_2O$$

根据式(1-12)得：

$$\omega(CaCO_3)=\frac{\frac{1}{2}\times(0.2500\times25.00-0.2012\times5.84)\times100.09}{0.3000\times1000}\times100\%$$

$$\omega(CaCO_3)=84.66\%$$

二、基本单元法

基本单元可以理解为参加化学反应的最小单位。化学反应基本单元可以是电子、离子、原子、分子等基本粒子，也可以是这些粒子的集合体。对于化学分析，不同的反应类型，基本单元的选择依据有所区别。

对于酸碱反应，根据反应中转移的质子数来确定酸碱的基本单元，即以转移一个质子的特定组合作为反应物的基本单元，如$\frac{1}{2}CaCO_3$、HCl、$\frac{1}{3}H_2C_2O_4\cdot KHC_2O_4$、$\frac{1}{2}H_2SO_4$等。

对于氧化还原反应，其反应物基础单元的选取应根据反应中转移的电子数，如$\frac{1}{2}H_2C_2O_4$、$\frac{1}{5}KMnO_4$、$\frac{1}{2}H_2O_2$、$\frac{1}{6}K_2Cr_2O_7$等。

对配位滴定和沉淀滴定这两种反应类型，由于化学反应相对简单，运用比例法计算较容易。

运用基本单元法计算应遵循“等物质的量”原则，即在选取基本单元的前提下，凡参加反应物质的物质的量相等，均可表示为：

$$n(A)=n(B) \tag{1-13}$$

式中 $n(A)$——物质 A 的物质的量，mol；

$n(B)$——物质 B 的物质的量，mol。

计算时应注意：物质的质量和体积与所选取的基本单元无关；与基本单元有关的是物质的量、摩尔质量及浓度。

【例 1-5】 相对密度为 1.01 的含 3.00% 的 H_2O_2 溶液 2.50mL，与 $c(1/5\ KMnO_4)=0.2000mol/L$ 的 $KMnO_4$ 溶液完全作用，需此浓度的 $KMnO_4$ 溶液多少毫升？

解： 设需要 $KMnO_4$ VmL。

选$\frac{1}{2}H_2O_2$及$\frac{1}{5}KMnO_4$为基本单元，根据“等物质的量”原则：

$$n(1/2H_2O_2)=n(1/5\ KMnO_4)$$

$$\frac{m(H_2O_2)}{M(1/2H_2O_2)}=c(1/5\ KMnO_4)\times V(KMnO_4)$$

$$\frac{2.50\times1.01\times3.00\%}{\frac{34.02}{2}}=0.2000\times V$$

$$V=22.27mL$$

基本单元计算法的优点很多，例如，可以不必写出化学反应方程式，也不必配平化学反应方程式，只需知道反应物和反应产物的状态，或转化过程即可。该法非常适合过程复杂的习题类型的计算。

习　题

一、选择题

1. 滴定分析中，对化学反应的主要要求是(　　)。

A. 反应必须定量完成

B. 反应必须有颜色变化

C. 滴定剂与被测物必须是 1∶1 的计量关系

D. 滴定剂必须是基准物

2. 在滴定分析中，一般用指示剂颜色的突变来判断化学计量点的到达，在指示剂变色时停止滴定。这一点称为(　　)。

A. 化学计量点　　B. 滴定误差　　C. 滴定终点　　D. 滴定分析

3. 直接法配制标准溶液必须使用(　　)。

A. 基准试剂　　B. 化学纯试剂　　C. 分析纯试剂　　D. 优级纯试剂

4. 将称好的基准物倒入湿烧杯，对分析结果产生的影响是(　　)。

A. 正误差　　B. 负误差　　C. 无影响　　D. 结果混乱

4. 硼砂($Na_2B_4O_7 \cdot 10H_2O$)作为基准物质用于标定盐酸溶液的浓度，若事先将其置于干燥器中保存，则对所标定盐酸溶液浓度的结果影响是(　　)。

A. 偏高　　B. 偏低　　C. 无影响　　D. 不能确定

5. 0.2000mol/L NaOH 溶液对 H_2SO_4 的滴定度为(　　)g/mL。

A. 0.00049　　B. 0.0049　　C. 0.00098　　D. 0.0098

6. 欲配制 1000mL 0.1mol/L HCl 溶液，应取浓盐酸(12mol/L HCl)(　　)。

A. 0.84mL　　B. 8.4mL　　C. 1.2mL　　D. 12mL

7. 既可用来标定 NaOH 溶液，也可用来标定 $KMnO_4$ 的物质为(　　)。

A. $H_2C_2O_4 \cdot 2H_2O$　　B. $Na_2C_2O_4$　　C. HCl　　D. H_2SO_4

8. 以甲基橙为指示剂标定含有 Na_2CO_3 的 NaOH 标准溶液，用该标准溶液滴定某酸，以酚酞为指示剂，则测定结果(　　)。

A. 偏高　　B. 偏低　　C. 不变　　D. 无法确定

二、判断题

1. 所谓化学计量点和滴定终点是一回事。(　　)

2. 所谓终点误差是由于操作者终点判断失误或操作不熟练而引起的。(　　)

3. 凡是优级纯的物质都可用于直接法配制标准溶液。(　　)

4. 溶解基准物质时用移液管移取 20~30mL 水加入。(　　)

5. 1L 溶液中含有 98.08gH_2SO_4，则 $c_{2H_2SO_4}=2mol/L$。(　　)

6. 用浓溶液配制稀溶液的计算依据是稀释前后溶质的物质的量不变。(　　)

三、计算题

1. 欲配制 1mol/L NaOH 溶液 500mL，应称取多少克固体 NaOH?

2. 欲配制 0.2000mol/L Na_2CO_3 溶液 1000mL，问应取 Na_2CO_3 多少克?

3. 现有 2000mL 浓度为 0.1024mol/L 的某标准溶液，欲将其浓度恰好调整为 0.1000mol/L，问需要加水多少毫升？

4. 若 $T_{Na_2CO_3/HCl}=0.005300$g/mL，试计算 HCl 标准溶液的物质的量浓度是多少？

5. $T_{Fe/K_2Cr_2O_7}=0.005000$g/mL，如消耗 $K_2Cr_2O_7$ 标准溶液 21.50mL，问被滴定溶液中铁的质量？

6. 准确称取 0.1098g 基准物无水 Na_2CO_3，溶于 20~30mL 水中，采用甲基橙作指示剂，标定 HCl 溶液的浓度，到达化学计量点时，用去 HCl 溶液 20.54mL，计算 HCl 溶液的浓度是多少？（Na_2CO_3 的摩尔质量为 105.99g/mol。）

第二章 化学分析基础知识和基本技能

学习目标

- ❖ 了解实验室一般溶液的配制方法及实验室安全操作规程；
- ❖ 了解实验室意外事故及处理方法；
- ❖ 熟悉化学分析中常用玻璃仪器的种类及用途；
- ❖ 了解分析天平的性能和称量方法。

能力目标

- ❖ 熟练掌握滴定管、容量瓶和移液管的使用方法；
- ❖ 掌握分析天平的结构和使用方法，能正确熟练地运用不同称量方法称量试样；
- ❖ 遇到意外事故发生时能采取正确的方法处理。

第一节 实验室一般溶液的配制

一、化学试剂

化学试剂(chemical reagent)是进行化学研究、成分分析所必备的相对标准物质，主要用于化学试验、化学分析、化学研究及其他试验，是“科学的眼睛”和“质量的标尺”。

1. 化学试剂的分类

① 化学试剂按类别分为无机试剂和有机试剂。无机试剂先按照单质、氧化物、酸、碱、盐分出大类后，再考虑性质进行分类。有机试剂按烃类、烃的衍生物、糖类蛋白质、高分子化合物、指示剂等进行分类。

② 化学试剂按状态分为固体试剂和液体试剂。

③ 化学试剂按性能分为危险试剂和非危险试剂。

危险试剂根据性质和储存要求可分为：

① 易燃试剂。指在空气中能够自燃或遇其他物质容易引起燃烧的化学物质。由于存在状态或引起燃烧的原因不同常可分为：易自燃试剂(如黄磷等)，遇水燃烧试剂(如钾、钠、碳化钙等)，易燃液体试剂(如苯、汽油、乙醚等)，易燃固体试剂(如硫、红磷、铝粉等)。

② 易爆试剂。指受外力作用发生剧烈化学反应而引起燃烧爆炸，同时能放出大量有害气体的化学物质，如氯酸钾等。

③ 毒害性试剂。指对人或生物以及环境有强烈毒害性的化学物质，如溴、甲醇、汞、三氧化二砷等。

④ 氧化性试剂。指对其他物质能起氧化作用而自身被还原的物质，如过氧化钠、高锰酸钾等。

⑤ 腐蚀性试剂。指具有强烈腐蚀性，对人体和其他物品因腐蚀作用而发生破坏现象，甚至引起燃烧、爆炸或伤亡的化学物质，如强酸、强碱、甲醛、苯酚、过氧化氢等。

非危险试剂根据性质与储存要求可分为：

① 遇光易变质的试剂。指受紫外光线的影响，易引起试剂本身分解变质，或促使试剂与空气中的成分发生化学变化的物质，如硝酸、硝酸银、硫酸亚铁等。

② 遇热易变质的试剂。这类试剂多为生物制品及不稳定的物质，在高气温中就可发生分解、发霉、发酵现象，有的常温也如此，如硝酸铵、碳铵、琼脂等。

③ 易冻结试剂。这类试剂的熔点或凝固点都在气温变化范围以内，当气温高于其熔点，或下降到凝固点以下时，则试剂由于熔化或凝固而发生体积的膨胀或收缩，易造成试剂瓶的炸裂，如冰醋酸、晶体硫酸钠、晶体碘酸钠以及溴的水溶液等。

④ 易风化试剂。这类试剂本身含有一定比例的结晶水，通常为晶体。常温时在干燥的空气中(一般相对湿度在70%以下)可逐渐失去部分或全部结晶水而变成粉末，使用时不易掌握其含量，如结晶碳酸钠、结晶硫酸铝、结晶硫酸镁、胆矾、明矾等。

⑤ 易潮解试剂。这类试剂易吸收空气中的潮气(水分)产生潮解、变质，外形改变，含量降低甚至发生霉变等，如氯化铁、无水乙酸钠、甲基橙、琼脂、还原铁粉、铝银粉等。

化学试剂按用途分为通用试剂和专用试剂。通用试剂包括：一般试剂、基准试剂和高纯试剂。专用试剂包括：色谱试剂、生化试剂、光谱纯试剂、分光纯试剂及指示剂。

2. 化学试剂的分级

按照国家标准，根据试剂中所含杂质的多少，分为优级纯、分析纯、化学纯、实验试剂四个等级(见表2-1)。此外，还有基准试剂、色谱纯试剂、光谱纯试剂等。

表2-1　化学试剂的规格及适用范围

试剂规格	国际通用等级符号	试剂等级	瓶签颜色	适用范围
优级纯	G. R.	一级品	绿色	主要用于精密的科学研究和分析实验，基准物质
分析纯	A. R.	二级品	红色	用于一般科学研究和分析实验
化学纯	C. P.	三级品	蓝色	用于教学或精密度要求不高的分析测试和无机、有机化学实验
实验试剂	L. R.	四级品	棕色或黄色	用于一般的化学实验及教学工作

3. 化学试剂储存保管

储存保管化学试剂的一般措施如下：

(1) 密封

盛装试剂的容器与能使之变质的环境尽可能隔断，即采用密封的容器，密闭储藏适用于具有挥发、升华、潮解、风化、析晶、水解、氧化、还原、霉变等性质的试剂，是储藏试剂最常用的方法。

对于易分解产生气体的试剂，绝对不能密封，否则易发生爆炸，如过氧化氢、碳酸铵等。

能与空气作用的活泼金属或非金属应封存于对试剂相对稳定的液体或惰性气体中。如：金属钾、钠可浸于煤油中保存；白磷可浸于水中保存。

（2）避光

见光或受热易分解的试剂，要避免光照，置阴凉处，一般应盛放在棕色试剂瓶中，如硝酸、硝酸银等。

（3）低温

对于室温下易发生反应的试剂，要采取措施低温保存，如苯乙烯和丙烯酸甲酯等不饱和烃及其衍生物在室温时易发生聚合，过氧化氢易发生分解，因此要在10℃以下的环境保存。普通试剂应储藏于温度较低的阴凉处。

（4）通风

多数试剂的存放，要遵循这一原则。特别是易燃有机物、强氧化剂等。

即使试剂容器密闭封口，也难免有意外的跑冒滴漏现象，为使储藏中不致形成爆炸性混合气体或积储有毒蒸气，大型的可燃性液体和有毒液态试剂的储藏室应安装排风装置，保持储藏室内空气的清洁。

（5）隔离

指试剂要分类分库储藏，以免泄漏、失火时相互作用造成更大的事故。如易燃有机物要远离火源；强氧化剂(过氧化物或有强氧化性的含氧酸及其盐)要与易被氧化的物质(炭粉、硫化物等)隔开存放；各种试剂，根据其性质查明类别后，方可进入所属类仓库。

（6）防蚀

对有腐蚀作用的试剂，要注意防蚀，如氢氟酸不能放在玻璃瓶中；强氧化剂、有机溶剂不可用带橡胶塞的试剂瓶存放；碱液、水玻璃等不能用带玻璃塞的试剂瓶存放。

（7）防火

为避免试剂的燃烧和爆炸事故的发生，易燃易爆的试剂应有防火储藏措施。除了要做到必要的通风和分库储藏外，防火储藏还需考虑防火建筑、防火间距、消灭火源、消防设备(如自动喷水器、干粉灭火器、泡沫灭火机、二氧化碳灭火机等)。

（8）防毒害

为避免试剂储藏室内中毒事故的发生，储藏有毒性和损害性试剂的应有防毒储藏措施，除了要做到密闭、通风、分库储藏和防火措施外，防毒害储藏还需准备防护用具(护目镜、防毒面具、橡胶手套等)。

二、实验室用水

1. 实验室用水标准

分析检测工作中使用的水应预先净化，达到国家规定的实验用水规格后才能使用。我国国家标准GB/T 6682—2008《分析实验用水规格和试验方法》将适用于化学分析和无机痕量分析的实验用水分为三个级别，分别为一级水、二级水和三级水，见表2-2。

表 2-2　各级实验室用水技术指标

项　　目		一级水	二级水	三级水
外观(目视观察)		无色透明液体		
pH 值范围(25℃)		—	—	5.0~7.5
电导率(25℃)/(mS/m)	≤	0.01	0.10	0.50
可氧化物质(以 O 计)/(mg/L)	≤	—	0.08	0.40
吸光度(254nm、1cm 光程)	≤	0.001	0.01	—
蒸发残渣(105℃±2℃)/(mg/L)	≤	—	1.0	2.0
可溶性硅(以 SiO_2 计)/(mg/L)	≤	0.01	0.02	—

① 一级水和二级水的电导率，必须用新制备的水“在线”测定。否则，水一经储存，由于容器中可溶成分的溶解，或由于吸收空气中的二氧化碳以及其他杂质等因素都会引起电导率发生变化。

② 在一级水和二级水的纯度下，难于测定其真实的 pH 值，因此对一级水和二级水的 pH 值范围国标不作规定。

③ 在一级水的纯度下，难以测定可氧化物质和蒸发残渣，对其限量不做规定。

一级水用于有严格要求的分析试验，包括对颗粒有要求的试验。如高效液相色谱分析用水。一级水可用二级水经过石英设备蒸馏或交换混床处理后，再经 0.2μm 微孔滤膜过滤制取。

二级水可用多次蒸馏或者离子交换等方法制取，用于无机痕量分析等试验，如原子吸收光谱分析用水。

三级水用于一般化学分析试验，可用蒸馏或离子交换等方法制取。三级水也可叫一次蒸馏水，一般用作无要求的溶液配制。

2. 实验室用水的制备

(1) 蒸馏水(distilled water)

实验室最常用的一种纯水，将自来水置于蒸馏器中加热变为水蒸气，再冷凝得到的水，称为蒸馏水。进行一次蒸馏得到的是一次蒸馏水；进行二次蒸馏得到的是二次蒸馏水。一次蒸馏水适合于一般实验用水，二次蒸馏水适合于分析测定用水。蒸馏水制备操作简单，成本低廉，能除去水中非挥发性杂质即无机盐类，但不能除去易溶于水的气体(如二氧化碳、氨)、二氧化硅以及一些有机物。新鲜的蒸馏水是无菌的，但储存后细菌易繁殖。

(2) 去离子水(deionized water)

去离子水是通过离子交换树脂除去水中的离子态杂质而得到的近于纯净的水。其原理是原水中含有的盐类如 $Ca(HCO_3)_2$、$MgSO_4$ 等，在流经交换树脂时，阳离子 Ca^{2+}、Mg^{2+} 等被阳树脂的活性基团置换，阴离子 HCO_3^-、SO_4^{2-} 等被阴树脂的活性基团置换，从而使水得到纯化。但水中仍然存在可溶性的有机物，可以污染离子交换柱从而降低其功效，去离子水存放后也容易引起细菌的繁殖。

(3) 反渗水(reverse osmosis water)

其生成原理是水分子在压力的作用下，通过反渗透膜成为纯水，水中的杂质被反渗透膜截留排出。反渗水克服了蒸馏水和去离子水的许多缺点，利用反渗透技术可以有效地去除水中的溶解盐、胶体、细菌、病毒、细菌内毒素和大部分有机物等杂质。

（4）超纯水(ultrapure water)

超纯水又称 UP 水，是指电阻率达到 18MΩ · cm(25℃)的水。这种水中除了水分子外，几乎没有什么杂质，更没有细菌、病毒、含氯二噁英等有机物，当然也没有人体所需的矿物质微量元素，也就是几乎去除了除氧和氢以外的所有原子的水。

第二节　化学分析基本操作技能

一、电子天平及其使用

天平是化学检验常用的称量仪器。天平的种类很多，根据称量的准确度可以分为两大类，即托盘天平和分析天平。

电子天平是分析天平的一种，是根据电磁平衡原理设计的，由一个磁钢、一个与秤盘相连接的线圈、一个位移传感器以及电流控制电路和放大器组成。线圈置于磁钢形成的磁场之中，秤盘及被称物体的重力作用于线圈上。通电后，充分预热天平后，磁场强度不变，线圈长度固定，置于磁场中的线圈产生的电磁力大小与电流强度成正比，如果调节磁场方向使电磁力与重力方向相反并使其与之平衡，则此时物体质量与电流强度成正比。位移传感器位于预定中心位置，当秤盘上放上或取下物体时，为保持天平平衡，位移传感器根据检出的位移信号通过控制器改变线圈的电流大小，直至线圈回到中心位置，这个电流改变量通过放大和转换为样品的质量而显示。

常用电子天平的外形如图 2-1 所示。其特点是称量准确可靠、显示快速、清晰并且具有自动检测系统、简便的自动校准装置以及超载保护等装置。

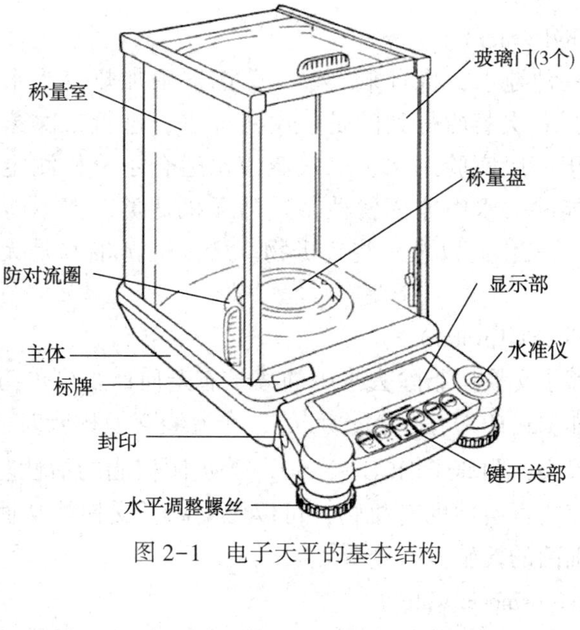

图 2-1　电子天平的基本结构

1. 仪器安装

工作环境。电子天平为高精度测量仪器，故仪器安装位置应注意：安装平台稳定、平坦，避免震动；避免阳光直射和受热，避免在湿度大的环境工作。

2. 天平使用

（1）调水平

将电子天平防尘罩折叠整齐，放在天平框上。天平开机前先用软毛刷清扫落在天平盘及天平内的灰尘，观察天平水平仪内的水泡是否位于圆环的中央，否则可通过调节天平的地脚螺丝，使水泡位于水平仪中心。

（2）预热

天平在初次接通电源或长时间断电后开机时，至少需要预热 30min。因此，实验室电子天平在通常情况下，不要经常切断电源。

（3）称量

接通电源，按下“ON/OFF”键，接通显示器，等待仪器自检。当显示器显示“0.0000”时，自检过程结束，天平可进行称量；如果空载时有数据，按一下清除键归零。慢慢推开防风玻璃门，将称量物轻轻放在秤盘上，关上防风门，待显示屏上数字稳定并出现质量单位“g”后，即可读数，并记录称量结果。

称量完毕，取下称量物。按“ON/OFF”键，关闭显示器。若较短时间内还使用电子天平（或其他人还使用电子天平），可按“ON/OFF”，关闭天平，可不必切断电源，电子天平进入待机状态；若长时间不用天平，应切断电源，盖好防尘罩。

3. 称量方法

常用的称量方法有如下几种：

（1）直接称量法

此法是将称量物直接放在天平盘上称量物体的质量。例如，称量小烧杯的质量，容量器皿校正中称量某容量瓶的质量，重量分析实验中称量某坩埚的质量等，都使用这种称量法。

（2）固定质量称量法

此法又称增量法，用于称量某一固定质量的试剂（如基准物质）或试样。这种称量操作的速度很慢，适于称量不易吸潮、在空气中能稳定存在的粉末状或小颗粒（小颗粒应小于 0.1mg，以便容易调节其质量）样品。

（3）递减称量法

又称减量法，用于称取易吸水、易氧化或易与 CO_2 等反应的物质。称出试样的质量不要求固定的数值，只需要在要求的称量范围内即可。由于称取试样的质量是由两次称量之差求得，故也称差减法。

称量步骤：将适量试样装入干燥洁净的称量瓶中，用洁净的小纸条套在称量瓶上，将称量瓶放在天平秤盘上称量其质量 m_1；取出称量瓶，于盛放试样容器的上方用纸条捏住称量瓶盖，将称量瓶倾斜，用瓶盖轻敲瓶口上部，使试样慢慢落入容器中，当倾出的试样已接近所需要的重量时，用瓶盖轻敲瓶口，使粘在瓶口的试样落下。同时将称量瓶慢慢直立，然后盖好瓶盖，再称称量瓶质量 m_2。两次质量之差就是倒入容器中的第一份试样的质量。同法可连续称出多份试样，如图 2-2 所示。

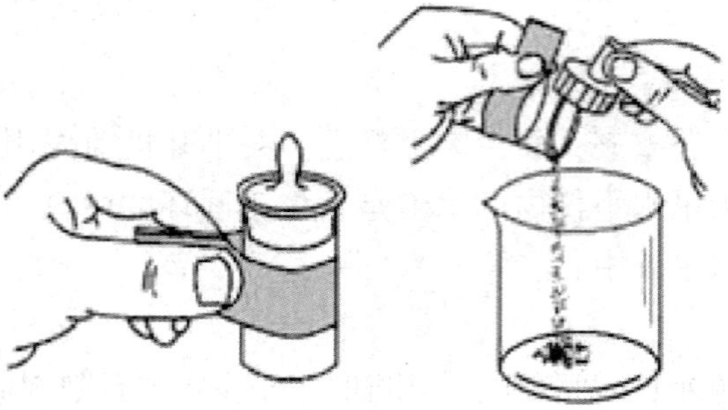

图 2-2　递减称量法

4. 使用注意事项

① 电子天平应放置在牢固平稳的实验台上。调平后，不得随便挪动。

② 称量时要求天平内清洁、干燥、温度恒定、无风影响，同时应避免光线直接照射到天平上。

③ 电子天平称量时应从侧门取放物质，天平读数时关闭防风门，以免空气流动引起天平波动。前门仅在检验或清除残留物质时使用。

④ 电子天平若长时间不使用，则应定时通电预热，每周一次，每次预热 2h，以确保仪器始终处于良好使用状态。

⑤ 电子天平箱内应放置吸潮剂(如硅胶)，当吸潮剂吸水变色，应立刻高温烘烤更换，以确保吸湿性能。

⑥ 挥发性、侵蚀性、强酸强碱类物质应盛于带盖称量瓶内称量，防止侵蚀天平。

⑦ 操作天平不可过载使用，以免损坏。

二、滴定管的使用

滴定管是化学分析中用来精确测量滴定溶液体积的仪器，是一根细长而内径均匀、表面有刻度的玻璃管，分为酸式滴定管和碱式滴定管两种，如图 2-3 所示。

酸式滴定管的下端有玻璃旋塞，可装入酸性或氧化性滴定液，不能装入碱性滴定液，因为碱性滴定液可使旋塞与塞槽黏合，难以转动。

图 2-3　滴定管

碱式滴定管用来盛放碱性溶液，它的下端连接一橡皮管，橡皮管内放有玻璃珠以控制溶液流出，橡皮管下端再接有一尖嘴玻璃管。凡是能与橡皮管起反应的溶液，如高锰酸钾、碘等溶液，都不能装入碱式滴定管中。

1. 滴定管的洗涤

滴定管在使用前必须洗净。当没有明显污染时，可直接用自来水冲洗；如果内壁挂水珠，或发现液体成股流下则可用肥皂液、合成洗涤液洗涤；若内壁沾有油脂性污物，可用铬酸洗液浸洗，洗涤时加入 5~10mL 洗液，将滴定管放平，边转动边将滴定管口对着洗液瓶口，以防洗液洒出，将一部分洗液从管口放回原瓶，最后打开旋塞将剩余的洗液放回原瓶(铬酸洗液只要不发生颜色变化可以反复使用)。然后用自来水冲净。再用蒸馏水洗 2~3 次，每次 10~15mL。洗涤后滴定管内壁完全被水均匀润洗不挂水珠，即为干净。

2. 检查试漏

滴定管洗净后，检查滴定管是否破损；检查旋塞转动是否灵活，是否漏水。先关闭旋塞，将滴定管充满水，固定在滴定管架上，直立 2min，用滤纸在旋塞周围和管尖处检查。然后将旋塞旋转 180°，直立 2min，再用滤纸检查。如漏水，酸式滴定管需涂凡士林，涂抹时将管中的水倒掉，平放在台上，把旋塞取出，用滤纸将旋塞和塞槽内的水吸干；用手指蘸少许凡士林，在旋塞芯两头薄薄地涂上一层(导管处不涂凡士林)，然后把旋塞插入塞槽内，向同一方向旋转旋塞，直到油膜在旋塞内均匀透明，且旋塞转动灵活。然后用橡皮圈套住，防止活塞滑出，同样方法试漏，如有漏水，则重新擦干涂油。

碱式滴定管使用前应先检查橡皮管是否老化，检查玻璃珠大小是否合适；将胶管、尖嘴和滴定管主体部分连接好，滴定管里注满水，直立 2min，观察滴定管下端尖嘴上有无水滴，若有应调换胶管中玻璃珠，再进行试漏。

小贴士

铬酸洗液因其具有很强的氧化能力，而对玻璃的腐蚀作用极小，但考虑到六价铬对人体有害，不要多用。

3. 润洗

滴定管在使用前还必须用欲装入的标准溶液润洗 2~3 次，每次 5~10mL。以除去残留的蒸馏水，保证装入的标准溶液与试剂瓶中的溶液浓度一致。

4. 装溶液

装入标准溶液之前先将试剂瓶中的标准溶液摇匀；装时，先把旋塞完全关闭，然后左手三指拿住滴定管上部无刻度处，滴定管可以稍微倾斜以便接受溶液，右手拿住试剂瓶往滴定管中倒溶液。小瓶可以手握瓶肚(瓶签向手心)拿起来慢慢倒入；大瓶可以放在桌上，手拿瓶颈使瓶倾斜让溶液慢慢倾入滴定管中，直到溶液充满零刻度以上为止。注意装液时，决不能借助于其他仪器(如滴管、漏斗、烧杯等)进行。如标准溶液在容量瓶中，则由容量瓶直接装入。

5. 排气

即排出滴定管下端的气泡。将标准溶液加入滴定管后，应检查旋塞下端或橡皮管内有无气泡，若有气泡，对于酸式滴定管可以迅速转动旋塞，使溶液急速流出，以排出空气泡。对于碱式滴定管先将滴定管倾斜，将橡皮管向上弯曲，并使滴定管嘴向上，管尖斜向上约 45°，然后捏挤玻璃珠上部，使溶液从尖嘴处冲出，气泡随之排出。排出气泡后，调节液面至“0.00”mL 刻度，并记下初读数。

6. 滴定操作

滴定时，应将滴定管垂直夹在滴定管夹上，滴定管尖嘴部分插入锥瓶口 1~2cm 处，使用酸式滴定管滴定时左手控制旋塞，拇指在前，食指和中指在后，无名指和小指弯曲在滴定管和旋塞下方之间的直角中；手指略微弯曲，轻轻向内扣住活塞，手心空握，注意手心不要顶住活塞，以免将活塞顶出，造成漏液。右手三指拿住锥形瓶瓶颈，瓶底离台 2~3cm，右手腕关节摇动锥形瓶，使瓶底沿顺时针方向画圆，要求使溶液在锥瓶内均匀旋转，形成漩涡，溶液不能有跳动；管口与锥形瓶应无接触，如图 2-4 所示。

滴定时转动旋塞，控制溶液流出速度，要求做到能逐滴放出并使溶液呈悬而未滴的状态，即掌握加半滴溶液的技术。

使用碱式滴定管时，以左手握住滴定管，拇指在前，食指在后，用其他指头辅助固定管尖。用拇指和食指捏住橡皮管中的玻璃珠所在部位稍上处，向外侧捏挤橡皮管，使橡皮管和玻璃珠间形成一条缝隙，溶液即可流出。但注意不能捏挤玻璃珠下方的橡皮管，否则会造成空气进入形成气泡，如图 2-5 所示。

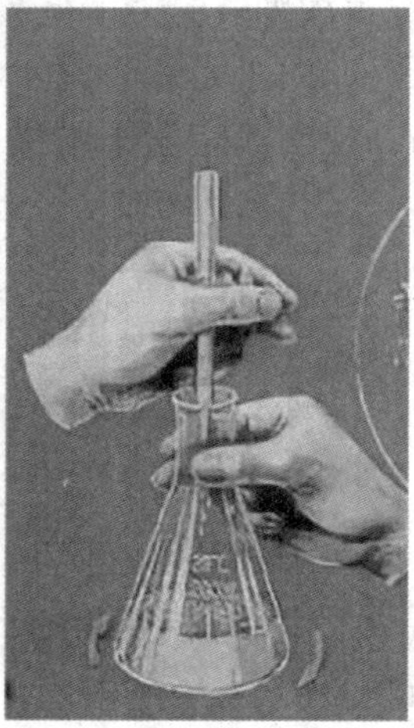

图 2-4　酸式滴定管滴定操作

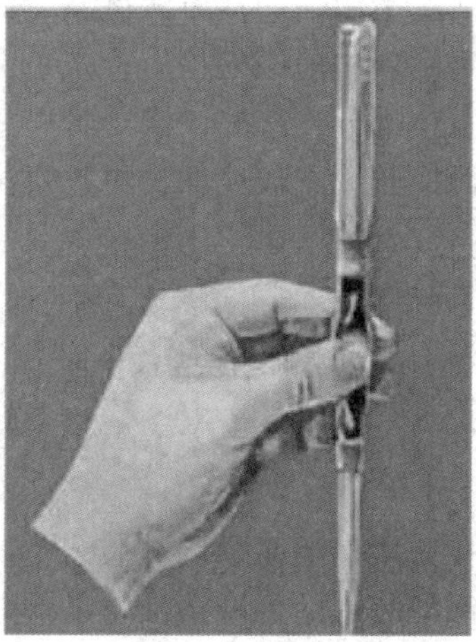

图 2-5　碱式滴定管滴定操作

液体流速由快到慢，起初可以“连滴成线”，之后逐滴滴下，快到终点时则要半滴半滴地加入。半滴的加入方法是：小心放下半滴滴定液悬于管口，用锥形瓶内壁靠下，然后用洗瓶冲下。

7. 滴定管的读数

当锥形瓶内指示剂指示终点时，立刻关闭活塞停止滴定。洗瓶淋洗锥形瓶内壁，取下滴定管，右手执管上部无液部分，保持滴定管垂直，视线与弯月面最低点及刻度水平线相切，进行读数，要求读准至小数点后两位。若为有色溶液，其弯月面不够清晰，则读取液面最高点，如图 2-6 所示。

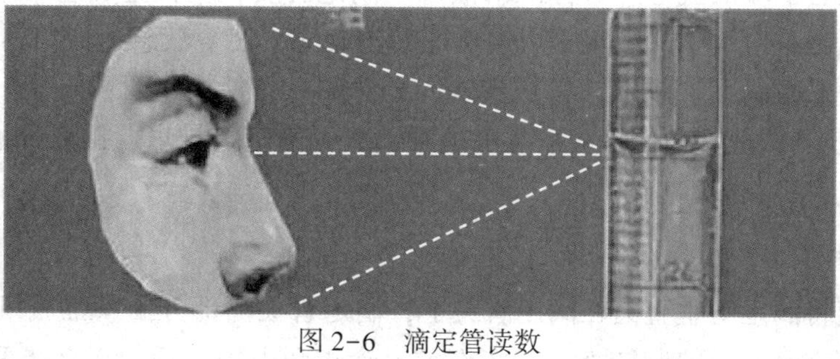

图 2-6　滴定管读数

滴定结束，滴定管内剩余溶液应弃去，洗净滴定管，夹在夹上备用。

8. 注意事项

① 滴定时，左手不允许离开活塞，放任溶液自己流下。

② 滴定时目光应集中在锥形瓶内的颜色变化上，不要因为注视刻度变化，而忽略反应的进行。

③ 一般每个样品要平行滴定三次，每次均从“0.00”处开始，每次应及时将数据记录在实验记录表格上，不允许记录到其他地方。

④ 酸式滴定管不得用于装碱性溶液，因为玻璃的磨口部分易被碱性溶液腐蚀，使塞子无法转动。

⑤ 使用碱式滴定管时应注意：用力方向要平，以避免玻璃珠上下移动；不要捏到玻璃珠下侧部分，否则有可能使空气进入管尖形成气泡；挤压胶管过程中不可过分用力，以避免溶液流出过快。

⑥ 滴定管用后应立即洗净。

三、容量瓶的使用

容量瓶是一种细颈梨形平底的玻璃容器，带有磨口玻璃塞，颈上有标线，表示在所指温度下液体弯月面与容量瓶颈部的标线相切时，溶液体积恰好与瓶上标注的体积相等。

容量瓶主要用来配制准确浓度的溶液或定量稀释溶液，常和移液管配合使用。通常有50mL、100mL、250mL、500mL、1000mL 等多种规格。

1. 容量瓶检漏

在使用容量瓶之前，应检查瓶塞是否严密，确保不漏水。在瓶中放水至标线附近，塞紧瓶塞，用食指按住塞子，使其倒立 2min，如图 2-7 所示，用干滤纸片沿瓶口缝处检查，看有无水珠渗出。如果不漏，再把塞子旋转 180°，塞紧，再倒立 2min，若两次操作，容量瓶瓶塞周围皆无水漏出，即表明容量瓶不漏水。经检查不漏水的容量瓶才能使用。

容量瓶瓶塞必须妥为保护，最好用绳把它系在瓶颈上，以防跌碎或与其他容量瓶搞混。

2. 容量瓶洗涤

先用自来水洗，后用蒸馏水淋洗 2~3 次。如果较脏，可用铬酸洗液洗涤，洗涤时将瓶内水尽量倒空，铬酸洗液需全部布满内壁，静置数分钟。最后先用自来水洗，再用蒸馏水洗，洗净的容量瓶内壁不挂水珠。

3. 容量瓶的操作

用容量瓶配制标准溶液时，先将精确称重的试样放在洗净的小烧杯中，加入少量蒸馏水，搅拌使其溶解(若难溶，可盖上表面皿，稍加热，但必须放冷后才能转移)，转移时要用玻璃棒引流。

将玻璃棒一端靠在容量瓶瓶颈内壁上，注意不要让玻璃棒其他部位触及容量瓶瓶口，防止液体流到容量瓶外壁上，如图 2-8 所示。将溶液定量转移至洗净的容量瓶中，然后用洗瓶吹洗烧杯壁 5~6 次，按同法转入容量瓶中，当溶液加到瓶中 2/3 处以后，将容量瓶水平方向摇转几周(勿倒转)，使溶液大体混匀。继续向容量瓶内加入蒸馏水直到液体液面离标线大约 1cm 时，等待 1~2min，使黏附在瓶颈内壁的溶液流下，应改用滴管慢慢滴加，眼睛平视标线，使液体的弯月面与标线正好相切。立即盖好瓶塞，用一只手的食指按住瓶塞，另一只手的手指托住瓶底，注意不要用手掌握住瓶身，以免体温使液体膨胀，影响容积的准确(对于容积小于 100mL 的容量瓶，不必托住瓶底)。随后将容量瓶倒转，使气泡上升到顶，此时可将瓶振荡数次。再倒转过来，仍使气泡上升到顶。如此反复 10 次以上，才能混合均匀。若加水超过刻度线，则需重新配制。

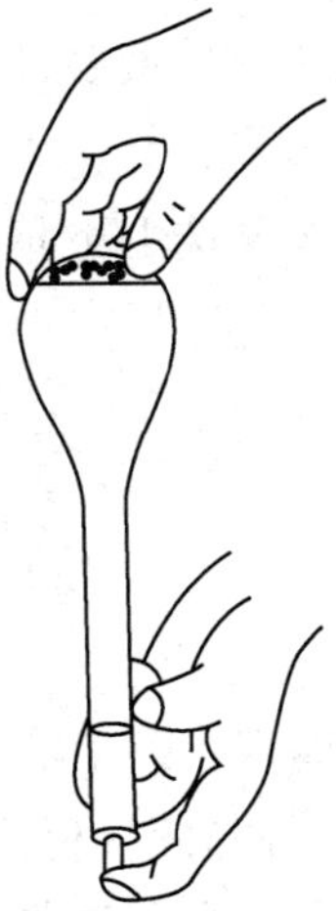

图 2-7　容量瓶试漏

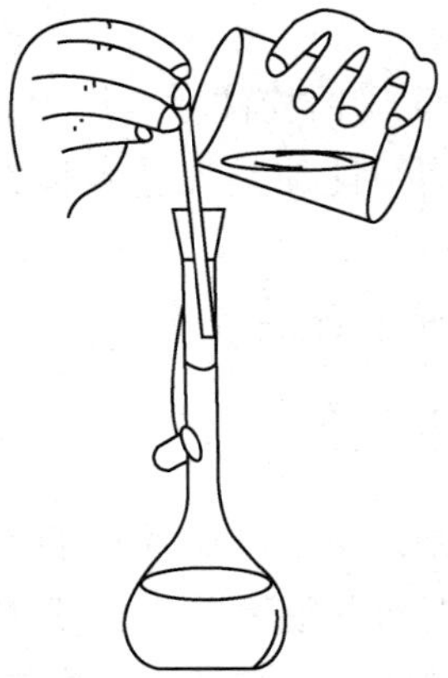

图 2-8　定量转移

小贴士

静置后如果发现液面低于刻度线，这是因为容量瓶内极少量溶液在瓶颈处润湿所损耗，所以并不影响所配制溶液的浓度，故不要在瓶内添水，否则，将使所配制的溶液浓度降低。

容量瓶不能久储溶液，尤其是碱性溶液会侵蚀瓶壁，并使瓶塞粘住，无法打开；容量瓶不能加热。

四、移液管的使用

移液管是用来准确移取一定体积溶液的量出式玻璃仪器。通常有两种形式，中间有一膨大部分的细长玻璃管，称为胖肚移液管，其下端为尖嘴状，上端管颈处刻有一标线，是所取的准确体积的标志。常见的移液管有 5mL、10mL、25mL、50mL 等规格，最常用的是 25mL 的移液管。另一种具有刻度的直形玻璃管称为吸量管。常用的吸量管有 1mL、2mL、5mL、10mL 等规格。移液管和吸量管所移取的体积通常可准确到 0.01mL。

1. 移液管的洗涤

移液管或吸量管较脏时可用铬酸洗液洗涤。操作方法是：用右手持移液管或吸量管上端标线以上的位置，食指靠近管上口，中指和无名指张开握住移液管外侧，拇指在中指和无名指中间位置握在移液管内侧，小指自然放松；左手拿洗耳球，持握拳式，将吸耳球握在掌中，尖口向下，握紧吸耳球，排出球内空气，将吸耳球尖口插入或紧接在移液管或吸量管上口，注意不能漏气，慢慢松开左手手指，将洗涤液慢慢吸入管内，直至刻度线以上部分，移开吸耳球，迅速用右手食指堵住移液管或吸量管上口，等待片刻后，将洗涤液放回原瓶。并用自来水冲洗移液管或吸量管内、外壁至不挂水珠，再用蒸馏水洗涤3次，干净的移液管和吸量管应放置在洁净的移液管架上备用。

2. 移液管润洗

使用时，为避免管尖端上残留的水滴进入所要移取的溶液中，使溶液的浓度改变，应先用滤纸将尖端内外的水吸干，摇匀待吸溶液，将待吸溶液倒一小部分于一洗净并干燥的小烧杯中，将移液管插入小烧杯中吸取溶液，当吸至移液管容量的1/3时，立即用右手食指按住管口，取出，横持并转动移液管，使溶液流遍全管内壁，将溶液从下端尖口处排入废液杯内。如此操作，润洗3~4次后即可吸取溶液。

3. 吸取溶液

移液管润洗后，移取溶液时将移液管插入待吸液面下1~2cm处，用吸耳球按上述操作方法吸取溶液(注意移液管插入溶液不能太浅或太深，太浅会产生吸空，把溶液吸到洗耳球内弄脏溶液；太深又会在管外黏附溶液过多，同时要边吸边往下插入，始终保持此深度)。当管内液面上升至标线以上1~2cm处时，迅速用右手食指堵住管口(此时若溶液下落至标准线以下，应重新吸取)，将移液管提出待吸液面，并使管尖端接触待吸液容器内壁片刻后提起，用滤纸擦干移液管或吸量管下端黏附的少量溶液。在移动移液管或吸量管时，应将移液管或吸量管保持垂直，不能倾斜，如图2-9所示。

左手另取一干净小烧杯，将移液管管尖紧靠小烧杯内壁，小烧杯倾斜，移液管保持垂直，刻度线和视线保持水平。稍稍松开食指(可微微转动移液管或吸量管)，使管内溶液慢慢从下口流出，直至溶液的弯月面最低点与标线相切为止，此时立即用食指压紧管口。将尖端的液滴靠壁去掉，将移液管或吸量管小心移至承接溶液的容器中。

4. 放出溶液

承接溶液的器皿如是锥形瓶，将移液管或吸量管垂直，锥形瓶倾斜30°左右，管下端紧靠锥形瓶内壁，放开食指，让溶液沿锥形瓶内壁流下，如图2-10所示，管内溶液流完后，保持放液状态停留15s，移走移液管(残留在管尖内壁处的少量溶液，不可用外力强使其流出，因校准移液管或吸量管时，已考虑了尖端内壁处保留溶液体积。若在管身上标有“吹”字的，当溶液流尽后，可用洗耳球将残留液吹出，不允许保留)。

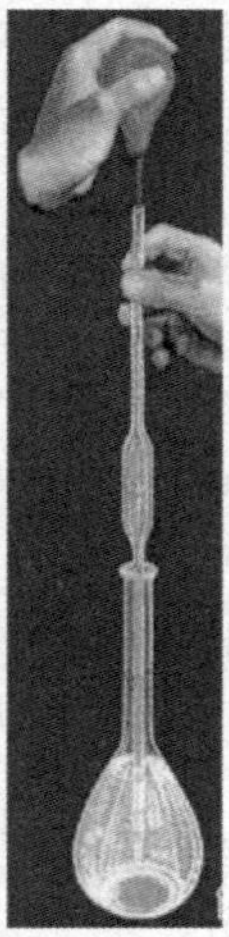

图2-9　吸取溶液

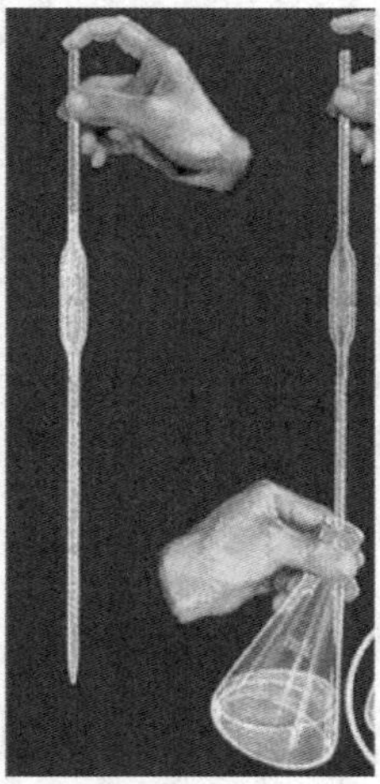

图2-10　放出溶液

小贴士

① 移液管(吸量管)不应在烘箱中烘干。

② 移液管(吸量管)不能移取太热或太冷的溶液。

③ 同一实验中应尽可能使用同一支移液管。

④ 移液管在使用完毕后，应立即用自来水及蒸馏水冲洗干净，置于移液管架上。

⑤ 移液管和容量瓶常配合使用，因此在使用前常作两者的相对体积校准。

⑥ 在使用吸量管时，为了减少测量误差，每次都应以最上面刻度(0刻度)处为起始点，往下放出所需体积的溶液，而不是需要多少体积就吸取多少体积。

第三节　实验室安全操作规程

在进行化学分析实验时，常常要用到各种仪器、药品、水、电等，如果不遵守操作规则，不仅会造成实验失败、药品损失等，更重要的是可能会造成事故的发生。因此，每一位分析人员都应该了解实验室操作规程，明确在实验过程中应该注意什么，如果出现意外事故应如何处理等。

一、实验室安全守则及安全操作技术

① 实验前要熟悉实验室及周围环境。了解水阀、电闸、煤气阀、消防栓、灭火器、紧急洗眼器等的位置及正确使用方法；了解实验室安全出口和紧急情况时的逃生路线。

② 实验前应做好准备，必须对所用药品与设备性能有充分的了解，熟悉每个具体操作中的安全注意事项。

③ 实验台及实验范围以内，不应放置任何暂时不需要的东西，尤其是放置盛有浓酸、浓碱、易燃或易爆化学品的容器，同时保持实验台清洁，器具排列有条不紊，这样会减少事故的发生。

④ 实验室每瓶试剂必须贴有与内容相符的标签，取药品时要仔细查看标签；一经取出后剩余药品，不可再倒回原瓶中，为避免浪费，可集中于另一瓶中以作他用。

⑤ 进入实验室的人员需穿全棉工作服，不得穿凉鞋、高跟鞋或拖鞋，留长发者应束扎头发，离开实验室时须换掉工作服；使用电器时，谨防触电；实验完毕，应将电器的电源切断。

⑥ 实验进行时，不得随便离开，进行可能发生危险的实验时，要根据实验情况采取必要的安全措施，如戴防护眼镜、面罩或橡胶手套等。

⑦ 实验用化学试剂严禁入口；禁止在实验室内吸烟、饮食，或把食具带进实验室，实验结束后要及时洗手。

⑧ 做实验时应保持室内空气流通，凡是进行有刺激性气味、有恶臭、有毒物质的实验，必须在通风橱内进行；严禁用鼻子直接接近试剂瓶瓶口去嗅放出的气体，应用手轻轻扇动将气体引向鼻孔。

⑨ 浓酸、浓碱具有强腐蚀性，切勿溅在皮肤和衣服上。用浓硝酸、盐酸、硫酸等溶解样品时均应在通风橱中进行；稀释浓硫酸时，必须将浓硫酸慢慢倒入水中，并不断搅动，

切勿将水倒入酸中，以免溅出甚至发生爆炸。配制时所用容器应是耐热的，不要直接在试剂瓶中配制，以免试剂瓶破裂。

⑩ 溅泼出来、倒翻或散落在实验台上或地板上的化学药品，应立即加以清除干净，切不可将其扫回原容器中；身上或手上沾有易燃物时，应立即清洗干净，不得靠近明火以防着火。

⑪ 易燃、易爆、剧毒化学试剂和高压气瓶要严格按有关规定领用、存放和保管；盛有在室温下有较高蒸气压的液体，如乙醚、酒精、丙酮、汽油等的瓶子，不可以完全充满或暴露在日光下，或储存在温暖的地方，否则，会发生爆炸；开启这类瓶子时，更要谨慎小心，勿使瓶口对着自己或他人，以防开启时发生意外的溅泼。

⑫ 加热操作时，不同的被加热物体有不同的加热方法。应用玻璃质、磁质容器进行加热时，必须注意不使温度变化过于剧烈，并且注意容器外壁的水珠必须擦干，否则容易引起容器破裂；加热易挥发性、易燃液体时，应尽可能避免直火加热，中途需要添加液体时，必须先熄火，后打开容器，再添加液体。

⑬ 各种气体钢瓶、煤气用毕或临时中断，都应立即关闭阀门，若发现漏气或气阀失灵，应停止实验，立即检查并修复，待实验室通风一段时间后，再恢复实验；禁止实验室内存在火种。需要循环冷却水的实验，要随时监测实验进行过程，不能随便离开，以免减压或停水发生爆炸和着火事故；发现临时停水、停电时，要立即拧紧水龙头和拉下电闸，以免恢复供应时带来严重事故。

⑭ 增强环境意识，实验所产生的化学废物切不可乱扔，按照环保要求妥善集中处理，以废治废，减少废物，合理回收利用。

⑮ 实验完毕后应立即洗涤容器并把手洗净，关闭门、窗；检查水阀、电闸、煤气阀等安全措施完善后才能离开实验室。

⑯ 实验室应设有专用的卫生箱，常备急救药品：碘酒、碘伏(主要用于消毒)、体温计、消毒纱布、绷带、药用棉花、棉签、剪刀、小刀(手术刀)等，以供及时治疗的需要。

二、使用电气设备安全规则

① 在使用电气设备时，必须事先检查开关、电机，以及机械设备，确认各部分是否安置妥当。

② 开始工作或停止工作时，必须将开关彻底扣严和拉下。

③ 所有电源应按规定安装可熔保险器和空气开关，禁止用铁丝或其他金属丝代替保险丝，禁止超负荷使用。用电量大的实验室，必须将线路更新到满足使用要求，并留有较大余量；必要时可单独安装线路。

④ 电气开关箱内及下面，不准放任何物品；禁止洒水在电气设备和线路上，以免漏电。

⑤ 严禁用湿手、湿布或铁柄毛刷等去清扫和擦拭电闸刀、电插销等，防止触电；严禁用湿手分、合开关或接触电气设备。

⑥ 凡电器动力设备超过允许温度时，应立即停止运转。

⑦ 电气设备和线路必须绝缘良好，按规范布线，裸露的带电导体必须安装安全遮栏，并标明警告标志；不得乱拉线路、乱接电源或任意拆卸电气线路；对电气线路要经常检查，适当时候应予更新，防止线路老化，引起火灾。

⑧ 凡使用 110V 以上电源装置，仪器的金属部分必须安装地线。

⑨ 电热设备，例如马弗炉、烘箱、电炉和电热板等，所用电源的导线应经常注意检查其各接触处是否妥当，导线有无损坏和被腐蚀等。使用时必须要有人负责照管，以防发生事故。

三、使用有毒品安全规则

① 凡能产生有毒气体和刺激性气体的操作，应在通风柜内进行，同时应尽量站在上风口。

② 进行有毒物质的试验时，必须穿工作服、戴口罩或面罩、手套，工作人员应在饭前和试验后洗手，试验中禁止饮食、吸烟。禁止用试验容器盛装食品。

③ 含毒物的溶液必须由该试验的工作人员作一定的安全处置，合乎排放标准后，再倒入下水道，然后仔细洗净仪器将工作地点打扫干净。

④ 工作人员手、脸、皮肤有破裂时，不许进行有毒物质，尤其是氢化物的操作。

⑤ 处理无名药品不许用口尝。如嗅其味，可用手掌在位于药品表面上方的脸部扇动嗅之。所有装有药品的瓶子均应贴有明显的标签，并分类、分层、分室存放。禁止使用没有标签的药品。

⑥ 使用剧毒物质时，必须按“五双”管理制度处置，即两人领、两人发、两把锁、两本账、两人管。

四、使用强酸、强碱及腐蚀剂安全规则

① 搬运和使用腐蚀性药品，如强酸、强碱等，要戴橡皮手套、围裙、眼镜，并穿深筒胶鞋，在实验室应备有洁净毛巾、药棉和急救中和的溶液，实验人员应熟悉药品的性质和操作方法。

② 搬运酸、碱前应仔细检查：装运器具的强度是否可靠；装酸或碱的容器是否封严；容器的位置固定是否稳定；搬运时，不允许一人把容器背在背上。

③ 移注酸碱溶液时，要用虹吸管，不要用漏斗，以防酸碱溶液溅出；禁止用嘴直接吸取酸碱溶液，如无吸气器可用量筒量取。

④ 开封盛有溴、过氧化氢、氢氟酸、氨水和其他苛性溶液的容器时，应先用水冷却，然后开瓶，开瓶时，瓶口不准对人。

⑤ 在稀释酸(尤其是硫酸)时，应当一面搅拌冷水，一面慢慢将浓酸少量滴入水内。禁止将水注入酸内。当浓酸倾洒在室内时，应先将碱与其中和，再用水冲洗或先用泥土吸收，扫除后再用水冲洗。

⑥ 拿取碱金属及其氢氧化物和氧化物时，必须用镊子夹取或用磁匙取用，且操作人员须戴橡胶手套、口罩和眼镜。

⑦ 废酸、废碱必须倒在专门的废液桶内，废液桶应放在安全的地方。

⑧ 如强酸溅到眼睛内或触到皮肤上，应立即用大量清水冲洗，再用 0.5% 的碳酸氢钠溶液清洗。如果是强碱溅到眼睛或皮肤上，则除用大量的清水冲洗外，再用 2% 的稀硼酸溶液清洗眼睛，或用 1% 醋酸清洗皮肤。经过上述紧急处理后，应立即送医院治疗。

五、使用易燃品安全规则

① 不许将易燃物质放置在明火附近和试验地区附近。

② 在储存易燃物质的周围不得有明火作业，如点着的煤气(酒精)灯，燃着的火柴等。

③ 使用蒸馏或升华的易燃物质时，加热可用水(油)浴器、电热板或电砂浴，周围不应有明火；试验仪器应当严密不漏气；操作环境应通风良好，四周不可放置可燃性物料；操作时要戴上防护眼镜。

④ 在试验室内存放各种可燃性物质总量不许超过 3kg，每种不得超过 1kg；随用随取，用后送回专门的储放地点。

⑤ 遇水易燃物质(如黄磷、过氧化钠、金属钠、钾等)禁止丢入废液桶内；凡能引起火的物质(如废油、废有机溶剂)应集中在专门的容器内放在安全的地方，不得任意乱放；禁止将性质相抵触的、能引起燃爆的易燃物储存在一起，使用中应留有安全距离。

⑥ 一旦发生失火事故，首先应撤除一切热源，关闭煤气和电闸，然后用砂子或石棉布盖住失火地点或用四氯化碳等灭火器灭火。

⑦ 应经常检查防火设备，如灭火器、黄沙、石棉及毛毡等。

⑧ 当加热、蒸馏及其他有关用火的工作进行时，要有专人负责管理，不许随便离开，用完后即关掉热源。必须注意避免局部过热，使玻璃容器骤然破裂，引起事故。可在加热时加以瓷片、沸石避免，但必须在液体未达沸腾时预先加入沸石，不能在液体正沸腾时加入。

⑨ 可燃物尤其是易挥发的可燃物，应存放在密闭的容器中，不许用无盖的开口容器储存。

六、使用易爆品安全规则

① 预防由于内外压力差引起爆炸。仔细检查供真空操作用的全部仪器有无裂纹。不许使用有裂纹的仪器；使用前应检查容器真空度是否合格，检查时应将容器用布包好；检查安全标志和防火措施。

② 使用气瓶时注意在定检周期内使用。避免气瓶受碰撞或冲击，禁止强烈振动气瓶；不许用人背或在地下滚动的办法运气瓶，立着使用气瓶应有固定措施，开气时气嘴不能对人；气瓶不能存放在靠近电源、暖气附近，不能放在日光照射的地方，禁止在气瓶旁抽烟；气瓶必须有减压阀门才能使用；氧气瓶、氧气表以及导管，禁止与油类物质接触。

③ 有爆炸危险性的药品(过氧化钠、过氧化氢、浓高氯酸等)，在试验室内只许放一小部分，并应保存在干燥阴凉的地方。

④ 禁止将性质相抵触的能引起燃烧爆炸的物品储存在一起或使用中安全距离不够，如：禁止浓硫酸和结晶状高锰酸钾接触；禁止和有机物一起研磨氯酸钾；禁止和有机物一起研磨硝酸盐；有机物不得和浓硝酸一起混合及加热。

七、实验室意外事故及处理

实验室意外事故的发生与实验室潜在的危险因素有关，实验室潜在的危险主要有：

1. 割伤

化学分析实验室很多仪器都是玻璃的，由于玻璃仪器的破裂，常常容易割伤皮肤，在实验中应特别注意避免割伤。发生割伤事故时先检查伤口有无玻璃碎片，若有先用消过毒的镊子去除玻璃残渣，用流动的水冲洗干净，用实验室医药箱中的碘伏消毒，进行包扎。若严重割伤，可在伤口上部 10cm 处用纱布扎紧，减慢流血，并立即送医院。

2. 烫伤和烧伤

如果是一般烫伤和烧伤，不要弄破水泡，可以用 95%酒精轻涂伤口，然后涂抹烫伤膏或凡士林油，再用纱布包扎。

如果是化学药品灼伤，首先要用大量冷水冲洗，去除可能残留在烫伤部位和周围的有毒有害物质，尽量减少有毒有害物质对身体的进一步损伤，然后使用相应的溶液清洗中和药品里的成分。

比如酸灼伤时，立即用大量水冲洗，然后用 5%的碳酸氢钠溶液洗涤，若溅到眼睛里，立即用水冲洗，不可以揉搓，用洗眼杯或橡皮管套上水龙头用慢水对准眼睛冲洗后，用 5%碳酸氢钠溶液清洗。严重者请速就医。

碱灼伤立即用水冲洗至少 15min。若溅到眼睛里，立即提起眼睑，用流动清水或生理盐水冲洗至少 15min，再用 2%硼酸溶液冲洗。严重者立即就医。

3. 中毒

化学药品中毒，多数是因药品由呼吸道进入体内而引起，也有误入口中而中毒的。

(1) 经呼吸道吸入中毒者

保持呼吸道畅通，并立即转移至室外，向上风向转移，解开衣领和裤带，呼吸新鲜空气并注意保暖；对休克者应施以人工呼吸，但不要用口对口法，立即送医院急救。

(2) 经皮肤吸收中毒者

应迅速脱去污染的衣服、鞋袜等，用大量流动清水冲洗 15~30min，也可用微温水，禁用热水；头面部受污染时，要注意眼睛的冲洗。

(3) 误服吞咽中毒者

催吐：适用于神志清醒合作者，禁用于吞强酸、强碱等腐蚀品及汽油、煤油等有机溶剂者。

洗胃：是治疗常规方法，有催吐禁忌者慎用。

清泻：可通过口服或胃管送入大剂量的泻药，如硫酸镁、硫酸钠等进行清泻。

4. 失火

实验室一旦发生火灾切不可惊慌失措，要保持镇静。首先采取措施是防止火势蔓延，应立即熄灭附近所有火源，切断电源，移开易燃易爆物品，根据具体情况正确地进行灭火。火情较大时在保证自身安全的情况下进行扑救，同时需要及时拨打 119 火警电话。

① 对在容器中(如烧杯、烧瓶、热水漏斗等)发生的局部小火，可用石棉网、表面皿或

者沙子等盖灭。

② 有机溶剂在桌面或者地面上蔓延燃烧时，不得用水冲，否则会扩大燃烧面积。可撒上细沙或用石棉布灭火。

③ 对钠、钾等金属着火，通常用干燥的细沙覆盖。严禁用水灭火，否则会导致猛烈的爆炸，也不能用二氧化碳灭火器。

④ 若衣服着火，切勿慌张奔跑，以免风助火势。化纤织物最好立即脱除。一般小火可用湿抹布、灭火毯等包裹使火熄灭；若火势较大，可就近用水龙头浇灭，必要时可就地卧倒打滚，一方面防止火焰烧向头部，另一方面在地上压住着火处，使其熄灭。

⑤ 导线、电器和仪器着火时不能用水和二氧化碳灭火器灭火，应先切断电源，然后可以用 1211 灭火器灭火。

⑥ 在反应过程中，若因冲料、渗漏、油浴着火等引起反应体系着火时，情况比较危险，处理不当会加重火势。扑救时必须谨防冷水溅在着火处的玻璃仪器上，必须谨防灭火器材击破玻璃仪器，造成严重的泄漏而扩大火势；有效的扑灭方法是用几层灭火毯包住着火部位，隔绝空气使其熄灭，必要时在灭火毯上撒些细沙；若仍不奏效，必须使用灭火器，由火场的周围逐渐向中心处扑灭。

知识拓展

1211 灭火器主要适用于扑救易燃、可燃液体、气体、金属及带电设备的初起火灾。

1211 灭火器利用装在筒内的氮气压力将 1211 灭火剂喷射出灭火，它属于储压式一类，1211 是二氟一氯一溴甲烷的代号，分子式为 CF_2ClBr，它曾经是我国生产和使用最广的一种卤代烷灭火剂，以液态罐装在钢瓶内。1211 灭火剂是一种低沸点的液化气体，具有灭火效率高、毒性低、腐蚀性小、久储不变质、灭火后不留痕迹、不污染被保护物、绝缘性能好等优点。但由于该灭火剂对臭氧层破坏力强，我国已于 2005 年停止生产 1211 灭火器。

5. 触电

一旦发生触电事故，切不可惊慌失措，要立即使触电者脱离电源，然后针对触电者受伤情况采取适当的救护方法。

使触电者脱离低压电源应采取的方法：

① 就近拉开电源开关，拔出插销或保险，切断电源。要注意单极开关是否装在火线上，若是错误地装在零线上不能认为已切断电源。

② 用带有绝缘柄的利器切断电源线。

③ 找不到开关或插头时，可用干燥的木棒、竹竿等绝缘体将电线拨开，使触电者脱离电源。

④ 可用干燥的木板垫在触电者的身体下面，使其与地绝缘。

如遇高压触电事故，应立即通知有关部门停电。要因地制宜，灵活运用各种方法，快速切断电源。

① 若触电者呼吸和心跳均未停止，此时应将触电者躺平就地，安静休息，不要让触电者走动，以减轻心脏负担，并应严密观察呼吸和心跳的变化。

② 若触电者心跳停止、呼吸尚存，则应对触电者做胸外按压。

③ 若触电者呼吸停止、心跳尚存，则应对触电者做人工呼吸。

④ 若触电者呼吸和心跳均停止，应立即按心肺复苏方法进行抢救。

小贴士

救助过程中应注意：

① 动作一定要快，尽量缩短触电者的带电时间。

② 切不可用手或金属和潮湿的导电物体直接触碰触电者的身体或与触电者接触的电线，以免引起抢救人员自身触电。

③ 解脱电源的动作要用力适当，防止因用力过猛用带电电线击伤在场的其他人员。

④ 在帮助触电者脱离电源时，应注意防止触电者被摔伤。

⑤ 进行人工呼吸或胸外按压抢救时，不得轻易中断。

八、实验室废弃物的处理

实验室的废弃物主要是指实验中产生的废气、废液和废渣。为了防止环境污染，保证分析检验人员及他人的健康，对排放的废弃物应按照有关规定，采取适当的处理措施，使其浓度达到国家环保规定的排放标准。

1. 废气处理

实验室产生的废气包括伴随化学实验反应而产生尾气、实验室试剂和样品的挥发物、实验及分析过程中间产物与挥发物、容器残留物挥发、泄漏和排空的标准气和载气等。

通常实验室中直接产生有毒、有害气体的实验都要求在通风橱内进行，少量有毒气体可通过通风设备排出室内。通风管道应有一定高度，使气体在空气中稀释。

对于大量的高浓度的废气，在排放前，必须进行转化处理(吸收处理或与氧充分燃烧)，然后再稀释才能排放到室外，如氮、硫、磷等酸性氧化物产生较多时，须经过导管通入碱液中吸收处理方可排出。

2. 废液处理

① 对高浓度废酸、废碱液要按其化学性质，分别进行中和处理，调 pH 值至 6~8 后方可排放。

② 含重金属离子的废液可采用沉淀法分离重金属离子，达标后排放。含重金属的沉淀按废渣处理。

③ 有机物废液应分类收集，对于有回收价值的有机溶剂应回收利用；可燃性有机毒物可于燃烧炉中供给充分的氧气使其完全燃烧，生成二氧化碳和水。

④ 实验中使用或产生易燃、易爆、剧毒物品的废液必须在技术人员的指导下，及时妥善处理后方能倒入指定的容器内，之后再根据其性质进行无害化处理。

⑤ 应根据废液性质确定储存容器和储存条件，不同废液一般不允许混合，要避光、远离热源，以免发生不良化学反应。

⑥ 废液储存容器必须贴上标签，写明种类、储存时间等。

3. 废渣处理

① 无毒无害废物按生活垃圾处理。

② 含易燃、易爆、剧毒物品等有害废渣、固体废物应在技术人员的指导下，及时妥善处理后方能倒入指定的容器内。

③ 能够自然降解的有毒废物，集中深埋处理。

④ 不能自然降解的有毒废物，集中到焚化炉焚烧处理。

⑤ 放射性固体废物，先集中在专用的废物桶内，再根据具体情况进行无害化处理。

⑥ 做完实验必须及时清理废液桶、废渣桶，危险性废液、废渣不得在实验室过夜。

习　题

一、选择题

1. 下列不宜加热的仪器是(　　)。

A. 试管　　B. 坩埚　　C. 蒸发皿　　D. 移液管

2. 有关称量瓶的使用错误的是(　　)。

A. 不可做反应器　　B. 不用时要盖紧盖子

C. 用后要洗净　　D. 盖子要配套使用

3. 滴定分析中用于准确移取液体的仪器是(　　)。

A. 滴定管　　B. 移液管　　C. 容量瓶　　D. 锥形瓶

4. 滴定分析中用于滴加滴定液至终点并测量消耗滴定液体积的仪器是(　　)。

A. 滴定管　　B. 移液管　　C. 容量瓶　　D. 锥形瓶

5. 滴定分析中用于直接配制滴定液的仪器是(　　)

A. 滴定管　　B. 移液管　　C. 容量瓶　　D. 锥形瓶

6. 若滴定管有油污，可用(　　)洗涤后，依次用自来水、蒸馏水洗涤三遍备用。

A. 去污粉　　B. 铬酸洗液　　C. 强碱溶液　　D. 都不对

7. 实验室安全守则中规定，严格任何(　　)入口，不能用(　　)代替餐具。

A. 食品，烧杯　　B. 药品，玻璃仪器

C. 药品，烧杯　　D. 食品，玻璃仪器

8. 使用浓盐酸、浓硝酸，必须在(　　)中进行。

A. 通风橱　　B. 大容器　　C. 冷水浴　　D. 药品库

9. 优级纯试剂的标签颜色是(　　)。

A. 红色　　B. 蓝色　　C. 黄色　　D. 绿色

10. 蒸馏或回流易燃低沸点液体时，操作错误的是(　　)。

A. 在烧瓶内加数粒沸石防止液体爆沸

B. 加热速度宜慢不宜快

C. 用明火直接加热烧瓶

D. 烧瓶内液体不宜超过烧瓶 1/2 容积

11. 下列滴定分析操作中，操作正确的是(　　)。
A. 滴定前，用待装标准溶液润洗滴定管三次
B. 滴定时摇动锥形瓶有少量溶液溅出
C. 滴定前，锥形瓶应用待测溶液淋洗三次
D. 滴定管读数精确到小数点后一位

12. 只能量取一种体积溶液的玻璃仪器是(　　)。
A. 吸量管　　B. 移液管　　C. 量筒　　D. 量杯

13. 制备好的试剂应储存于(　　)中。
A. 试剂瓶　　B. 烧杯　　C. 称量瓶　　D. 干燥器

14. 下列容量瓶使用方法不正确的是(　　)。
A. 使用前应检查是否漏水　　B. 瓶塞与其应配套使用
C. 使用前在烘箱中烘干　　D. 容量瓶不宜代替试剂瓶使用

15. 电子天平长时间断电之后再使用时，至少需预热(　　)。
A. 5min　　B. 10min　　C. 30min　　D. 60min

16. 电子天平应放置在(　　)。
A. 阳光直射的位置　　B. 空调口下
C. 不平稳的凳子上　　D. 室温均匀的室内固定台上

17. 滴定管装入标准溶液后，应(　　)。
A. 先读初读数，再赶气泡　　B. 先赶气泡，再读初读数
C. 先滴定，再赶气泡　　D. 先读终读数，再赶气泡

18. 滴定管读数允许的绝对误差为±(　　)mL。
A. 0.01　　B. 0.02　　C. 0.03　　D. 0.04

19. 如发现容量瓶漏水，则应(　　)
A. 调换磨口塞　　B. 在瓶塞周围涂油
C. 停止使用　　D. 摇匀时勿倒置

20. 进行滴定时，事先不应该用滴定剂润洗的仪器是(　　)。
A. 酸式滴定管　　B. 移液管　　C. 碱式滴定管　　D. 锥形瓶

21. 下列关于实验室用水的选项中叙述不正确的是(　　)。
A. 水是化学实验室常见的物质
B. 使用节水龙头
C. 实验室里的水主要用于洗涤仪器
D. 实验室里的水可以直接饮用

二、判断题

1. 在易燃、易爆、易灼烧及有静电发生的场所，可以使用化纤防护用品。(　　)
2. 电路保险丝熔断，短期内可以用铜丝或铁丝代替。(　　)
3. 连接在接线板上的用电总负荷不能超过接线板的最大容量。(　　)
4. 为了防止触电可采用绝缘、防护、隔离等技术措施以保障安全。(　　)

5. 身边有人严重触电，应当首先切断电源，然后进行紧急抢救如人工呼吸，并立即拨打急救电话。（ ）

6. 气体钢瓶使用后，可以不关闭阀门。（ ）

7. 可以用烘箱干燥有爆炸危险性的物质。（ ）

8. 金属锂、钠、钾及金属氢化物要注意使用和保存，尤其不能与水直接接触。（ ）

9. 在实验室允许口尝鉴定试剂和未知物。（ ）

10. 对于化学试剂或未知物，允许直接用鼻子嗅气味，不用以手扇出少量气体来嗅觉。（ ）

11. 在实验室内一切有可能产生毒性气体的工作必须在通风橱中进行，并有良好的排风设备。（ ）

12. 在稀释浓硫酸时，不能将水往浓硫酸里倒，而应将浓硫酸缓缓倒入水中，不断搅拌均匀。（ ）

13. 给液体加热时，可以先开始加热，等接近沸腾时再加入沸石。（ ）

14. 打开易挥发或浓酸、浓碱试剂的瓶塞时，瓶口不要对着脸部或其他人，宜在通风橱中进行。（ ）

15. 通常有害药品经呼吸器官、消化器官或皮肤吸入体内，引起中毒。因此，我们切忌口尝、鼻嗅及用手触摸药品。（ ）

16. 受阳光照射易燃烧、易爆炸或产生有毒气体的化学危险品和桶装、罐装等易燃液体、气体可置于日光下。（ ）

17. 实验后剩余化学品应当返回其原来的试剂瓶中以免浪费。（ ）

18. 如发现水泵漏水，可以不用切断电源，待实验完毕后再报修。（ ）

19. 实验过程中长时间使用恒温水浴锅时，应注意及时加水，避免干烧发生危险。（ ）

20. 危险化学品用完后就可以将安全标签撕下。（ ）

21. 不得使用过期、未经检验和不合格的气体钢瓶。（ ）

22. 冷凝冷却系统上连接用的橡胶管必须定期检查更换，避免管子老化而引起漏水事故的发生。（ ）

23. 禁止穿拖鞋、背心、短裤(裙)进入实验室，可以穿高跟鞋进实验室。（ ）

24. 盛装废弃危险化学品的容器和受废弃危险化学品污染的包装物，必须按照危险废物进行管理。（ ）

25. 各实验室对所产生的化学废弃物必须实行集中分类存放，贴好标签，然后送学校中转站，统一处置。（ ）

26. 严格执行剧毒品“五双”管理制度，即使实验在进行中，也必须在取出实验使用量后立即存入保险柜，做好记录，严防疏漏。（ ）

27. 实验室内的浓酸、浓碱如果不经处理，沿下水道流走，对管道会产生很强的腐蚀，又造成环境的污染。（ ）

28. 危险废物可以混入非危险废物中储存或混入生活垃圾中储存。（ ）

29. 实验室的废液可以放入同一个废液桶中进行处理。（ ）

30. 眼睛溅入化学试剂时，应以大量清水冲洗，然后送医院诊治。（　　）
31. 皮肤烧伤后如有水泡，应及时将水泡刺破，以利于其恢复。（　　）
32. 伤口内有玻璃碎片等大块异物时，应在去医院救治前尽快取出。（　　）
33. 电子天平只需首次使用时调解水平即可，后续如移动到新位置时无需调节。（　　）
34. 滴定管下端的气泡必须除去，否则会造成滴定误差。（　　）
35. 实验室的一级水和二级水都不可以用来做化学分析。（　　）
36. 测量的准确度要求较高时，容量瓶在使用前应进行体积校正。（　　）

第三章 定量分析中的误差与数据处理

学习目标

❖ 掌握误差、偏差的概念和计算方法，明确准确度、精密度的概念及两者之间的关系；

❖ 掌握误差的分类、来源及减免方法；

❖ 掌握异常值的检验与取舍方法；

❖ 了解显著性检验的定义及特点，掌握 F 检验法、t 检验法的意义及方法。

能力目标

❖ 能在实际分析过程中，应用误差和偏差判断分析结果的准确度和精密度，分析产生误差的原因及正确的减免方法；

❖ 理解有效数字的意义，在分析实践中应用有效数字修约及运算规则，正确记录、处理实验数据；

❖ 掌握一定置信度下，平均值的置信区间的计算方法和含义；

❖ 在分析工作中，能够对分析结果的准确度或精密度是否存在显著性差异做出判断。

第一节　定量分析中的误差

定量分析的任务是测定试样中组分的含量。要求测定的结果必须达到一定的准确度，方能满足生产和科学研究的需要。显然，不准确的分析结果将会导致生产的损失、资源的浪费以及科学上的错误结论。

在任何一项分析工作中，由于主、客观条件的限制，即使是技术很熟练的人，用同一完善的分析方法和最精密的仪器，对同一试样仔细地进行多次分析，其测定结果也不会完全一样，而是在一定范围内波动。这就说明分析过程中客观上存在难以避免的误差。因此，人们在进行定量分析时，不仅要得到被测组分的含量，而且必须对分析结果进行评价，判断分析结果的可靠程度，了解误差产生的原因及表示方法，尽可能地将误差减到最小，以提高分析结果的准确度。

一、真实值、平均值和中位数

1. 真实值

物质中各组分的实际含量称为真实值(μ)，它是客观存在的，但不可能准确知道。

2. 平均值

(1) 总体与样本

总体(或母体)是指随机变量 x_i 的全体。

样本(或子样)是指从总体中随机抽出的一组数据。

(2) 总体平均值与样本平均值

在日常分析工作中，总是对某试样平行测定数次，取其算术平均值作为分析结果，若以 x_1，x_2，…，x_n 代表各次的测定值，n 代表平行测定的次数，$\bar{x}$ 代表样本平均值，则

$$\bar{x}=\frac{x_1+x_2+\cdots+x_n}{n}=\frac{1}{n}\sum_{i=1}^{n}x_i \qquad (3-1)$$

样本平均值不是真实值，只能说是真实值的最佳估计值，只有在消除系统误差之后并且测定次数趋于无穷大时，所得总体平均值(μ)才能代表真实值。

$$\mu=\lim_{n\to\infty}\frac{1}{n}\sum_{i=1}^{n}x_i \qquad (3-2)$$

在实际工作中，人们把“标准物质”作为参考标准，用来校正测量仪器、评价测量方法等，标准物质在市场上有售，它给出的标准值是最接近真实值的。

3. 中位数

一组平行测定的数值按由小到大的顺序排列，中间一个数值即为中位数 x_m。当测定次数 n 为奇数时，位于序列正中间的那个数值，就是中位数；当测定次数 n 为偶数时，中位数为正中间相邻的两个测定值的平均值。

它的优点是能简便地说明测量数据的结果，不受两端具有过大误差数据的影响。缺点是不能充分利用数据。

二、准确度和误差

准确度是指测定结果与真实值相接近的程度。它们之间的差值越小，则测定结果的准确度越高。

准确度的高低用误差来衡量。误差表示测定结果与真实值之间的差值。差值越小，误差就越小，即准确度越高；误差越大，准确度越低。误差一般用绝对误差和相对误差来表示。

绝对误差(E)表示测定结果(x_i)与真实值(μ)之差。即

$$E=x_i-\mu \qquad (3-3)$$

相对误差(E_r)是指绝对误差在真实值中所占的百分数。即

$$E_r=\frac{E}{\mu}\times100\% \qquad (3-4)$$

由于测定结果可能大于真实值，也可能小于真实值，所以绝对误差和相对误差都有正负之分。正值表示测定结果偏高，负值表示测定结果偏低。

【例 3-1】 用分析天平称量 A、B 两个样品的质量分别为 1.2452g 和 0.2452g，已知 A、B 两个样品的真实质量分别为 1.2453g 和 0.2453g，求用该分析天平称量 A、B 两个样品时的绝对误差和相对误差，并比较称量结果的准确度。

解：A 样品的绝对误差为：$E(\mathrm{A})=x-\mu=1.2452-1.2453=-0.0001\mathrm{g}$

相对误差为：$E_r(\mathrm{A})=\dfrac{E(\mathrm{A})}{\mu}\times100\%=\dfrac{-0.0001}{1.2453}\times100\%=-0.008\%$

B 样品的绝对误差为：$E(\mathrm{B})=x-\mu=0.2452-0.2453=-0.0001\mathrm{g}$

相对误差为：$E_r(\mathrm{B})=\dfrac{E(\mathrm{B})}{\mu}\times100\%=\dfrac{-0.0001}{0.2453}\times100\%=-0.04\%$

通过以上例题可以看出，虽然称量 A、B 两个样品的绝对误差均为-0.0001g，但称量 B 样品的相对误差却是称量 A 样品相对误差的 5 倍，即称量 A 样品的准确度较高。

想一想

对于不同的两个实验，判断测定结果的准确度常用什么误差来表示或比较？

三、精密度和偏差

精密度是指在相同的条件下，一组平行测定结果之间相互接近的程度。精密度的高低常用偏差来表示。

1. 偏差

在实际分析工作中，通常真实值并不知道，一般是取多次平行测定结果的算术平均值($\bar{x}$)来表示分析结果。单次测定值 x_i 与多次测定结果的算术平均值 $\bar{x}$ 之差称为偏差。

偏差的大小可以表示分析结果的精密度，偏差越小表明测定结果的精密度越高。与误差相似，偏差也可表示为绝对偏差(d_i)和相对偏差(d_r)。

绝对偏差：
$$d_i=x_i-\bar{x} \tag{3-5}$$

相对偏差：
$$d_r=\frac{d_i}{\bar{x}}\times100\% \tag{3-6}$$

绝对偏差和相对偏差只能用来衡量单次测定结果对平均值的偏差。为了更好地说明测定结果的精密度，在一般分析工作中常用平均偏差和标准偏差表示。

2. 平均偏差

平均偏差是指单次测定值与平均值的偏差(取绝对值)之和，除以测定次数。即

$$\bar{d}=\frac{\sum_{i=1}^{n}|d_i|}{n}=\frac{\sum_{i=1}^{n}|x_i-\bar{x}|}{n} \tag{3-7}$$

相对平均偏差($\overline{d_r}$)是平均偏差 $\bar{d}$ 在平均值 $\bar{x}$ 中所占的百分数。即

$$\overline{d_r}=\frac{\bar{d}}{\bar{x}}\times100\% \tag{3-8}$$

3. 标准偏差

标准偏差又称均方根偏差。当测定次数趋于无穷大时，用总体标准偏差来表达测定结果的分散程度，其数学表达式为：

$$\sigma=\sqrt{\frac{\sum_{i=1}^{n}(x_i-\mu)^2}{n}} \tag{3-9}$$

式中μ为总体平均值，在校正系统误差的情况下，μ即为真值。

在一般分析工作中，测定次数是有限的，μ值是不知道的，只能用样本标准偏差来表示精密度，其数学表达式(贝塞尔公式)为：

$$s=\sqrt{\frac{\sum_{i=1}^{n}(x_i-\bar{x})^2}{n-1}} \tag{3-10}$$

相对标准偏差也称变异系数(CV)其计算式为：

$$CV=\frac{s}{\bar{x}}\times 100\% \tag{3-11}$$

想一想

为什么在生产和科研的分析报告中常用标准偏差表示精密度？为什么说用标准偏差表示精密度比用平均偏差更合理？

现有两组测量结果，各次测量的偏差分别为：

第一组：-0.04，+0.03，+0.04，+0.02，-0.03，0.00，-0.02，-0.02

$$n_1=8 \quad \bar{d}_1=0.025 \quad s_1=0.030$$

第二组：-0.08，+0.01，-0.01，+0.01，+0.07，0.00，+0.01，-0.01

$$n_2=8 \quad \bar{d}_2=0.025 \quad s_2=0.041$$

两组数据的平均偏差相同，都是0.025，好像两组的精密度一样高。但是很明显看出第二组的数据较分散，其中有两个较大的偏差(-0.08，+0.07)，用平均偏差表示时却反映不出这个差异。如果用标准偏差来表示时，情况就不同了，第二组数据的标准偏差明显偏大，因而精密度较差。

【例3-2】 用丁二酮肟重量法测定钢铁中Ni的百分含量，结果为10.48%，10.37%，10.47%，10.43%，10.40%；计算分析结果的平均值，平均偏差，相对平均偏差，标准偏差和相对标准偏差。

解：

$$\bar{x}=\frac{(10.48+10.37+10.47+10.43+10.40)\%}{5}=10.43\%$$

各次测量值的偏差分别是：

$$d_1=+0.05\%，d_2=-0.06\%，d_3=+0.04\%，d_4=0.00\%，d_5=-0.03\%$$

$$\bar{d}=\frac{\sum_{i=1}^{n}|d_i|}{n}=\frac{(0.05+0.06+0.04+0.00+0.03)\%}{5}=0.036\%$$

$$\bar{d}_r=\frac{\bar{d}}{\bar{x}}\times 100\%=\frac{0.036\%}{10.43\%}\times 100\%=0.35\%$$

$$s=\sqrt{\frac{\sum_{i=1}^{n}d_i^2}{n-1}}=\sqrt{\frac{(0.05\%)^2+(0.06\%)^2+(0.04\%)^2+(0.00\%)^2+(0.03\%)^2}{4}}=0.046\%$$

$$CV=\frac{s}{\bar{x}}\times100\%=\frac{0.046\%}{10.43\%}\times100\%=0.44\%$$

四、准确度和精密度的关系

准确度和精密度是两个不同的概念，但它们之间有一定的关系。图 3-1 是甲、乙、丙、丁四人分析同一铁矿试样中铁含量时所得的结果。

由图 3-1 可以看出，甲所得结果的精密度和准确度均较好，结果可靠；乙分析结果的精密度虽然很高，但准确度较低；丙的精密度和准确度都很差；丁的平均值虽然接近于真实值，但是几个数据彼此相差甚远，仅是由于正负误差相互抵消的结果，而其精密度很差表明了该数据是不可靠的，因而就失去了衡量准确度的意义。

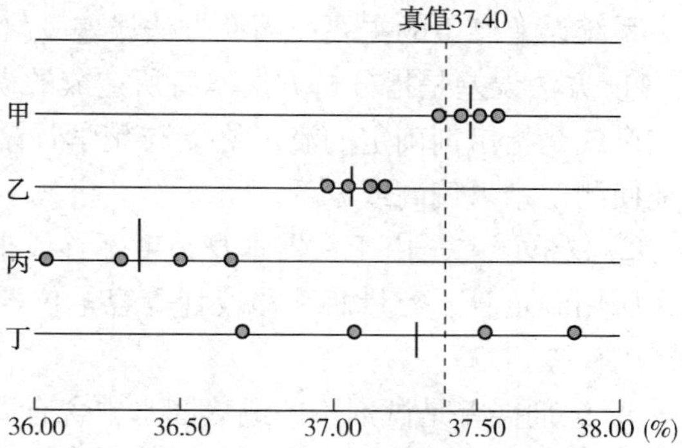

图 3-1　四人分析结果的比较

因此：

① 好的精密度是保证良好准确度的先决条件。精密度差，所测结果不可靠，也就失去了衡量准确度的前提。对于教学实验来说，首先要重视测量数据的精密度。

② 高的精密度不一定能保证高的准确度，但可以找出精密而不准确的原因，而后加以校正，就可以使测定结果既精密又准确。

知识拓展

生产部门使用的公差

公差是生产部门对分析结果允许误差的一种限量，又称允许误差。如果分析结果超出允许的公差范围称为“超差”。遇到这种情况，则该项分析应该重做。公差范围的确定一般是根据试样组成的复杂情况和所用分析方法的准确程度而制定的。对于每一项具体的分析工作，各主管部门都规定了具体的公差范围，例如钢铁中碳含量的公差范围，国家标准规定如表 3-1 所示。

表 3-1　钢铁中碳含量的公差范围(用绝对误差表示)

碳含量范围/%	0.10~0.20	0.20~0.50	0.50~1.00	1.00~2.00	2.00~3.00	3.00~4.00	>4.00
公差/%	±0.015	±0.020	±0.025	±0.035	±0.045	±0.050	±0.060

五、误差的分类与减免

在图 3-1 的例子中，每个人所做的四次平行测定结果都有或大或小的差别，这说明误差是客观存在的。但是如果我们掌握了误差产生的基本规律，就可以将误差减小到允许的范围内。所以分析工作者必须有正确的误差概念，能够判断误差的种类，找出产生误差的原因，然后有针对性地采取措施，以提高测定结果的准确度。

根据误差产生的原因和性质，误差可分为系统误差和随机误差两类。

1. 系统误差

系统误差是由于分析过程中某种固定原因造成的。它具有单向性，其正负、大小具有一定的规律性，即在多次平行测定中系统误差会重复出现，使测定结果总是系统地偏高或偏低。若能找出其产生的原因，并设法加以校正，系统误差就可以消除，故系统误差也称可测误差。

系统误差产生的主要原因有方法误差、仪器误差、试剂误差及操作误差。

① 方法误差是指分析方法本身所造成的误差。例如滴定分析中，由于滴定反应进行的不完全或是指示剂确定的滴定终点与化学计量点不完全符合以及副反应的发生等，都将系统地使测定结果偏高或偏低。

② 仪器误差是由于仪器本身精度不够或未经校准所引起的。如分析天平的砝码未经校正，所用滴定管、容量瓶、移液管等容量仪器的刻度不准等，都会在使用过程中使测定结果产生误差。

③ 试剂误差是试剂不纯或蒸馏水中含有微量杂质所引起的。

④ 操作误差是指在正常操作下，由于操作人员主观原因造成的误差。例如，对终点颜色辨别偏深或偏浅，滴定管读数偏高或偏低等。

系统误差可通过对照试验、空白试验、校准仪器、方法校正等方法来减免。

① 对照试验。这是用来检验系统误差的有效方法。进行对照试验时，常用已知准确含量的标准试样(或标准溶液)，按同样方法进行分析测定，检验测定结果与标准值是否一致，如有差异，找出校正数据。对照试验也可以用不同的分析方法，或者由不同的分析人员分析同一试样来互相对照。

在生产中，常常在分析试样的同时，用同样的方法做标样分析，以检查操作是否正确和仪器是否正常，若分析标样的结果符合“公差”规定，说明操作与仪器均符合要求，试样的分析结果是可靠的。

② 空白试验。在不加试样的情况下，按照与试样分析完全相同的操作步骤和条件而进行的测定叫作空白试验。空白试验得到的结果称为“空白值”。从试样的分析结果中扣除空白值，就可以得到更接近于真实含量的分析结果。由试剂、蒸馏水、实验器皿和环境带入的杂质所引起的系统误差，可以通过空白试验来校正。

③ 校准仪器。在日常分析工作中，由于仪器出厂时已进行过校正，只要仪器保管妥善，一般可不必进行校准。在准确度要求较高的分析中，对所用的仪器如滴定管、移液管、容量瓶、天平砝码等，必须进行校准，求出校正值，并在计算结果时采用，以消除由仪器带来的误差。

④ 方法校正。某些分析方法的系统误差可用其他方法直接校正。例如，在重量分析中，使被测组分沉淀绝对完全是不可能的，必须采用其他方法对溶解损失进行校正。如在沉淀硅酸后，可再用比色法测定残留在滤液中的少量硅，在准确度要求高时，应将滤液中该组分的比色测定结果加到重量分析结果中去。

2. 随机误差

随机误差也称偶然误差，是指测定值受各种因素的随机变动而引起的误差。例如，测定时的环境温度、湿度和压力等外界条件的微小波动，仪器性能的微小变化，分析人员操作的细小变化等，都会使测定结果在一定范围内波动，从而产生误差。

随机误差的形成取决于测定过程中一系列随机因素，其大小和方向都是不固定的。因此，无法测量，也不可能校正，所以随机误差又称不可测误差，它是客观存在的，不可避免的。

从表面上看，随机误差似乎没有规律，但是在消除了系统误差之后，在同样条件下，进行多次平行测定，则发现随机误差还是有规律的。实践和理论证明，大量的随机误差服从正态分布规律，正态分布曲线（高斯曲线）如图 3-2所示。图中的横坐标表示误差的大小，以标准偏差 σ 为单位。纵坐标为误差发生的相对概率。

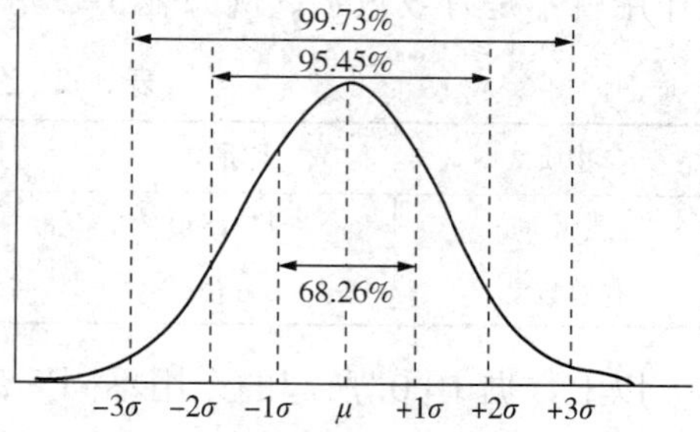

图 3-2　随机误差的正态分布

服从正态分布的随机误差具有以下特征：

① 单峰性。绝对值小的误差出现的概率大，绝对值大的误差出现的概率小。

② 对称性。绝对值相等的正误差和负误差出现的概率相等。

③ 有界性。在一定的测量条件下，绝对值很大的误差出现的概率趋于零。

④ 抵偿性。随机误差的算术平均值随着测量次数的增加而越来越趋于零。

可见在消除系统误差的情况下，平行测定的次数越多，则测得值的算术平均值越接近真值。显然，无限多次测定的平均值 μ，在校正了系统误差的情况下，即为真值。

应该指出，由于操作者的过失，如器皿未洗净、加错试剂、看错砝码、读数或记录差错等造成的错误结果，是不能通过上述方法减免的，因此操作者必须加强工作责任心，严格遵守操作规程，认真仔细地进行实验，做好原始数据记录，避免此类错误发生。如发现错误测定结果，应予以剔除，不能用来计算平均值。

第二节　分析数据的处理

一、有效数字及其运算规则

1. 有效数字

在分析工作中，为了得到准确的分析结果，不仅要准确地进行测量，而且还要正确地记录和计算。当用数据表述测定结果时，所记录的数据的位数不仅表示数量的大小，也反映了测量的准确程度。所谓有效数字，是指分析仪器能够实际测量到的数字。在有效数字中，只有最末一位数字是估计的，是可疑的。例如，在分析天平上称得某物质的质量为 0.5180g，在这一数值中，0.518 是准确的，最后一位数字“0”是可疑的，此时称量的绝对误差为±0.0001g，相对误差为：

$$E_r = \frac{\pm 0.0001}{0.5180} \times 100\% = \pm 0.02\%$$

若将上述称量结果记录为 0.518g，则该物体的实际质量为 0.518g±0.001g 范围内的某一数值，即绝对误差为±0.001g，而相对误差则为±0.2%。可见，记录时在小数点后末尾多写一位或少写一位“0”数字，从数学角度看关系不大，但记录所反映的测量精确程度无形中被夸大或缩小了10倍。这样的记录与测量所用的仪器的准确度不符，所以记录数据的位数不能随意增减。

数字“0”在数据中具有双重意义。若作为普通数字使用，它就是有效数字；若它只起定位作用就不是有效数字。例如表3-2是在分析天平上称量物质得到的质量。

表3-2　分析天平称量物质的质量

物质	称量瓶	$Na_2B_4O_7 \cdot 10H_2O$	$H_2C_2O_4 \cdot 2H_2O$	Na_2CO_3
质量/g	11.1540	1.3074	0.2306	0.0270
有效数字	6位	5位	4位	3位

以上数据中“0”所起的作用不同。数字之间的“0”和末尾的“0”都是有效数字，而数字前面所有的“0”只起定位作用。以“0”结尾的正整数，有效数字的位数不确定。例如4500这个数，就不好确定几位有效数字，应根据实际有效数字位数书写成：

4.5×10^3　　二位有效数字

4.50×10^3　　三位有效数字

4.500×10^3　　四位有效数字

因此，在记录测量数据和计算结果时，应根据所使用的测量仪器的准确度，使所保留的有效数字中，只有最后一位是估计的“不定数字”。

分析化学中常用的一些数值，有效数字位数如下：

试样的质量	0.3060g(分析天平称量)	四位有效数字
滴定剂体积	20.08mL(滴定管读数)	四位有效数字
试剂体积	12mL(量筒量取)	两位有效数字
标准溶液浓度	0.1002mol/L	四位有效数字
被测组分含量	36.87%	四位有效数字
解离常数	1.8×10^{-5}	两位有效数字
pH值	2.08，10.30	两位有效数字(有效数字位数仅决定于小数部分的数字位数)

练一练

指出下列数据有效数字的位数。

(1)0.01060　(2)30.60%　(3)pH=9.70　(4)1.50×10^{-3}

2. 数字修约规则

在分析测定过程中，通常包括几个测量环节，然后根据测量所得数据进行计算，最后求出分析结果。但是各个测量环节的测量精度不一定完全一致，因而几个测量数据的有效数字位数也可能不同，在计算中要对多余的数字进行修约。在生产和科技工作中，应按照中华人民共和国标准GB 8170《数字修约规则》进行，通常称为“四舍六入五成双”法规。

① 拟舍弃数字的最左一位数字小于5时，则舍去，即保留的各位数字不变。

将12.1498修约到一位小数，得12.1；

将 12.1498 修约成两位有效数字，得 12。

② 拟舍弃数字的最左一位数字大于 5 时，则进一，即保留的末位数字加 1。

将 1268 修约到“百”数位，得 13×10^2（特定时可写为 1300）；

将 1268 修约成三位有效数字，得 127×10（特定时可写为 1270）。

③ 拟舍弃数字的最左一位数字为 5 时，而其后跟有并非全部为 0 的数字时，则进一。

将 10.502 修约到个数位，得 11；

将 10.2567 修约成三位有效数字，得 10.3。

④ 拟舍弃数字的最左一位数字为 5 时，而其右面无数字或皆为 0 时，若保留的末位数字为奇数则进一，为偶数（包括“0”），则舍弃。

将 0.0325 修约成两位有效数字，得 0.032；

将 1.050 修约到一位小数，得 1.0。

修约时，拟修约数字应在确定修约位数后一次修约获得结果，不能连续进行多次修约。例如：修约 15.4546，修约到“个”数位，得 15；而不是 15.4546→15.455→15.46→15.5→16。

练一练

将下列数据修约为两位有效数字。

(1)4.149　(2)6.3612　(3)22.5101　(4)25.5　(5)14.5

3. 有效数字的运算规则

在分析计算中，有效数字的保留也很重要。当一些准确度不同的数据进行运算时，需遵守一定的规则，以保证运算结果能真正反映实际测量的准确度。下面仅就加减法和乘除法的运算规则加以讨论。

(1) 加减法

在加减运算中，计算结果有效数字位数的保留，以小数点后位数最少的数据为准，即以绝对误差最大的数据为准。例如，0.0121+25.64+1.05782 三数相加，由有效数字的定义可知，三个数中最后一位均是可疑数字，其中 25.64 中的“4”已经是可疑数字，因此运算之前，应以 25.64 为准，将其他数据修约到小数点后第二位，然后再相加：

$$\begin{array}{r} 0.01 \\ 25.64 \\ +1.06 \\ \hline 26.71 \end{array}$$

如不管各数据的准确度，一律相加得出 26.70992，则是不合理的。

(2) 乘除法

乘除法运算中，计算结果有效数字位数的保留，应以各数据中有效数字位数最少的数据为准，即以相对误差最大的数据为准。例如：

$$\frac{0.14762\times24.38\times6.2}{18.3}=?$$

因最后一位都是可疑数字，各数据的相对误差分别为：

$$\frac{\pm 0.00001}{0.14762} \times 100\% = \pm 0.007\%$$

$$\frac{\pm 0.01}{24.38} \times 100\% = \pm 0.04\%$$

$$\frac{\pm 0.1}{6.2} \times 100\% = \pm 2\%$$

$$\frac{\pm 0.1}{18.3} \times 100\% = \pm 0.5\%$$

在上述计算中，6.2 的相对误差最大(也是有效数字位数最少的数据)，因此最后结果有效数字的保留应以此数据为准，保留 2 位有效数字。

$$\frac{0.14762 \times 24.38 \times 6.2}{18.3} = \frac{0.15 \times 24 \times 6.2}{18} = 1.24 = 1.2$$

在计算和取舍有效数字位数时，还要注意以下几点：

① 若某一数据中第一位有效数字大于或等于 8，则其有效数字的位数可多算一位。如 9.65 在实际计算中可视为四位有效数字。

② 在分析化学计算中，经常会遇到一些倍数、分数和系数等情况，如 2、5、10 及 $\frac{1}{2}$、$\frac{1}{3}$、$\frac{1}{5}$等，因其不是由测定所得，可视为足够准确，不考虑其有效数字位数，计算结果的有效数字位数，应由其他测量数据来决定。

③ 在计算过程中，为了提高计算结果的可靠性，修约时可以暂时多保留一位有效数字位数，得到最后结果后，再根据数字修约的规则，舍去多余的数字。

④ 在分析化学计算中，对于各种化学平衡常数的计算，一般保留两位或三位有效数字。对于各种误差的计算，取一位有效数字即已足够，最多取两位。对于 pH 值的计算，通常取一位或两位有效数字即可，如 pH 值为 3.4、7.5、10.48。

⑤ 定量分析的结果，对于高含量组分(例如≥10%)，要求分析结果为四位有效数字；对于中含量组分(1%~10%)，要求有三位有效数字；对于微量组分(<1%)，一般只要求两位有效数字。通常以此为标准，报出分析结果。

⑥ 使用计算器计算定量分析结果时，特别要注意最后结果中有效数字位数的保留，应根据前述数字修约规则进行取舍，不可全部照抄计算器上显示的数字。

练一练

计算(1) $2.187 \times 0.584 + 9.6 \times 10^{-5} - 0.0326 \times 0.00814 = ?$

(2) $\frac{9.827 \times 50.62}{0.005164 \times 136.6} = ?$

二、置信度与平均值的置信区间

在实际分析工作中，测定次数是有限的，由有限次实验求的是样本平均值 $\bar{x}$ 和标准偏差 s，不能求出总体平均值 μ 和总体标准偏差 σ。那么，如何确定测定数据的可靠程度？数据的可信程度与偶然误差的存在及出现的概率有着直接的关系。

对于不含系统误差的无数个测定数据，其误差分布可用正态分布曲线来表征，如图 3-2 和图 3-3 所示。图 3-3 中曲线的形状受总体标准偏差 σ 控制，σ 越小，曲线又高又窄，表明数据精密度好。

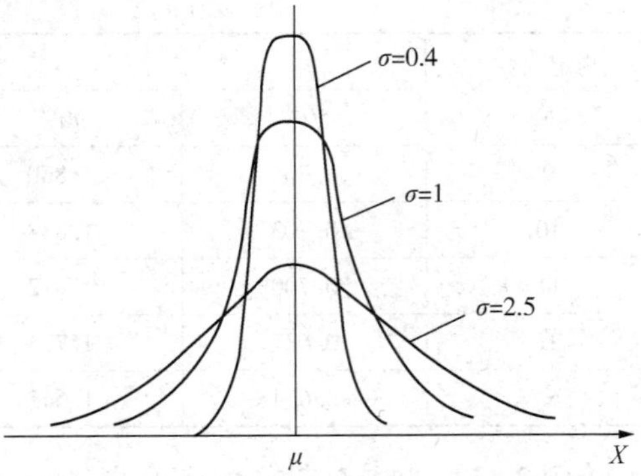

图 3-3　正态分布曲线随 σ 变化

图 3-2 中正态分布曲线与横轴所包围的面积代表了大小误差出现的概率。从 $-\infty$ 到 $+\infty$ 之间所包围的面积代表具有各种大小误差的测定值出现的概率总和，设为 100%。由数学计算可知，当测定值在 $\mu-\sigma$ 到 $\mu+\sigma$ 区间内出现时，曲线所包围的面积为 68.26%。即计算出分析结果落在 $\mu\pm\sigma$ 区间内的概率为 68.26%，同样可计算出分析结果落在 $\mu\pm2\sigma$ 和 $\mu\pm3\sigma$ 区间的概率分别为 95.45%和 99.73%。因此，分析结果在某一范围内出现的概率称为置信度(也称置信水平)，用 P 表示。

由统计学可以推导出有限次测量的平均值 $\bar{x}$ 与总体平均值 μ 的关系。

$$\mu=\bar{x}\pm\frac{t\times s}{\sqrt{n}} \tag{3-12}$$

式中　s——标准偏差；

n——测定次数；

t——在选定某一置信度下的概率系数，可根据测定次数和置信度从表 3-3 中查得。

这样可以通过有限次测量，在选定的置信度下，合理地估计出测定的平均值与真值的接近程度，即总体平均值在以测定平均值 $\bar{x}$ 为中心的多大范围内出现，这个范围就是平均值的置信区间。

从表 3-3 可以看出，当置信度一定时，测定次数越多，t 值越小，相应的置信区间范围越窄，测定平均值与总体平均值越接近。但当测定次数在 20 次以上与测定次数为 ∞ 时，t 值相差不多，表明测定次数超过 20 时，再增加测定次数对提高测定结果的准确度已经没有意义了。

表 3-3　不同置信度和不同测定次数的 t 值

测定次数	置信度(P)				
(n)	50%	90%	95%	99%	99.5%
2	1.000	6.314	12.706	63.675	127.32
3	0.816	2.920	4.303	9.925	14.089
4	0.765	2.353	3.182	5.841	7.453
5	0.741	2.132	2.776	4.604	5.598
6	0.727	2.015	2.571	4.032	4.773
7	0.718	1.943	2.447	3.707	4.317
8	0.711	1.895	2.365	3.500	4.317

续表

测定次数（n）	置信度（P）				
	50%	90%	95%	99%	99.5%
9	0.706	1.860	2.306	3.335	3.832
10	0.703	1.833	2.262	3.14	3.690
11	0.700	1.812	2.228	3.169	3.561
21	0.687	1.725	2.086	2.845	3.153
∞	0.674	1.645	1.960	2.576	2.807

【例 3-3】 测定某有机试剂中磷的含量，测定结果分别为 6.87%，6.90%，6.89%，6.90%。计算置信度分别为 90%和 95%时的平均值的置信区间。

解：

$$\bar{x}=\frac{(6.87+6.90+6.89+6.90)\%}{4}=6.89\%$$

$$s=\sqrt{\frac{(0.02\%)^2+(0.01\%)^2+0^2+(0.01\%)^2}{4-1}}=0.01\%$$

查表 3-3 可知，当 $n=4$，置信度为 90%时，$t=2.353$，则

$$\mu=\bar{x}\pm\frac{t\times s}{\sqrt{n}}=6.89\%\pm\frac{2.353\times0.01\%}{\sqrt{4}}=(6.89\pm0.01)\%$$

同理，当 $n=4$，置信度为 95%时，$t=3.182$，则

$$\mu=6.89\%\pm\frac{3.182\times0.01\%}{\sqrt{4}}=(6.89\pm0.02)\%$$

显然，当 n 一定时，置信度越大，置信系数 t 越大，则同一体系的置信区间就越宽；反之，置信度越小，t 值越小，则同一体系的置信区间就越窄。

知识拓展

从统计意义上推断，通常都不把置信度定为 100%。例如，推断某物料中 SiO_2 的含量为 0~100%，该判断本身是完全正确的，置信度为 100%。但是，这样的判断毫无实际价值。在日常生活中，人们的判断若有 90%或是 95%的把握性，就认为这种判断基本是正确的。不同的科学对于置信度有不同的要求，在工业技术中，国际上推荐采用置信度为 95%，我国国家计量技术规范《测量误差及数据处理》中也推荐采用置信度 95%。它表示在许多次测量结果中，约有 95%的测定值落在规定的范围内。

第三节　显著性检验

一、显著性检验的定义与原理

在定量分析中，常常遇到这样的情况：对标准试样进行分析所得平均值 $\bar{x}$ 与标准值 μ 不一致；采用两种不同的分析方法对同一试样进行分析，得到的两组数据的平均值 $\bar{x}_1$、$\bar{x}_2$ 不一致；两个分析人员或两个实验室对同一试样进行分析时，所得两组数据的平均值 $\bar{x}_1$、

$\bar{x}_2$ 也有差异。这些差异是由系统误差或偶然误差引起的，所以，在分析工作中，必须对以上情况的准确度或精密度是否存在显著性差异做出判断。

显著性检验(significance test)是用于检测科学实验中实验组与对照组之间是否有差异以及差异是否显著的办法。事先对总体(随机变量)的参数或总体分布形式做出一个假设，然后利用样本信息来判断这个假设是否合理，即判断样本与我们对总体所做的假设之间是否有显著性差异。

在统计学中，显著性检验是“统计假设检验”(statistical hypothesis testing)的一种，一般而言，把一个要检验的假设称之为原假设，记作 H_0；把与 H_0 相对立的假设称之为备择假设，记为 H_1。

如果原假设为真，而检验的结论却要求放弃原假设。此时，我们把这种错误称之为第一类错误。其出现的概率通常记作 α。

如果原假设不真，而检验的结论却要求不放弃原假设。此时，我们把这种错误称之为第二类错误。其出现的概率通常记作 β。

一般只限定犯第一类错误的最大概率 α，不考虑犯第二类错误的概率 β。概率 α 称为显著性水平。

最常用的 α 值为 0.01，0.05，0.10 这三种情况。代表着显著性检验的结论错误率必须低于 1%或 5%或 10%。一般情况下，根据研究的问题，如果放弃真假设损失大，为减少这类错误，α 取值小些；反之，α 取值大些。

小贴士

在统计学中，通常把现实世界中发生概率小于 5%的事件称为“不可能事件”。

二、显著性检验法

显著性检验方法有多种，在定量分析中最常用的是 F 检验法和 t 检验法。

1. F 检验法

F 检验法是英国统计学家 Fisher 提出的，主要通过比较两组数据的方差(标准偏差的平方)，以确定它们的精密度是否有显著性差异，即两组分析结果的偶然误差是否显著不同。至于两组数据之间是否存在系统误差，则在进行 F 检验并确定它们的精密度没有显著性差异之后，再进行 t 检验。

F 检验又叫方差齐性检验。简单地说就是检验两个样本的方差是否有显著性差异，这是选择何种 t 检验(等方差双样本检验，异方差双样本检验)的前提条件，具体步骤为：

① 根据两组实验的测定数据，计算两个样本的方差 ${s_1}^2$ 和 ${s_2}^2$。

② 按下式计算 $F_{计}$ 值：

$$F_{计}=\frac{s_1^2}{s_2^2} \tag{3-13}$$

计算时，规定大方差为分子，小方差为分母。

③ 由表 3-4 中 $f_{大}$ 和 $f_{小}$(f 为自由度$=n-1$)，查得 $F_{表}$。

④ 若 $F_{计}<F_{表}$，则表示两组数据的精密度无显著性差异；反之，则有显著性差异。

【例 3-4】 用两种方法测定某试样中铁的含量，第一种方法共测定 6 次，$s_1=0.055\%$；第二种方法共测定 4 次，$s_2=0.022\%$，判断两种方法测定结果的精密度有无显著性差异。

解：因 $n_1=6$，$n_2=4$ 则 $f_1=6-1$，$f_2=4-1$

查表 3-4 可知： $F_{表}=9.01$

根据公式(3-13)计算得：

$$F_{计}=\frac{s_1^2}{s_2^2}=\frac{(0.055\%)^2}{(0.022\%)^2}=6.25$$

因为，$F_{计}<F_{表}$，故 s_1 和 s_2 没有显著性差异，即两种方法的精密度相当。

表 3-4 置信度 95%时 F 值(单边)

$f_{大}$ \ $f_{小}$	2	3	4	5	6	7	8	9	10	∞
2	19.0	19.16	19.25	19.30	19.33	19.36	19.37	19.38	19.39	19.5
3	9.55	9.28	9.12	9.01	8.94	8.88	8.84	8.81	8.78	8.53
4	6.94	6.59	6.39	6.26	6.16	6.09	6.04	6.00	5.96	5.63
5	5.79	5.41	5.19	5.05	4.95	4.88	4.82	4.78	4.74	4.36
6	5.14	4.76	4.53	4.39	4.28	4.21	4.51	4.10	4.06	3.67
7	4.74	4.35	4.12	3.97	3.87	3.79	3.73	3.68	3.63	3.23
8	4.46	4.07	3.84	3.69	3.58	3.50	3.44	3.39	3.34	2.93
9	4.26	3.86	3.63	3.48	3.37	3.29	3.23	3.18	3.13	2.71
10	4.10	3.71	3.48	3.33	3.22	3.14	3.07	3.02	2.97	2.54
∞	3.00	3.60	2.37	3.21	2.10	2.01	1.94	1.88	1.83	1.00

注：$f_{大}$为大方差数据的自由度；$f_{小}$为小方差数据的自由度。

2. *t* 检验法

t 检验亦称 student t 检验，主要用于样本含量较小(例如 $n<30$)，总体标准差 σ 未知的正态分布。

(1) 平均值与标准值的比较

在实际工作中为检查某一分析方法或某操作过程是否存在较大的系统误差，可对标准试样进行若干次平行测定，并计算出平均值 $\bar{x}$ 和标准偏差 s，然后用 t 检验法检验分析结果的平均值与标准试样的标准值 μ 之间是否存在显著性差异。其检验步骤为：

先按式(3-14)计算 $t_{计}$ 值：

$$t_{计}=\frac{|\bar{x}-\mu|}{s}\sqrt{n} \tag{3-14}$$

式中 s——标准偏差；

n——测定次数；

$\bar{x}$——平均值；

μ——标准值。

查 t 分布表 3-5，得 $t_{表}$ 值，若 $t_{计}\geqslant t_{表}$，则 $\bar{x}$ 与 μ 间存在显著性差异，表示该方法或操作过程有系统误差，若 $t_{计}<t_{表}$，则无显著性差异，虽然 $\bar{x}$ 与 μ 不完全一致，但这种差异不是

由于系统误差引起的，而是偶然误差造成的。

表 3-5　*t* 检验表

n	*P* 单侧	75%	90%	95%	97. 50%	99%	99. 50%	99. 75%	99. 90%
	P 双侧	50%	80%	90%	95%	98%	99%	99. 50%	99. 80%
1	1	1	3. 078	6. 314	12. 706	31. 821	63. 657	127. 321	318. 309
2	2	0. 816	1. 886	2. 92	4. 303	6. 965	9. 925	14. 09	22. 327
3	3	0. 765	1. 638	2. 353	3. 182	4. 541	5. 841	7. 453	10. 215
4	4	0. 741	1. 533	2. 132	2. 776	3. 747	4. 604	5. 598	7. 173
5	5	0. 727	1. 476	2. 015	2. 57	3. 365	4. 032	4. 773	5. 893
6	6	0. 718	1. 44	1. 943	2. 447	3. 143	3. 707	4. 317	5. 208
7	7	0. 711	1. 415	1. 895	2. 365	2. 998	3. 499	4. 029	4. 785
8	8	0. 706	1. 397	1. 86	2. 306	2. 896	3. 355	3. 833	4. 501
9	9	0. 703	1. 383	1. 833	2. 262	2. 821	3. 25	3. 69	4. 297
10	10	0. 7	1. 372	1. 812	2. 228	2. 764	3. 169	3. 581	4. 144
11	11	0. 697	1. 363	1. 796	2. 201	2. 718	3. 106	3. 497	4. 025
12	12	0. 695	1. 356	1. 782	2. 179	2. 681	3. 055	3. 428	3. 93
13	13	0. 694	1. 35	1. 771	2. 16	2. 65	3. 012	3. 372	3. 852
14	14	0. 692	1. 345	1. 761	2. 145	2. 624	2. 977	3. 326	3. 787
15	15	0. 691	1. 341	1. 753	2. 131	2. 602	2. 947	3. 286	3. 733
16	16	0. 69	1. 337	1. 746	2. 12	2. 583	2. 921	3. 252	3. 686
17	17	0. 689	1. 333	1. 74	2. 11	2. 567	2. 898	3. 222	3. 646
18	18	0. 688	1. 33	1. 734	2. 101	2. 552	2. 878	3. 197	3. 61
19	19	0. 688	1. 328	1. 729	2. 093	2. 539	2. 861	3. 174	3. 579
20	20	0. 687	1. 325	1. 725	2. 086	2. 528	2. 845	3. 153	3. 552
21	21	0. 686	1. 323	1. 721	2. 08	2. 518	2. 831	3. 135	3. 527
22	22	0. 686	1. 321	1. 717	2. 074	2. 508	2. 819	3. 119	3. 505
23	23	0. 685	1. 319	1. 714	2. 069	2. 5	2. 807	3. 104	3. 485
24	24	0. 685	1. 318	1. 711	2. 064	2. 492	2. 797	3. 091	3. 467
25	25	0. 684	1. 316	1. 708	2. 06	2. 485	2. 787	3. 078	3. 45
26	26	0. 684	1. 315	1. 706	2. 056	2. 479	2. 779	3. 067	3. 435
27	27	0. 684	1. 314	1. 703	2. 052	2. 473	2. 771	3. 057	3. 421
28	28	0. 683	1. 313	1. 701	2. 048	2. 467	2. 763	3. 047	3. 408
29	29	0. 683	1. 311	1. 699	2. 045	2. 462	2. 756	3. 038	3. 396
30	30	0. 683	1. 31	1. 697	2. 042	2. 457	2. 75	3. 03	3. 385
40	40	0. 681	1. 303	1. 684	2. 021	2. 423	2. 704	2. 971	3. 307
50	50	0. 679	1. 299	1. 676	2. 009	2. 403	2. 678	2. 937	3. 261
60	60	0. 679	1. 296	1. 671	2	2. 39	2. 66	2. 915	3. 232
	80	0. 678	1. 292	1. 664	1. 99	2. 374	2. 639	2. 887	3. 195
	100	0. 677	1. 29	1. 66	1. 984	2. 364	2. 626	2. 871	3. 174

【例 3-5】 某化验室测定某药物的含量，其结果为 20.60%、20.50%、20.70%、20.60%、20.80%、21.00%，已知该药物的真实含量为 20.10%。通过计算说明该测定是否存在系统误差(置信度为 95%)。

解： $\bar{x}=20.70\%$，$s=0.18\%$，$n=6$

根据公式(3-14)计算：$t_{计}=\dfrac{|\bar{x}-\mu|}{s}\sqrt{n}=\dfrac{|20.70\%-20.10\%|}{0.18\%}\sqrt{6}=8.16$

查表 3-5 得： $P=95\%$，$f=6-1=5$，$t_{表}=2.57$

因 $t_{计}>t_{表}$，该测定存在系统误差。

(2) 两组平均值的比较

不同分析人员或同一分析人员采用不同方法分析同一试样，所得结果的平均值一般不相等，要判断这两组数据之间是否存在系统误差；或者两个试样，用同一方法测得两组数据的平均值，要解决两个样本平均值之间是否有显著性差异的问题，也可以用 t 检验。

在这种情况应按公式(3-15)计算 $t_{计}$：

$$t_{计}=\frac{|\overline{x_1}-\overline{x_2}|}{s_R}\sqrt{\frac{n_1n_2}{n_1+n_2}} \tag{3-15}$$

式中 $\bar{x}_1$，$\bar{x}_2$——分别为第一组、第二组数据的平均值；

n_1、n_2——分别为第一组、第二组数据的测量次数；

s_R——合并标准偏差或组合标准偏差。

若已知 s_1 和 s_2 之间无显著性差异(F 检验无差异)，可由下式计算 s_R：

$$s_R=\sqrt{\frac{s_1^2(n_1-1)+s_2^2(n_2-1)}{(n_1-1)+(n_2-1)}} \tag{3-16}$$

【例 3-6】 用两种方法分析某试样中 Na_2CO_3 的含量。所得分析结果为：

方法一：$n_1=5$ $\bar{x}_1=23.35\%$ $s_1=0.061\%$

方法二：$n_2=4$ $\bar{x}_2=23.40\%$ $s_2=0.038\%$

试问两种方法之间是否存在显著性差异(置信度为 95%)？

解： (1) F 检验

根据公式(3-13)计算得：

$$F_{计}=\frac{s_1^2}{s_2^2}=\frac{(0.061\%)^2}{(0.038\%)^2}=2.58$$

查表 3-4，当 $P=95\%$，$f_1=5-1$，$f_2=4-1$ 时，$F_{表}=9.12$

故 $F_{计}<F_{表}$，两种方法精密度之间无显著性差异，可以与合并标准偏差 s_R 进行 t 检验。

(2) t 检验

根据公式(3-16)得：

$$s_R=\sqrt{\frac{s_1^2(n_1-1)+s_2^2(n_2-1)}{(n_1-1)+(n_2-1)}}=\sqrt{\frac{(0.061\%)^2\times(5-1)+(0.038\%)^2\times(4-1)}{(5-1)+(4-1)}}=0.05\%$$

根据公式(3-15)计算得：

$$t_{计}=\frac{|\overline{x_1}-\overline{x_2}|}{s_R}\sqrt{\frac{n_1n_2}{n_1+n_2}}=\frac{|23.35\%-23.40\%|}{0.05\%}\times\sqrt{\frac{5\times4}{5+4}}=1.49$$

$f=5+4-2=7$，查表 3-5 得 $t_{表}=2.365$，因为 $t_{计}<t_{表}$，所以，上述两种分析方法无显著性差异。

第四节　可疑数据的取舍

在实际工作中，常常遇到一组平行测定的分析数据中有个别数据与其他数据相差较远，应注意，不可为了单纯追求实验结果的“一致性”而把这些数据随便舍弃。如果不是由在操作过程中明显过失造成的，就要根据随机误差分布规律决定取舍。取舍的方法有很多，下面介绍两种常用的检验法。

一、Q 检验法

当测定次数 $3\leqslant n\leqslant 10$ 时，根据所要求的置信度，按照下列步骤，检验可疑数据是否应舍弃。

① 将各数据从小到大排列：x_1，x_2，…，x_n；

② 求出最大值与最小值之差 x_n-x_1；

③ 求出可疑数据 x_n 或 x_1 与其邻近数据之差 x_n-x_{n-1} 或 x_2-x_1；

④ 求出 $Q=\dfrac{x_n-x_{n-1}}{x_n-x_1}$ 或 $Q=\dfrac{x_2-x_1}{x_n-x_1}$；

⑤ 根据测定次数 n 和要求的置信度，查表 3-6 得 $Q_{表}$；

⑥ 将 Q 与 $Q_{表}$ 比较，若 $Q>Q_{表}$，则相应的可疑值应舍去，否则应予以保留。

表 3-6　不同置信度下舍弃可疑数据的 Q 值(置信度 90%和 95%)

测定次数	3	4	5	6	7	8	9	10
$Q_{0.90}$	0.94	0.76	0.64	0.56	0.51	0.47	0.44	0.41
$Q_{0.95}$	1.53	1.05	0.86	0.76	0.69	0.64	0.60	0.58

【例 3-7】　标定某标准溶液时，进行五次平行测定，测得其浓度(mol/L)分别为：0.1014、0.1012、0.1019、0.1026、0.1016，其中数据 0.1026 可疑，用 Q 检验法确定该数据是否应舍弃？

解：将各数据按递增顺序排列：

$$0.1012，0.1014，0.1016，0.1019，0.1026$$

求出最大值与最小值之差：

$$x_n-x_1=0.1026-0.1012=0.0014\text{mol/L}$$

求出可疑数据与其最邻近数据之差：

$$x_n-x_{n-1}=0.1026-0.1019=0.0007\text{mol/L}$$

计算 Q 值：

$$Q=\frac{x_n-x_{n-1}}{x_n-x_1}=\frac{0.0007}{0.0014}=0.5$$

查表 3-6，$n=5$ 时，$Q_{0.90}=0.64$，$Q<Q_{表}$，所以数据 0.1026mol/L 不应被舍去。

如果测定次数比较少(如 $n=3$)，使用 Q 检验时，若 $Q>Q_{表}$，按规定应舍去该可疑值，一般最好再补加测定一、二次，而不是把剩下的两个数据取平均值做报告。

若在三个以上的数据中，需要对一个以上的可疑数据用 Q 检验决定取舍，首先检验最小值，然后再检验最大值。

二、$4\bar{d}$ 检验法

$4\bar{d}$ 检验法即 4 倍平均偏差法，检验方法如下：

① 求出除可疑值外的其余数据的平均值 $\bar{x}$ 和平均偏差 $\bar{d}$；

② 求出可疑值与平均值 $\bar{x}$ 之差的绝对值 $|x_{可疑}-\bar{x}|$；

③ 将该绝对值 $|x_{可疑}-\bar{x}|$ 与 $4\bar{d}$ 比较，若 $|x_{可疑}-\bar{x}| \geqslant 4\bar{d}$，则可疑值舍弃，否则保留。

【例 3-8】 用 EDTA 标准溶液滴定溶液中的 Zn^{2+}，进行四次平行测定，消耗 EDTA 标准溶液的体积(mL)分别为：26. 32、26. 40、26. 44、26. 42，问 26. 32 这个数据是否保留？

解：求出除可疑值 26. 32 之外的其余数据的平均值和平均偏差：

$$\bar{x}=\frac{26.40+26.44+26.42}{3}=26.42\text{mL}$$

$$\bar{d}=\frac{|-0.02|+|0.02|+|0|}{3}=0.01\text{mL}$$

求出可疑值与平均值 $\bar{x}$ 之差的绝对值：

$$|x_{可疑}-\bar{x}|=|26.32-26.42|=0.10\text{mL}$$

而
$$4\bar{d}=4\times0.01=0.04\text{mL}$$

比较
$$|26.32-26.42|=0.10>4\bar{d}$$

所以数据 26. 32 应舍去。

习　　题

一、选择题

1. 分析工作中实际能够测量到的数字称为(　　)。

A. 精密数字　　B. 准确数字　　C. 可靠数字　　D. 有效数字

2. 下列数据记录有错误的是(　　)。

A. 分析天平 0. 2800g　　B. 移液管 25. 00mL

C. 滴定管 25. 00mL　　D. 量筒 25. 00mL

3. 将下列数值修约成 3 位有效数字，其中(　　)是错误的。

A. 6. 5350→6. 54　　B. 6. 5342→6. 53　　C. 6. 545→6. 55　　D. 6. 5252→6. 53

4. 可用下列方法中哪种方法减小分析测定中的偶然误差(　　)。

A. 进行对照试验　　B. 进行空白试验

C. 进行仪器校准　　D. 增加平行试验的次数

5. 下列(　　)情况不属于系统误差。

A. 滴定管未经校正　　B. 所用试剂中含有干扰离子

C. 天平两臂不等长　　D. 砝码读错

6. 下列各数中，有效数字位数为四位的是(　　)。

A. $[H^+]=0.0003mol/L$　　B. pH=10.42

C. $\omega(MgO)=19.96\%$　　D. 4000

7. 滴定分析中，若试剂含少量待测组分，可用于消除误差的方法是(　　)。

A. 仪器校正　　B. 空白试验　　C. 对照分析　　D. 方法校正

8. 下列叙述中错误的是(　　)。

A. 方法误差属于系统误差　　B. 终点误差属于系统误差

C. 系统误差呈正态分布　　D. 系统误差可以测定

9. 在滴定分析法测定中出现的下列情况，(　　)属于系统误差。

A. 试样未经充分混匀　　B. 滴定管的读数读错

C. 滴定时有液滴溅出　　D. 砝码未经校正

10. 下列关于平行测定结果准确度与精密度的描述正确的有(　　)。

A. 精密度高则没有随机误差　　B. 精密度高则准确度一定高

C. 精密度高表明方法的重现性好　　D. 存在系统误差则精密度一定不高

11. 某人根据置信度为95%对某项分析结果计算后，写出如下报告，合理的是(　　)。

A. (25.48±0.1)%　　B. (25.48±0.135)%

C. (25.48±0.1348)%　　D. (25.48±0.13)%

12. 下列叙述错误的是(　　)。

A. 误差是以真值为标准的，偏差是以平均值为标准的

B. 对某项测定来说，它的系统误差大小是可以测定的

C. 在正态分布条件下，σ 值越小，峰形越矮胖

D. 平均偏差常用来表示一组测量数据的分散程度

13. $NaHCO_3$ 纯度的技术指标为≥99.0%，下列测定结果不符合标准要求的是(　　)。

A. 99.05%　　B. 99.01%　　C. 98.94%　　D. 98.95%

14. 在一组平行测定中，测得试样中钙的质量分数分别为22.38、22.36、22.40、22.48，用 Q 检验法判断应弃去的是(　　)。(已知：$Q_{0.90}=0.64$，$n=5$)

A. 22.38　　B. 22.4　　C. 22.48　　D. 22.36

15. 在假设检验中，原假设 H_0，备择假设 H_1，则称(　　)为第二类错误。

A. H_0 为真，接受 H_1　　B. H_0 为真，拒绝 H_1

C. H_0 不真，接受 H_0　　D. H_0 不真，拒绝 H_0

二、判断题

1. 测定的精密度好，但准确度不一定好，消除了系统误差后，精密度好的，结果准确度就好。(　　)

2. 分析测定结果的偶然误差可通过适当增加平行测定次数来减免。(　　)

3. 增加测量次数，可以减少偶然误差对测定结果的影响，所以在分析测量时，测量的次数越多越好。(　　)

4. 标准偏差可以使大偏差能更显著地反映出来。(　　)

5. 用 Q 检验法舍弃一个可疑值后，应对其余数据继续检验，直至无可疑值为止。（　　）

6. 两位分析者同时测定某一试样中硫的质量分数，称取试样均为 3.5g，分别报告结果如下：甲：0.042%，0.041%；乙：0.04099%，0.04201%。甲的报告是合理的。（　　）

三、计算题

1. 计算

（1）0.213+31.24+3.06162 = ?

（2）0.0223×21.78×2.05631 = ?

（3）$\sqrt{\dfrac{1.5\times10^{-8}\times6.1\times10^{-8}}{3.3\times10^{-5}}}=?$

2. 滴定管读数误差为±0.01mL，滴定体积为：（1）2.00mL；（2）20.00mL；（3）40.00mL，试计算相对误差各为多少？

3. 天平称量的相对误差为±0.1%，称量：（1）0.5g；（2）1g；（3）2g，试计算绝对误差各为多少？

4. 分析铁矿石中铁的质量分数，得如下数据：37.45%、37.20%、37.50%、37.30%、37.25%，求计算结果的平均值、中位值、平均偏差、相对平均偏差、标准偏差、相对标准偏差。

5. 测定试样中 CaO 含量，得到如下结果：35.65%，35.69%，35.72%，35.60%，比较 95%和 90%置信度下总体平均值的置信区间。

6. 某一标准溶液的四次标定值分别为 0.1014、0.1012、0.1025、0.1016（mol/L），当置信度为 90%时，问 0.1025 可否舍去，结果如何报告才合理？

第四章 酸碱平衡与酸碱滴定法

学习目标

❖ 掌握酸碱质子理论和水溶液中酸碱平衡；

❖ 了解影响酸碱平衡的因素及水溶液中酸碱组分不同型体分布；

❖ 掌握质子条件的建立和不同类型酸碱溶液 pH 值的计算；

❖ 掌握酸碱滴定法的基本原理和酸碱指示剂的作用原理及变色范围。

能力目标

❖ 掌握不同类型酸碱水溶液 pH 值的计算，了解缓冲溶液的缓冲容量和缓冲范围并能根据实际情况，选用不同的缓冲溶液控制溶液的酸度；

❖ 了解各种酸碱滴定的滴定曲线与突跃变化，掌握准确滴定酸碱的基本条件并能在实际分析工作中合理选择指示剂；

❖ 掌握酸碱标准溶液的配制和标定及酸碱滴定法的应用，能够分析和解决实际问题。

第一节 酸碱理论与酸碱平衡

一、酸碱质子理论

1923 年，由丹麦化学家布朗斯特(Bronsted)在酸碱电离理论的基础上提出酸碱质子理论：凡是能给出质子(H^+)的物质是酸；凡是能接受质子(H^+)的物质是碱。例如：

$$HAc \rightleftharpoons H^+ + Ac^-$$

式中的 HAc 是酸，它给出质子后，剩下的 Ac^- 对于质子具有一定的亲和力，能接受质子，因而是一种碱。这种因质子得失而互相转变的每一对酸碱，称为共轭酸碱对。因此，酸碱也可以认为是同一种物质在质子得失过程中的不同状态。

又如：

$$HClO_4 \rightleftharpoons H^+ + ClO_4^-$$

$$HCO_3^- \rightleftharpoons H^+ + CO_3^{2-}$$

$$NH_4^+ \rightleftharpoons H^+ + NH_3$$

$$^+H_3N—R—NH_3^+ \rightleftharpoons H^+ + {}^+H_3N—R—NH_2$$

可见按照酸碱质子理论，酸碱可以是阳离子、阴离子，也可以是中性分子。

想一想

H_3PO_4 与 PO_4^{3-}、H_2CO_3 与 CO_3^{2-} 是共轭酸碱对吗？

上述各共轭酸碱对的质子得失反应，称为酸碱半反应。与氧化还原反应中的半电池反应相类似，酸碱半反应在溶液中也不能独立存在，当一种酸给出质子时，溶液中必定有一种碱来接受质子。例如 HAc 在水溶液中解离时，HAc 是酸给出质子生成 Ac^-，溶剂水则是接受质子的碱，得到质子生成 H_3O^+，两个共轭酸碱对 HAc-Ac^- 和 H_3O^+-H_2O 互相作用而达到平衡。其反应如下：

半反应1　$\underset{酸_1}{HAc} \rightleftharpoons H^+ + \underset{碱_1}{Ac^-}$

半反应2　$H_2O + \underset{碱_2}{H^+} \rightleftharpoons \underset{酸_2}{H_3O^+}$

总反应　$\underset{酸_1}{HAc} + \underset{碱_2}{H_2O} \rightleftharpoons \underset{酸_2}{H_3O^+} + \underset{碱_1}{Ac^-}$

共轭　共轭

同样，碱在水溶液中接受质子的过程也必须有溶剂水分子参加。如 NH_3 在水溶液中解离时反应如下：

半反应1　$NH_3 + H^+ \rightleftharpoons NH_4^+$

半反应2　$H_2O \rightleftharpoons H^+ + OH^-$

总反应　$\underset{碱_1}{NH_3} + \underset{酸_2}{H_2O} \rightleftharpoons \underset{碱_2}{OH} + \underset{酸_1}{NH_4^+}$

共轭　共轭

在这个平衡反应中，溶剂水起了酸的作用。因此，同一种物质，在某一条件下可能是酸，在另一条件下可能是碱，这主要取决于它们对质子亲和力的相对大小。例如，HCO_3^- 在 H_2CO_3-HCO_3^- 体系中表现为碱，而在 HCO_3^--CO_3^{2-} 体系中表现为酸。这种既可以给出质子表现为酸，又可以接受质子表现为碱的物质，称为两性物质。

水是一种两性物质。由于水分子的两性作用，一个水分子可以从另一个水分子中夺取质子而形成 H_3O^+ 和 OH^-，即：

$$H_2O + H_2O \rightleftharpoons H_3O^+ + OH^-$$

共轭　共轭

这种在溶剂水分子之间发生的质子传递作用，称为水的质子自递反应，反应的平衡常数称为水的质子自递常数，以 K_w 表示。

$$K_w = [H_3O^+][OH^-]$$

水合离子 H_3O^+ 常常简单写作 H^+，所以水的质子自递常数也称为水的离子积，常简写为：

$$K_w=[H^+][OH^-]=10^{-14}(25℃)$$

知识拓展

根据酸碱质子理论，酸碱中和反应、盐的水解等也都是质子的转移过程。例如：

$$HCl+NH_3 \rightleftharpoons NH_4^+ + Cl^-$$

$$NaAc+H_2O \rightleftharpoons HAc+NaOH$$

可见，酸碱质子理论揭示了各类酸碱反应共同的实质。

二、水溶液中酸碱解离平衡

1. 水溶液中酸碱的强弱

酸碱的强弱取决于酸碱本身给出质子或接受质子能力的大小。物质给出质子的能力越大，其酸性就越强，反之就越弱。同样，物质接受质子的能力越大，其碱性就越大，反之就越弱。酸碱的解离常数 K_a、K_b 的大小，可以定量说明酸或碱的强弱程度。例如：

酸	HAc	H_2S	NH_4^+
K_a	1.8×10^{-5}	1.3×10^{-7}	5.6×10^{-10}

三种酸的强弱顺序是：$HAc>H_2S>NH_4^+$

碱	Ac^-	HS^-	NH_3
K_b	5.6×10^{-10}	7.7×10^{-8}	1.8×10^{-5}

三种碱的强弱顺序是：$NH_3>HS^->Ac^-$

一些弱酸弱碱在水中的解离常数见附录二。

2. 共轭酸碱对 K_a 与 K_b 的关系

(1) 一元弱酸弱碱的 K_a 与 K_b 的关系

以 HAc 为例：

$$HAc+H_2O \rightleftharpoons H_3O^+ + Ac^-$$

其解离平衡常数为：

$$K_a=\frac{[H^+][Ac^-]}{[HAc]}$$

HAc 的共轭碱 Ac^-的解离平衡常数为：

$$Ac^- + H_2O \rightleftharpoons HAc+OH^-$$

$$K_b=\frac{[HAc][OH^-]}{[Ac^-]}$$

显然，一元共轭酸碱对的 K_a 与 K_b 有如下的关系：

$$K_a \cdot K_b=\frac{[H^+][Ac^-]}{[HAc]}\cdot\frac{[HAc][OH^-]}{[Ac^-]}$$

$$=[H^+][OH^-]=K_w$$
$$=10^{-14}(25℃) \qquad (4-1)$$

【例 4-1】 已知 NH_3 的 $K_b=1.8\times10^{-5}$，试求 NH_3 的共轭酸 NH_4^+ 的 K_a。

解：NH_3 的共轭酸为 NH_4^+，它与 H_2O 的反应为：

$$NH_4^+ + H_2O \rightleftharpoons H_3O^+ + NH_3$$

$$K_a=\frac{K_w}{K_b}=\frac{10^{-14}}{1.8\times10^{-5}}=5.6\times10^{-10}$$

在共轭酸碱对中，如果酸越易给出质子，酸性越强，则其共轭碱对质子的亲和力越弱，就不容易接受质子，其碱性就越弱。如 $HClO_4$、H_2SO_4、HCl、HNO_3 都是强酸，其 $K_a \gg 1$，它们在水溶液中给出质子的能力很强，它们相应的共轭碱几乎没有能力从 H_2O 中取得质子转化为共轭酸，K_b 小到无法测得，所以这些共轭碱都是极弱的碱。

想一想

NH_4^+、HS^- 的 K_a 分别为 5.6×10^{-10}、7.1×10^{-15}，它们相应的共轭碱的碱性如何？

（2）多元酸碱 K_a 与 K_b 的关系

对于多元酸，它们在水溶液中是分级解离的，存在多个共轭酸碱对，这些共轭酸碱对的 K_a 与 K_b 之间也有一定的对应关系。例如二元酸 H_2CO_3 分两步离解：

第一步　$H_2CO_3+H_2O \rightleftharpoons H_3O^+ + HCO_3^-$　　$K_{a1}=\frac{[H^+][HCO_3^-]}{[H_2CO_3]}$

第二步　$HCO_3^-+H_2O \rightleftharpoons H_3O^+ + CO_3^{2-}$　　$K_{a2}=\frac{[H^+][CO_3^{2-}]}{[HCO_3^-]}$

其共轭碱也分两步离解：

第一步　$CO_3^{2-}+H_2O \rightleftharpoons HCO_3^- + OH^-$　　$K_{b1}=\frac{[HCO_3^-][OH^-]}{[CO_3^{2-}]}$

第二步　$HCO_3^-+H_2O \rightleftharpoons H_2CO_3 + OH^-$　　$K_{b2}=\frac{[H_2CO_3][OH^-]}{[HCO_3^-]}$

所以，由上述平衡可得二元酸 K_a 与 K_b 的关系：

$$K_{a1}\cdot K_{b2}=K_{a2}\cdot K_{b1}=[H^+][OH^-]=K_w \qquad (4-2)$$

对于三元酸，同样可得如下关系：

$$K_{a1}\cdot K_{b3}=K_{a2}\cdot K_{b2}=K_{a3}\cdot K_{b1}=[H^+][OH^-]=K_w \qquad (4-3)$$

练一练

比较同浓度的 NH_3、CO_3^{2-} 和 HPO_4^{2-} 的碱性强弱及它们的共轭酸的酸性强弱。

小贴士

酸碱解离理论

1887 年阿仑尼乌斯(Arrhenivs S A)提出了酸碱解离理论：凡是在水溶液中能够解离产

生 H^+的物质叫作酸；能够解离产生 OH^-的物质叫作碱，酸碱反应的实质是 H^+和 OH^-结合成水的过程。酸碱解离理论特别适用于 pH 值、解离度、缓冲溶液、溶解度等的计算，而且计算的精确度相对较高，所以至今仍然是一个非常实用的理论。但是，解离理论有一定的局限性，它只适用于水溶液，不适用于非水溶液。

第二节　弱酸(弱碱)溶液中各型体的分布

在弱酸(碱)的平衡体系中，一种物质可能以多种型体存在。各种存在型体的浓度称为平衡浓度。各平衡浓度之和称为总浓度或分析浓度。某一型体的平衡浓度占其总浓度的分数，称为该型体的分布分数，用 δ 表示。如：

$$\delta(\mathrm{HAc})=\frac{[\mathrm{HAc}]}{c(\mathrm{HAc})},\ \delta(\mathrm{Ac^-})=\frac{[\mathrm{Ac^-}]}{c(\mathrm{HAc})}$$

各存在型体的平衡浓度随溶液 H^+浓度的改变而改变，因此每种型体的分布分数也随着溶液 H^+浓度的变化而变化。分布分数 δ 与溶液 pH 值间的关系曲线称为分布曲线。

一、一元弱酸(弱碱)的分布

以一元弱酸 HAc 为例。用 $c(\mathrm{HAc})$表示 HAc 总浓度，[HAc]、$[\mathrm{Ac^-}]$分别为 HAc，Ac^-的平衡浓度。

根据分布分数和离解平衡常数的定义：

$$\delta(\mathrm{HAc})=\frac{[\mathrm{HAc}]}{c(\mathrm{HAc})}=\frac{[\mathrm{HAc}]}{[\mathrm{HAc}]+[\mathrm{Ac^-}]}=\frac{1}{1+[\mathrm{Ac^-}]/[\mathrm{HAc}]}=\frac{1}{1+K_a/[\mathrm{H^+}]}$$

故

$$\delta(\mathrm{HAc})=\frac{[\mathrm{H^+}]}{[\mathrm{H^+}]+K_a} \tag{4-4}$$

同理可得：

$$\delta(\mathrm{Ac^-})=\frac{K_a}{[\mathrm{H^+}]+K_a} \tag{4-5}$$

显然，各存在型体分布分数之和等于 1，即：$\delta(\mathrm{HAc})+\delta(\mathrm{Ac^-})=1$

如以 pH 值为横坐标，以 $\delta(\mathrm{HAc})$、$\delta(\mathrm{Ac^-})$为纵坐标作图，得到 HAc 的分布曲线(图 4-1)。

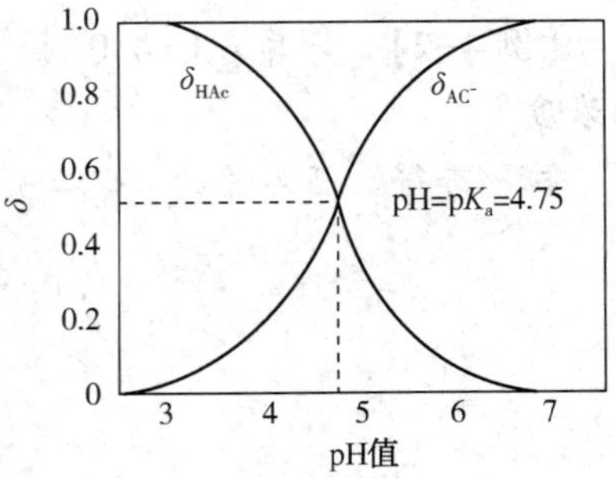

图 4-1　醋酸溶液中各种存在型体的分布分数与溶液 pH 值的关系曲线

从图 4-1 中可以看出：当 $pH<pK_a$ 时，HAc 为主要存在型体；当 $pH>pK_a$ 时，Ac^-为主要存在型体；当 $pH=pK_a$ 时，HAc 与 Ac^-各占一半，两种型体的分布分数均为 0.5。

二、二元弱酸(弱碱)的分布

以二元弱酸 $H_2C_2O_4$ 为例，用 $c(H_2C_2O_4)$表示 $H_2C_2O_4$ 的分析浓度，$[H_2C_2O_4]$、$[HC_2O_4^-]$、$[C_2O_4^{2-}]$表示 $H_2C_2O_2$ 三种存在型体的平衡浓度。

根据分布分数和离解平衡常数的定义：

$$\delta(H_2C_2O_4)=\frac{[H_2C_2O_4]}{c(H_2C_2O_4)}=\frac{[H_2C_2O_4]}{[H_2C_2O_4]+[HC_2O_4^-]+[C_2O_4^{2-}]}$$

$$=\frac{[H^+]^2}{[H^+]^2+K_{a1}[H^+]+K_{a1}K_{a2}} \tag{4-6}$$

同理可得:

$$\delta(HC_2O_4^-)=\frac{K_{a1}[H^+]}{[H^+]^2+K_{a1}[H^+]+K_{a1}K_{a2}} \tag{4-7}$$

$$\delta(C_2O_4^{2-})=\frac{K_{a1}K_{a2}}{[H^+]^2+K_{a1}[H^+]+K_{a1}K_{a2}} \tag{4-8}$$

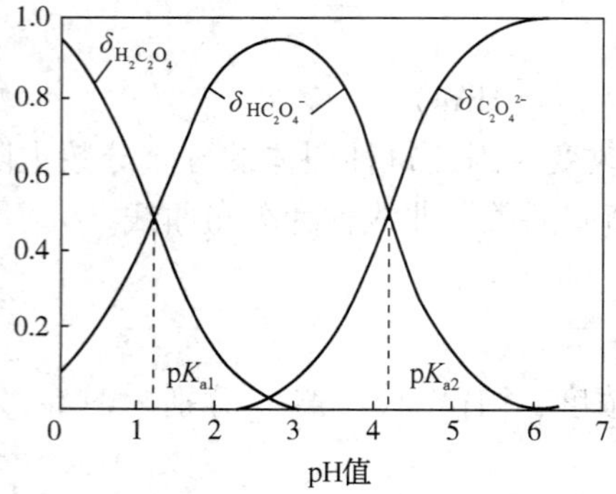

图 4-2 草酸溶液中各种存在型体的分布分数与溶液 pH 值的关系曲线

以 pH 值为横坐标，以 $\delta(H_2C_2O_4)$、$\delta(HC_2O_4^-)$、$\delta(C_2O_4^{2-})$为纵坐标作图，得到的曲线称为 $H_2C_2O_4$ 的分布曲线(图 4-2)。

由图 4-2 中可以看出：当 $pH<pK_{a1}$ 时，$H_2C_2O_4$ 为主要存在型体；当 $pH>pK_{a2}$ 时，$C_2O_4^{2-}$ 为主要存在型体；当 $pK_{a1}<pH<pK_{a2}$ 时，$HC_2O_4^-$ 为主要存在型体。

其他多元弱酸或多元弱碱的水溶液中，各种不同存在型体的分布分数公式也可以用类似的方法导出。

分布曲线很直观地反映存在型体与溶液 pH 值的关系，在选择反应条件时，可以按所需组分查图，即可得到相应的 pH 值。例如，欲测定 Ca^{2+}，采用 $C_2O_4^{2-}$为沉淀剂，反应时，溶液的 pH 值应维持在多少？从图 4-2 可知，在 pH≥5.0 时，$C_2O_4^{2-}$为主要存在型体，有利于沉淀形成，所以应使溶液的 pH≥5.0。

【例 4-2】 计算 pH=4.0 时，5×10^{-2}mol/L 酒石酸(以 H_2A 表示)溶液中酒石酸根离子的浓度。

解：查得，酒石酸的 $pK_{a1}=3.04$、$pK_{a2}=4.37$，

$$\delta(A^{2-})=\frac{K_{a1}K_{a2}}{[H^+]^2+K_{a1}[H^+]+K_{a1}K_{a2}}$$

$$=\frac{10^{-3.04}\times10^{-4.37}}{(10^{-4.0})^2+10^{-3.04}\times10^{-4.0}+10^{-3.04}\times10^{-4.37}}=0.28$$

$$[A^{2-}]=c(H_2A)\cdot\delta(A^{2-})=0.05\times0.28=0.014\text{mol/L}$$

三、三元弱酸(弱碱)的分布

设三元弱酸为 H_3A，根据分布分数和离解平衡常数的定义，同理可推出：$\delta(H_3A)$、$\delta(H_2A^-)$、$\delta(HA^{2-})$、$\delta(A^{3-})$的计算式，其中 H_3A 的分布分数为：

$$\delta_{H_3A}=\frac{[H^+]^3}{[H^+]^3+K_{a1}[H^+]^2+K_{a1}K_{a2}[H^+]+K_{a1}K_{a2}K_{a3}} \tag{4-9}$$

其余三种型体的分布分数计算式，可参照二元弱酸情况推出。

例如以 pH 值为横坐标，以 $\delta(H_3PO_4)$、$\delta(H_2PO_4^-)$、$\delta(HPO_4^{2-})$、$\delta(PO_4^{3-})$ 为纵坐标作图，得到的曲线称为 H_3PO_4 的分布曲线(图 4-3)。

需要指出：在 pH=4.7 时，$H_2PO_4^-$ 型体占 99.4%；同样，当 pH=9.8 时，HPO_4^{2-} 型体占绝对优势，为 99.5%。

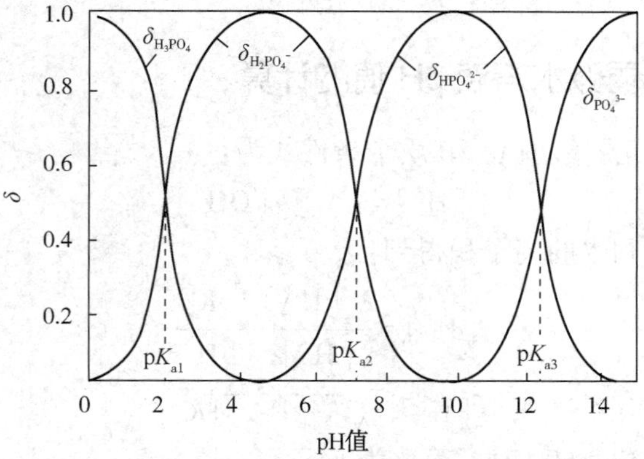

图 4-3　H_3PO_4 溶液中各种存在型体的分布分数与溶液 pH 值的关系曲线

第三节　酸碱溶液 pH 值的计算

一、质子条件式

酸碱反应的实质是质子的转移。酸碱反应达到平衡时，酸失去的质子数与碱得到的质子数相等，其数学表达式为质子条件式。常用质子参考水准法列出质子条件式，其步骤为：

第一步，选择质子参考水准(即零水准)，作为零水准的物质通常是溶液中大量存在并参与质子转移的物质。水是零水准中必定存在的一个组分。

第二步，根据质子转移数相等的数量关系写出质子条件式。

【例 4-3】 写出 HCOOH、NH_3、Na_2CO_3 水溶液的质子条件式。

解:

零水准	得 1 个质子	失 1 个质子
HCOOH	—	$COOH^-$
H_2O	$H_3O^+(H^+)$	OH^-

质子条件式：$[H^+]=[COOH^-]+[OH^-]$

零水准	得 1 个质子	失 1 个质子
NH_3	NH_4^+	—
H_2O	$H_3O^+(H^+)$	OH^-

质子条件式：$[NH_4^+]+[H^+]=[OH^-]$

零水准	得 1 个质子	得 2 个质子	失 1 个质子
CO_3^{2-}	HCO_3^-	H_2CO_3	—
H_2O	$H_3O^+(H^+)$	—	OH^-

质子条件式：$[H^+]+[HCO_3^-]+2[H_2CO_3]=[OH^-]$

除上述方法外，也可根据物料平衡和电荷平衡得出质子条件式，本书不再叙及。

练一练

写出 $NaHCO_3$、NaH_2PO_4 水溶液的质子条件式。

二、一元弱酸、弱碱水溶液 pH 值的计算

对于浓度为 c 的一元弱酸 HA，其质子条件式为：

$$[H^+]=[A^-]+[OH^-] \tag{4-10}$$

由弱酸的解离平衡和水的离子积得到：

$$[H^+]=\frac{K_a[HA]}{[H^+]}+\frac{K_w}{[H^+]}$$

整理得：

$$[H^+]=\sqrt{K_a[HA]+K_w} \tag{4-11}$$

当 $cK_a \geqslant 20K_w$ 且 $c/K_a \geqslant 500$ 时，简化为：

$$[H^+]=\sqrt{K_a c} \tag{4-12}$$

对于一元弱碱，求得的是$[OH^-]$，将 K_a 换作 K_b，其处理方法相同。

【例 4-4】 计算 0.10mol/LHAc 溶液的 pH 值。

解：已知 HAc 的 $K_a=1.8\times10^{-5}$，$c=0.10$mol/L，

则 $cK_a \geqslant 20K_w$ 且 $c/K_a \geqslant 500$ 时，可用最简式计算：

$$[H^+]=\sqrt{K_a c}=\sqrt{1.8\times10^{-5}\times0.10}=1.3\times10^{-3}\text{mol/L}$$

$$pH=2.89$$

练一练

计算 0.10mol/LNH_3 溶液的 pH 值。

三、多元弱酸、弱碱水溶液 pH 值的计算

多元弱酸(碱)在水中是分步离解的，而且 $K_{a1}(K_{b1})$ 比 $K_{a2}(K_{b2})$ 和 $K_{a3}(K_{b3})$ 大得多。如二元弱酸 H_2CO_3 分两步离解，其 $K_{a1}=4.2\times10^{-7}$，$K_{a2}=10\times10^{-11}$，$K_{a1} \gg K_{a2}$。因此，溶液中的 $H^+(OH^-)$ 主要来源于多元弱酸(碱)的第一步离解。

当 $cK_{a1} \geqslant 20K_w$，$cK_{a1} \geqslant 100K_{a2}$，$c/K_{a1} \geqslant 500$ 时，可按一元弱酸处理：

$$[H^+]=\sqrt{K_{a1}c}\ (\text{最简式}) \tag{4-13}$$

对于多元弱碱的处理方法亦相同。

四、两性物质水溶液 pH 值的计算

两性物质溶液的酸碱平衡比较复杂，往往根据具体情况，进行近似计算。

设两性物质为 NaHA，浓度为 c。溶液的质子条件式为：

$$[H^+]+[H_2A]=[A^{2-}]+[OH^-] \tag{4-14}$$

根据平衡关系，以平衡常数 K_{a1}，K_{b1} 代入上式后整理可得：

$$[H^+]=\sqrt{\frac{K_{a1}(K_{a2}[HA^-]+K_w)}{K_{a1}+[HA^-]}} \tag{4-15}$$

若 $cK_{a2}\geqslant 20K_w$，$c/K_{a1}\geqslant 10$ 且 $c>20K_{a1}$，则得到最简计算式：

$$[H^+]=\sqrt{K_{a1}K_{a2}} \tag{4-16}$$

知识拓展

弱酸弱碱盐 pH 的计算。以浓度为 c 的甲酸铵(NH_4COOH)溶液为例。溶液中 NH_4^+ 为弱酸，设它的离解常数为 K_a，K_a 可由 NH_3 的 K_b 求得：($K_a=K_w/K_b$)；$COOH^-$ 为弱碱，其共轭酸 HCOOH 的解离常数为 K_a。

若 $cK_a>20K_w$，又 $c>20K_a$，可用最简式计算$[H^+]$：

$$[H^+]=\sqrt{K_aK_a} \tag{4-17}$$

五、缓冲溶液及其 pH 值的计算

1. 缓冲溶液及分类

能够抵抗外加少量强酸或强碱，或将溶液稍加稀释，溶液的酸度不发生显著变化，这种作用称为缓冲作用。具有缓冲作用的溶液称为缓冲溶液。缓冲溶液是一种能对溶液的酸度起稳定作用的溶液。

缓冲溶液一般由浓度较大的弱酸(或弱碱)及其共轭碱(或共轭酸)组成。如：HAc-NaAc、NH_4Cl-NH_3 等。

高浓度的强酸或强碱，如 HCl(pH<2)或 NaOH(pH>12)，因其溶液中 $c(H^+)$ 或 $c(OH^-)$ 本来很大，故外加少量酸或碱对溶液的酸度不会产生太大影响，这种情况，强酸强碱也是缓冲溶液。但这种溶液不具备抗稀释的作用。

2. 缓冲溶液 pH 值的计算

一般用于控制溶液酸度的缓冲溶液，对计算 pH 值的准确度要求不高，常用最简式计算。

由弱酸 HA 与其共轭碱 A^- 组成的缓冲溶液，若用 $c(HA)$，$c(A^-)$ 分别表示 HA，A^- 的分析浓度，则，

$$[H^+]=K_a\frac{c(HA)}{c(A^-)},\ pH=pK_a+\lg\frac{c(A^-)}{c(HA)} \tag{4-18}$$

【例 4-5】 计算 0.10mol/L 的 NH_4Cl 及 0.20mol/L 的 NH_3 组成的缓冲溶液 pH 值，已知 $K_b(NH_3)=1.8\times10^{-5}$。

解：$K_a=K_w/K_b=5.6\times10^{-10}$，按最简式(4-18)进行计算：

$$pH=pK_a+\lg\frac{c(NH_3)}{c(NH_4Cl)}=9.26+\lg\frac{0.20}{0.10}=9.56$$

练一练

制备 200mL pH=8.00 的缓冲溶液，应取 0.500mol/LNH_4Cl 和 0.500mol/LNH_3 各多少毫

升？已知 $K_b(NH_3)=1.8\times10^{-5}$。

3. 缓冲容量及缓冲范围

缓冲容量是衡量缓冲溶液能力大小的尺度，其定义是：使 1L 缓冲溶液的 pH 值增加 1 个单位所需加入强碱物质的量，或使溶液 pH 值减小 1 个单位所需要加入强酸物质的量。影响缓冲容量的主要因素有：

(1) 缓冲溶液总浓度

当缓冲溶液组分比一定时，缓冲溶液的总浓度愈大，缓冲能力就愈大。在一定范围内稀释时，缓冲容量也减小。

(2) 缓冲溶液组分比

当缓冲溶液的总浓度一定时，若缓冲组分的浓度比为 1∶1，则缓冲容量最大。此时，溶液的 $pH=pK_a$。实验和计算表明，当缓冲溶液组分比在 1/10 和 10/1 之间时，即溶液的 pH 值在 pK_a-1 和 pK_a+1 之间时，溶液具有较大的缓冲能力。在化学上把具有缓冲作用的 pH 值范围，即 $pH=pK_a\pm1$，称为缓冲溶液的缓冲范围。表 4-1 列出了常用缓冲溶液的配制和 pH 值。

表 4-1 常用缓冲溶液的配制和 pH 值

pH 值	配制方法
0	1mol/L HCl
1	0.1mol/L HCl
2	0.01mol/L HCl
3.6	16g $NaAc\cdot3H_2O$ 溶于水，加 6mol/L HAc268mL，用水稀释至 1L
4	40g $NaAc\cdot3H_2O$ 溶于水，加 6mol/L HAc268mL，用水稀释至 1L
4.5	64g $NaAc\cdot3H_2O$ 溶于水，加 6mol/L HAc136mL，用水稀释至 1L
5	100g $NaAc\cdot3H_2O$ 溶于水，加 6mol/L HAc68mL，用水稀释至 1L
5.7	200g $NaAc\cdot3H_2O$ 溶于水，加 6mol/L HAc26mL，用水稀释至 1L
7	154g NH_4Ac 溶于水，用水稀释至 1L
7.5	120g NH_4Cl 溶于水，加 15mol/L 氨水 2.8mL，用水稀释至 1L
8	100g NH_4Cl 溶于水，加 15mol/L 氨水 7mL，用水稀释至 1L
8.5	80g NH_4Cl 溶于水，加 15mol/L 氨水 17.6mL，用水稀释至 1L
9	70g NH_4Cl 溶于水，加 15mol/L 氨水 48mL，用水稀释至 1L
9.5	60g NH_4Cl 溶于水，加 15mol/L 氨水 130mL，用水稀释至 1L
10	54g NH_4Cl 溶于水，加 15mol/L 氨水 394mL，用水稀释至 1L
10.5	18g NH_4Cl 溶于水，加 15mol/L 氨水 350mL，用水稀释至 1L
11	6g NH_4Cl 溶于水，加 15mol/L 氨水 414mL，用水稀释至 1L
12	0.01mol/LNaOH
13	0.1mol/LNaOH

第四节　酸碱指示剂

一、酸碱指示剂的作用原理

酸碱指示剂一般是结构复杂的有机弱酸或有机弱碱，它们的酸式及共轭碱式具有不同的颜色。在滴定过程中，溶液的 pH 值改变时，指示剂或给出质子由酸式转变为碱式，或接受质子由碱式转化为酸式，结构上的改变将引起颜色的变化。

例如，甲基橙是一种有机弱碱，其变色反应如下式所示：

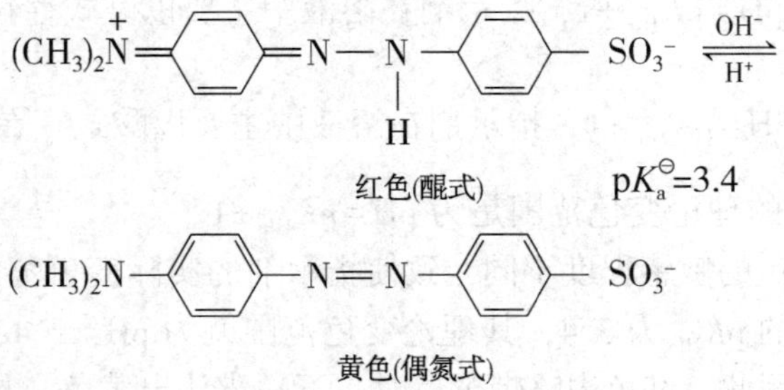

甲基橙在酸性溶液中以红色的醌式结构形式存在，在碱性溶液中以黄色的偶氮式结构形式存在。当溶液酸度降低时，平衡向右方移动，甲基橙主要以碱式存在，溶液由红色向黄色转变；当溶液酸度增加时，平衡向左方移动，溶液由黄色变红色。

酚酞是一种有机弱酸，它在溶液中的离解平衡可用下式表示：

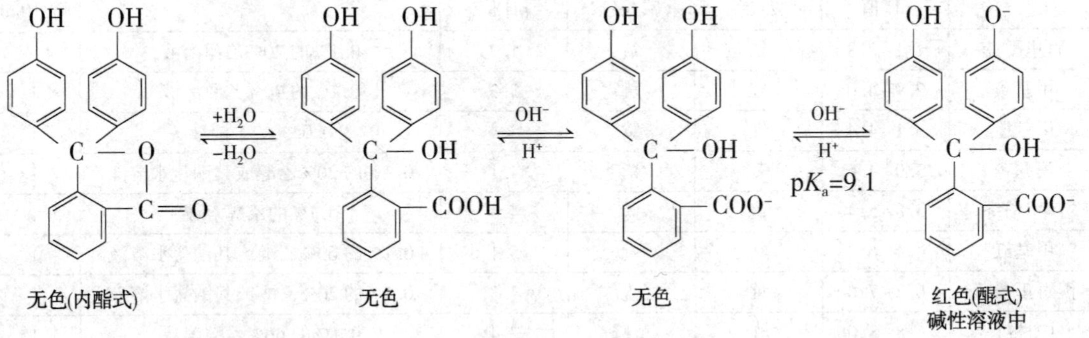

从解离平衡式可以看出，当溶液中 OH^- 浓度增大时，溶液由酸性变化到碱性，平衡向右方移动，酚酞由酸式转变为碱式，溶液由无色变成红色；反之，当 H^+ 浓度增大时，平衡向左移动，溶液由红色变成无色。

二、酸碱指示剂的变色范围

以弱酸型指示剂 HIn 为例，在溶液中有如下平衡：

$$\underset{(酸式)}{HIn} \rightleftharpoons H^+ + \underset{(碱式)}{In^-}$$

当达到平衡时：

$$K_{HIn}=\frac{[H^+][In^-]}{[HIn]}$$

即
$$\frac{[In^-]}{[HIn]}=\frac{K_{HIn}}{[H^+]} \tag{4-19}$$

当人的眼睛对酸色与碱色的敏感程度差别不大时，浓度高出十倍以上的物质颜色就能掩盖低浓度物质的颜色。由此：

当$\frac{[In^-]}{[HIn]}=1$时，$pH=pK_{HIn}$，指示剂酸式与碱式浓度相等，溶液呈其酸式色和碱式色的中间色。此时的 pH 值称为酸碱指示剂的理论变色点。

当$\frac{[In^-]}{[HIn]}\geq 10$时，$pH=pK_{HIn}+1$，指示剂在溶液中主要以碱式存在，溶液呈碱式色。

当$\frac{[In^-]}{[HIn]}\leq\frac{1}{10}$时，$pH=pK_{HIn}-1$，指示剂在溶液中主要以酸式存在，溶液呈酸式色。

由此可见，指示剂的理论变色范围是为 $pH=pK_{HIn}\pm1$。

由于人眼对各种颜色的敏感程度不同，致使指示剂的实际变色范围与其理论变色范围不尽相同。例如，甲基橙的 pK_{HIn} 为 3.4，其理论变色范围就为 pH＝2.4～4.4。但由于人的眼睛对黄色的敏感度较低，因此，红色中略带黄色时，不易辨认出黄色，只有当黄色比重较大时，才能观察出来，而在黄色中辨别红色就比较容易。因此，甲基橙变色范围在 pH 值小的一边就窄些，所以其实际变色范围为 pH＝3.1～4.4。现将常用酸碱指示剂及其变色范围列于表 4-2。

表 4-2　常用酸碱指示剂

指示剂	变色范围	颜色		变色点	浓　度	用量
	pH 值	酸式色	碱式色	pH 值		滴/10mL
百里酚蓝	1.2～2.8	红	黄	1.7	0.1%的 20%乙醇溶液	1～2
甲基黄	2.9～4.0	红	黄	3.3	0.1%的 90%乙醇溶液	1
甲基橙	3.1～4.4	红	黄	3.4	0.05%的水溶液	1
溴酚蓝	3.0～4.6	黄	紫	4.1	0.1%的 20%乙醇或其钠盐水溶液	1
溴甲酚绿	3.8～5.4	黄	蓝	4.9	0.1%的乙醇溶液	1
甲基红	4.4～6.2	红	黄	5.1	0.1%的 60%乙醇或其钠盐水溶液	1
溴百里酚蓝	6.2～7.6	黄	蓝	7.3	0.1%的 20%乙醇或其钠盐水溶液	1
中性红	6.8～8.0	红	黄橙	7.4	0.1%的 60%乙醇溶液	1
酚红	6.7～8.4	黄	红	8	0.1%的 60%乙醇或其钠盐水溶液	1
酚酞	8.0～9.6	无	红	9.1	0.5%的 90%乙醇溶液	1～2
百里酚酞	9.4～10.6	无	蓝	10	0.1%的 90%乙醇溶液	1～2

由于指示剂的离解常数受溶液温度、离子强度以及介质的影响，因此这些因素也都将影响指示剂的变色范围，此外，指示剂的用量及滴加顺序也会影响它的变色。

三、混合指示剂

在某些酸碱滴定中，pH 值突跃范围很窄，使用一般的指示剂难以判断终点，此时可采用混合指示剂。混合指示剂利用颜色互补原理使指示剂变色范围变窄，变色更敏锐，有利于判断终点，减少终点误差，提高分析结果的准确度。

混合指示剂有两类，一类是由两种或两种以上的指示剂混合而成。例如，溴甲酚绿（$pK_a=4.9$）和甲基红（$pK_a=5.1$）两者按 3∶1 混合后，在 pH<5.1 的溶液中呈酒红色（黄+红），而在 pH>5.1 的溶液中呈绿色（蓝+黄），而在 pH=5.1 时二者颜色发生互补，产生灰色，使颜色在此时发生突变，变色十分敏锐，常用于用 Na_2CO_3 为基准物质标定盐酸标准溶液的浓度。

另一类混合指示剂是在某种指示剂中加入另一种惰性染料组成，例如，由甲基橙和靛蓝组成的混合指示剂。靛蓝颜色不随 pH 值改变而变化，只作为甲基橙的蓝色背景。在 pH>4.4 的溶液中，混合指示剂显绿色（黄+蓝），在 pH<3.1 的溶液中，混合指示剂显紫色（红+蓝），在 pH=4.1 的溶液中，混合指示剂显浅灰色（几乎无色），终点颜色变化非常敏锐。表 4-3 为常用的酸碱混合指示剂。

表 4-3　常用的酸碱混合指示剂

指示剂溶液的组成	变色点（pH 值）	颜色		备　注
		酸式色	碱式色	
一份 0.1%甲基黄乙醇溶液 一份 0.1%亚甲基蓝乙醇溶液	3.25	蓝紫	绿	pH=3.2 蓝紫色 pH=3.4 绿色
一份 0.1%甲基橙水溶液 一份 0.25%靛蓝磺酸钠水溶液	4.1	紫	绿	pH=4.1 灰色
三份 0.1%溴甲酚绿乙醇溶液 一份 0.2%甲基红乙醇溶液	5.1	酒红	绿	pH=5.1 灰色
一份 0.1%溴甲酚绿钠盐水溶液 一份 0.1%氯酚红钠盐水溶液	6.1	黄绿	蓝紫	pH=5.4 蓝绿色 pH=5.8 蓝色 pH=6.0 蓝带紫色 pH=6.2 蓝紫色
一份 0.1%中性红乙醇溶液 一份 0.1%亚甲基蓝乙醇溶液	7	蓝紫	绿	pH=7.0 紫蓝色
一份 0.1%甲酚红钠盐水溶液 三份 0.1%百里酚蓝钠盐水溶液	8.3	黄	紫	pH=5.4 紫色 pH=8.2 玫瑰色
一份 0.1%百里酚蓝 50%乙醇溶液 三份 0.1%酚酞 50%乙醇溶液	9	黄	紫	从黄到绿再到紫
一份 0.1%酚酞乙醇溶液 一份 0.1%百里酚酞乙醇溶液	9.9	无	紫	pH=9.6 玫瑰色 pH=10.0 紫色
二份 0.1%百里酚酞乙醇溶液 一份 0.1%茜素黄乙醇溶液	10.2	黄	紫	

如果把甲基红、溴百里酚蓝、百里酚蓝、酚酞按一定比例混合，溶于乙醇，配成混合指示剂，可随溶液的 pH 值变化而呈现出不同的颜色。在实验室中使用的 pH 试纸就是基于混合指示剂的原理而制成的。

第五节　酸碱滴定曲线和指示剂选择

酸碱滴定过程中，溶液的 pH 值随着滴定剂的加入不断变化，根据滴定过程 pH 值的变化规律，选择合适的指示剂，使滴定终点充分接近化学计量点，就能获取准确的定量分析结果。下面讨论几种不同的滴定体系，了解滴定过程 pH 值的变化规律以及指示剂的选择。

一、强酸强碱的滴定

以 0.1000mol/L NaOH 滴定 20.00mL0.1000mol/L HCl 为例，其基本反应为：

$$H^{+}+OH^{-}\longrightarrow H_2O$$

整个滴定过程可以分成四个阶段，各阶段的 pH 计算如下。

(1) 滴定开始前

因为 $c(HCl)=0.1000mol/L$，HCl 是强酸，所以 $[H^{+}]=c(HCl)=0.1000mol/L$，pH = 1.00

(2) 滴定开始至化学计量点前

溶液的 pH 值由剩余 HCl 物质的量决定。这时溶液中 HCl 浓度为：

$$[H^{+}]=\frac{c(HCl)\times V(\text{剩余盐酸溶液体积})}{V(\text{溶液总体积})}$$

当加入 NaOH 溶液的体积为 19.98mL 时，

$$[H^{+}]=5.0\times10^{-5}mol/L\text{，此时 }pH=4.30$$

滴定开始至化学计量点前其他各点的 pH 值均可按上述方法计算。

(3) 化学计量点时

当加入 20.00mLNaOH 溶液时，溶液中的 HCl 全部被中和，生成了强酸强碱盐 NaCl，溶液呈中性，此时 $[H^{+}]=[OH^{-}]=1\times10^{-7}mol/L$，pH = 7.00。

(4) 化学计量点后

此时，溶液的 pH 值由过量的 NaOH 浓度决定。若加入 20.02mLNaOH，则，

$$[OH^{-}]=\frac{c(NaOH)\times V(\text{过量 NaOH 溶液})}{V(\text{溶液总体积})}$$

$$[OH^{-}]=5.0\times10^{-5}mol/L$$

$$pOH=4.30\text{，}pH=9.70$$

用类似的方法可以计算化学计量点后各点的 pH 值，将四个阶段的各点数值列于表 4-4 中。

表 4-4　0.1000mol/L NaOH 溶液滴定 20.00mL 0.1000mol/L HCl 溶液的 pH 值

加入 NaOH 溶液		剩余 HCl 溶液的体积 V/mL	过量 NaOH 溶液的体积 V/mL	pH 值	
滴定度 a/%	V/mL				
0	0.00	20.00		1.00	
90.0	18.00	2.00		2.28	
99.0	19.80	0.20		3.30	
99.9	19.98	0.02		4.30 A	滴定突跃
100.0	20.00	0.00		7.00	滴定突跃
100.1	20.02		0.02	9.70 B	滴定突跃
101.0	20.20		0.20	10.70	
110.0	22.00		2.00	11.70	
200.0	40.00		20.00	12.50	

注：$\text{滴定度 } a(\%)=\frac{\text{滴定剂加入的物质的量}}{\text{待测物起始的物质的量}}\times100\%$

以 NaOH 加入量 V 为横坐标，对应的 pH 值为纵坐标所绘制的 pH-V 关系曲线，称为酸碱滴定曲线。从表 4-4 的数据和图 4-4 的滴定曲线可见：

① 从滴定开始到加入 19.98mL NaOH，溶液的 pH 值改变了 3.30 个 pH 单位，曲线比较平坦，这是因为溶液中还存在着较多的 HCl，酸度较大。

② 随着 NaOH 不断滴入，HCl 的量逐渐减少，pH 值逐渐增大；当滴定至化学计量点附近，加入 1 滴 NaOH 溶液(大约 0.04mL，溶液即从剩余 0.02mL HCl 到过量 0.02mL NaOH)，使溶液的酸度发生巨大的变化，溶液的 pH 值从 4.3 急剧升高到 9.7，溶液也由酸性突变到碱性。从表 4-4 和图 4-4 的 A 至 B 点可知，在化学计量点前后 0.1%，此时滴定曲线呈现近似垂直的一段，表明溶液的 pH 值有一个突然的改变，这种 pH 值的突然改变称为滴定突跃。

③ 此后再加入碱，则进入了强碱的缓冲区，溶液的 pH 值变化逐渐减小，曲线又变得比较平坦。

滴定突跃有重要的实际意义，它是选择指示剂的依据。对于在 pH=4.3~9.7 内变色的，如甲基橙、甲基红、酚酞、溴百里酚蓝等，均能作为此类滴定的指示剂。例如，若采用甲基橙为指示剂，当滴定至甲基橙由红色变为橙色时，溶液的 pH 值约为 4.4，这时加入 NaOH 的量与化学计量点时应加入量的差值不足 0.02mL，终点误差小于-0.1%，符合滴定分析的要求。若改用酚酞为指示剂，溶液呈微红色时 pH 值略大于 8.0，此时 NaOH 的加入量超过化学计量点时应加入的量也不到 0.02mL，终点误差也小于+0.1%，仍然符合滴定分析的要求。因此，指示剂的选择原则是：变色范围全部或部分处于滴定突跃范围内的指示剂，都能够准确地指示终点。可见，指示剂的变色范围越窄，越容易插入滴定突跃范围内，有利于提高指示剂变色的灵敏度。

以上讨论的是 NaOH 和 HCl 浓度均为 0.1000mol/L 的情况，如果改变酸、碱溶液的浓度，化学计量点的 pH 值仍然是 7.0，但滴定突跃的长短却不同，如图 4-5 所示。

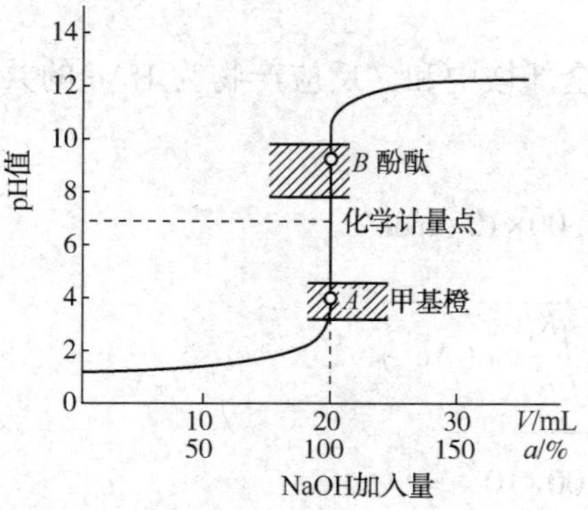

图 4-4　0.1000mol/L NaOH 滴定 20.00mL 0.1000mol/L HCl 的滴定曲线

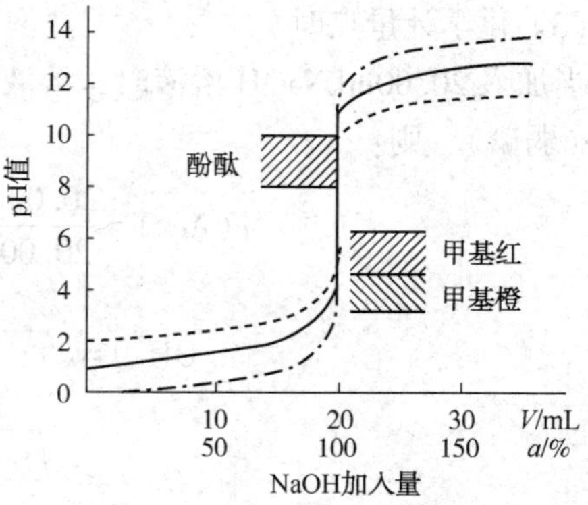

图 4-5　不同浓度 NaOH 溶液滴定不同浓度 HCl 溶液的滴定曲线

---- 0.01mol/L；—— 0.1mol/L；-·- 1mol/L

酸碱溶液浓度越大，滴定曲线化学计量点附近的滴定突跃越长，可供选择的指示剂就越多；而滴定剂溶液的浓度越小，则化学计量点附近的滴定突跃就越短，指示剂的选择也

就会受到限制。例如，若用0.01000mol/L NaOH溶液滴定0.01000mol/L HCl溶液，滴定突跃减小为5.3~8.7，若仍用甲基橙作指示剂，终点误差将大于1%，所以只能用酚酞、甲基红等，才能达到滴定分析的要求。

二、一元弱酸弱碱的滴定

以0.1000mol/LNaOH滴定20.00mL0.1000mol/L HAc为例，讨论整个滴定过程中溶液pH值的变化情况。

(1) 滴定开始前

因为$c(HAc)=0.1000mol/L$，HAc是一元的弱酸，其$K_a=1.8\times10^{-5}$，所以根据弱酸pH值计算的最简式：

$$[H^+]=\sqrt{c(HAc)\times K_a}=\sqrt{0.1000\times1.8\times10^{-5}}$$
$$=1.34\times10^{-3}mol/L$$
$$pH=2.87$$

(2) 滴定至化学计量点前

滴定开始后，这一阶段的溶液是由未反应的HAc和反应产物NaAc所组成的缓冲溶液。设滴定加入的NaOH为19.98mL，则反应剩余HAc为0.02mL，此时，

$$[HAc]=\frac{0.02\times0.1000}{20.00+19.98}=5.00\times10^{-5}mol/L$$

$$[Ac^-]=\frac{19.98\times0.1000}{20.00+19.98}=5.00\times10^{-2}mol/L$$

$$[H^+]=K_a\frac{[HAc]}{[Ac^-]}=1.8\times10^{-5}\times\frac{5.00\times10^{-5}}{5.00\times10^{-2}}$$
$$=2.00\times10^{-8}mol/L$$
$$pH=7.70$$

(3) 化学计量点时

当加入20.00mLNaOH溶液时，溶液中的HAc全部被中和，反应产物为HAc的共轭碱NaAc(弱碱)，则：

$$c(Ac^-)=\frac{20.00\times0.1000}{20.00+20.00}=5.00\times10^{-2}mol/L$$

$$[OH^-]=\sqrt{c(Ac^-)\times K_b}=\sqrt{\frac{K_w}{K_a}\times c(Ac^-)}$$
$$=\sqrt{\frac{1.0\times10^{-14}}{1.8\times10^{-5}}\times5.00\times10^{-2}}$$
$$=5.30\times10^{-6}mol/L$$
$$pOH=5.28,\quad pH=8.72$$

(4) 化学计量点后

此时，溶液的组成是过量的NaOH和滴定产物NaAc。由于过量的NaOH抑制了Ac^-的离解，溶液的pH值由过量的NaOH浓度决定。若加入的NaOH体积为20.02mL时，则：

$$[OH^-]=\frac{0.1000\times0.02}{(20.00+120.02)}=5.0\times10^{-5}mol/L$$

$$pOH=4.30,\ pH=9.70$$

按上述方法，依次计算出滴定过程中溶液的 pH 值，其结果见表 4-5。

根据表 4-5 绘制的曲线，称为强碱滴定弱酸的滴定曲线，见图 4-6 中的Ⅰ线。

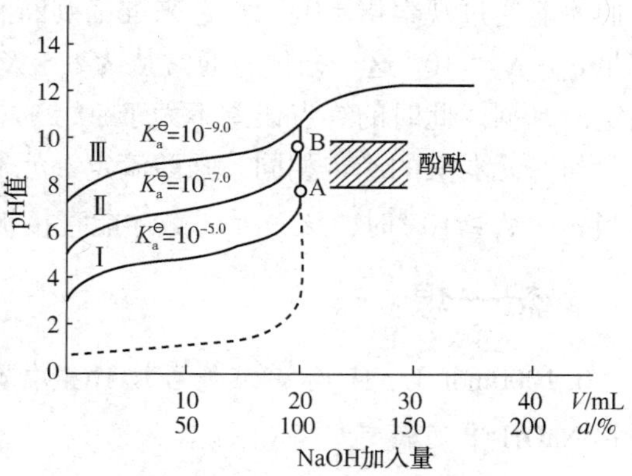

图 4-6　NaOH 溶液滴定不同弱酸溶液的滴定曲线

从表 4-5 的数据和图 4-6 的滴定曲线可以看出：

① 由于 HAc 是弱酸，所以溶液的$[H^+]$不等于弱酸的原始浓度，滴定曲线的起点不在 pH=1 处。

② 在滴定至化学计量点前，滴定曲线形成了一个由倾斜到平坦再到倾斜的坡度。原因是滴定一开始，即有 NaAc 生成，它抑制了 HAc 的解离，使溶液 pH 值很快增加，这段曲线斜率较大；继续加入 NaOH 溶液，HAc 浓度不断减少，Ac^-浓度不断增加，由 HAc 和 Ac^-组成的缓冲溶液的缓冲能力也逐渐增加，溶液的 pH 值变化变缓，当 HAc 被滴定 50%时，此时溶液的缓冲能力最大，这一段曲线的斜率最小；接近化学计量点时，HAc 浓度已很低，溶液的缓冲作用显著减弱，溶液 pH 值又很快增加，曲线又呈倾斜状。

表 4-5　0.1000mol/L NaOH 溶液滴定 20.00ml 0.1000mol/L HAc 溶液的 pH 值

加入 NaOH 溶液		剩余 HAc 溶液的体积 V/mL	过量 NaOH 溶液的体积 V/mL	pH 值
滴定度 a/%	V/mL			
0	0.00			2.87
50.0	10.00	20.00		4.74
90.0	18.00	10.00		5.70
99.0	19.80	2.00		6.74
99.9	19.98	0.20		7.70　A（滴定突跃）
100.0	20.00	0.02		8.72（滴定突跃）
100.1	20.02	0.00	0.02	9.70　B（滴定突跃）
101.0	20.20		0.20	10.70
110.0	22.00		2.00	11.70
200.0	40.00		20.00	12.50

注：滴定度 $a(\%)=\frac{滴定剂加入的物质的量}{待测物起始的物质的量}\times100\%$

③ 滴定突跃范围为 pH=7.70~9.70，相对于 NaOH 滴定 HCl 而言，滴定突跃小很多，可供选择的指示剂减少，此时甲基橙已不能作为指示剂。

④ 化学计量点时，溶液呈碱性(pH=8.72)，是因为生成物 NaAc 属于碱。当算出化学计量点的 pH 值时，也可以根据指示剂的变色点尽可能接近化学计量点的原则来选择指示剂。

由上例计算过程可知强碱滴定一元弱酸时，受到酸的浓度和强度的影响。当浓度一定时，K_a 值越大，突跃范围越大；K_a 值越小，突跃范围越小。当 K_a 值一定时，浓度越大，突跃范围越大；反之，突跃范围越小。实践证明，突跃范围必须在 0.3 个 pH 值单位以上，人们才能通过观察指示剂的变色来准确判断滴定终点。要有 0.3 个 pH 值单位的突跃，必须满足 $c_a \cdot K_a \geqslant 10^{-8}$ 这一条件。通常认为 $c_a \cdot K_a \geqslant 10^{-8}$ 是作为弱酸能被强碱溶液直接目视准确滴定的判据。此时的终点误差不大于±0.2%。

与一元弱酸的滴定相同，强酸滴定一元弱碱突跃范围取决于弱碱强度 K_b 和浓度 c_b，只有当 $c_b \cdot K_b \geqslant 10^{-8}$ 时，该一元弱碱才能直接被强酸准确滴定。

想一想

0.1000mol/L NH_3 水溶液能否被 HCl 准确滴定，其浓度为 0.1000mol/L 的共轭酸溶液能否被 NaOH 准确滴定？

三、多元酸碱的滴定

相对一元酸碱而言，多元酸碱是分步离解的，所以，滴定多元酸碱应考虑的问题要多一些。例如，除了计算化学计量点时的 pH 值和怎样选择指示剂外，还要考虑滴定反应是否能分步进行？能准确滴定至哪一级？

1. 多元酸的滴定

多元酸在水中是逐级解离的，每一级给出质子的能力也不同，这些质子能否被准确滴定？滴定反应能否分步？需要同时考虑到两个方面：

① 如果多元酸分析浓度用 c_a 表示，第 i 级解离常数用 K_{ai} 表示，则 $c_aK_{ai} \geqslant 10^{-8}$ 时，第 i 个化学计量点能准确滴定。

② 当 $K_{ai}/K_{a(i+1)} \geqslant 10^4$ 时，第 i 级离解与第 i+1 级离解的滴定反应能分步进行。

所以，对于二元酸滴定情况的判断是：

① 若 $c_aK_{a1} \geqslant 10^{-8}$，$c_aK_{a2} < 10^{-8}$，而 $K_{a1}/K_{a2} \geqslant 10^4$，则只有第一级解离的 H^+ 能被准确滴定，即在第一个化学计量点处仅有一个滴定突跃。

② 若 $c_aK_{a1} \geqslant 10^{-8}$，$c_aK_{a2} \geqslant 10^{-8}$ 而 $K_{a1}/K_{a2} < 10^4$，则两级离解的 H^+ 可一并被准确滴定，即只有在第二个化学计量点处有一个比较大的滴定突跃，不能进行分步滴定。

③ 若 $c_aK_{a1} \geqslant 10^{-8}$，$c_aK_{a2} \geqslant 10^{-8}$，而 $K_{a1}/K_{a2} \geqslant 10^4$，则两级离解的 H^+ 能分别被准确滴定，即在第一、第二个化学计量点处各有一个滴定突跃，可以分步滴定。

对于三元酸分步滴定的判断，也用此方法处理。

【例 4-6】 试判断 NaOH 溶液滴定 0.2000mol/LH_3PO_4 时的准确滴定和滴定反应分步情况。

解： H_3PO_4 的三级离解及其相应平衡常数如下：

$H_3PO_4 \rightleftharpoons H^+ + H_2PO_4^-$　　$K_{a1} = 7.5 \times 10^{-3}$　　$pK_{a1} = 2.12$

$H_2PO_4^- \rightleftharpoons H^+ + HPO_4^{2-}$　　$K_{a2} = 6.3 \times 10^{-8}$　　$pK_{a2} = 7.20$

$HPO_4^{2-} \rightleftharpoons H^+ + PO_4^{3-}$　　$K_{a3} = 4.4 \times 10^{-13}$　　$pK_{a3} = 12.36$

对准确滴定的判断结论是：

$c_aK_{a1}=0.2000\times7.5\times10^{-3}=1.5\times10^{-3}>10^{-8}$　第 1 个化学计量点能准确滴定

$c_aK_{a2}=0.2000\times6.3\times10^{-8}=1.3\times10^{-8}>10^{-8}$　第 2 个化学计量点能准确滴定

$c_aK_{a3}=0.2000\times4.4\times10^{-13}=8.8\times10^{-14}<10^{-8}$　第 3 个化学计量点不能准确滴定

对滴定反应分步的判断结论是：

$K_{a1}/K_{a2}=7.5\times10^{-3}/6.3\times10^{-8}=1.2\times10^{5}>10^{4}$　第 1 个与第 2 个滴定反应能分步进行

$K_{a2}/K_{a3}=6.3\times10^{-8}/4.4\times10^{-13}=1.4\times10^{5}>10^{4}$　第 2 个与第 3 个滴定反应能分步进行

所以，以 NaOH 溶液滴定浓度大于 0.1mol/LH_3PO_4 溶液时，第一、第二级离解的 H^+ 可被 NaOH 标准溶液分步滴定至终点，并在第一、第二个化学计量点附近各有一个滴定突跃，而第三级离解的 H^+ 不能被准确滴定。其滴定曲线如图 4-7 所示。

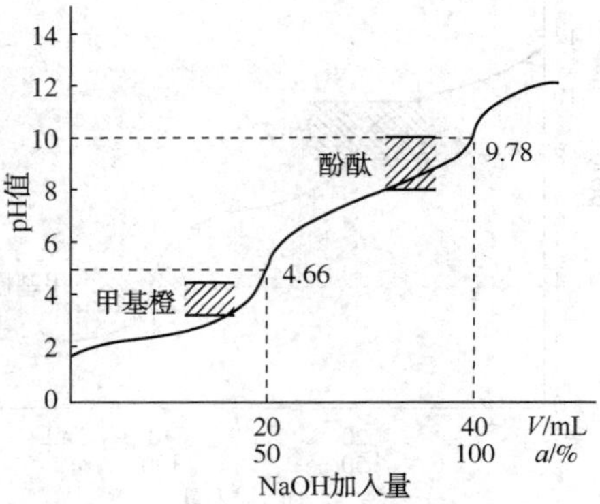

图 4-7　NaOH 溶液滴定 H_3PO_4 溶液的滴定曲线

NaOH 溶液滴定 H_3PO_4 过程中 pH 值的准确计算较为复杂，这里不做介绍。从滴定曲线上可以看出，与 NaOH 溶液滴定一元弱酸相比此曲线明显较为平坦，这是由于在滴定过程中溶液先后形成 H_3PO_4-$H_2PO_4^-$ 和 $H_2PO_4^-$-HPO_4^{2-} 两个缓冲溶液体系的缘故。

通常，分析工作者只计算化学计量点的 pH 值，并根据此选择合适的指示剂。

NaOH 溶液滴定 H_3PO_4 至第一个化学计量点时，溶液中主要存在形式为 $H_2PO_4^-$，其是两性物质，故用最简式计算 H^+ 浓度。

$$[H^+]=\sqrt{K_{a1}K_{a2}}=\sqrt{7.5\times10^{-3}\times6.3\times10^{-8}}=2.17\times10^{-5}\text{mol/L}$$

$$pH=4.66$$

同理，第二个化学计量点时，溶液主要存在形式为 HPO_4^{2-}，也是两性物质。故：

$$[H^+]=\sqrt{K_{a2}K_{a3}}=\sqrt{6.3\times10^{-8}\times4.4\times10^{-13}}=1.66\times10^{-10}\text{mol/L}$$

$$pH=9.78$$

根据变色点尽可能接近化学计量点原则选择指示剂的结果是：对于第一化学计量点最好选用溴甲酚绿和甲基橙混合指示剂，若用甲基橙终点出现偏早；对于第二化学计量点最好选用百里酚酞和酚酞混合指示剂，若用酚酞终点出现偏早。

练一练

试判断 NaOH 溶液滴定 0.1000mol/L 的 $H_2C_2O_4$ 时的准确滴定和滴定反应分步情况。

2. 多元碱的滴定

多元碱的滴定和多元酸的滴定类似，同样，对于多元碱来说：

① 当 $c_bK_{bi}\geqslant10^{-8}$时，第 i 个化学计量点能准确滴定。

② 当 $K_{bi}/K_{b(i+1)}\geqslant10^{4}$ 时，第 i 级解离与第 $i+1$ 级解离的滴定反应能分步进行。

例如，用 HCl 滴定 0.2000mol/L 的 Na_2CO_3 溶液，已知 Na_2CO_3 的离解平衡如下：

$CO_3^{2-}+H_2O \rightleftharpoons HCO_3^-+OH^-$　　$K_{b1}=K_w/K_{a2}=1.8\times10^{-4}$

$HCO_3^- + H_2O \rightleftharpoons H_2CO_3 + OH^-$　　$K_{b2} = K_w / K_{a1} = 2.4 \times 10^{-8}$

因为，$c_b K_{b1} = 0.2000 \times 1.8 \times 10^{-4} = 3.6 \times 10^{-5} > 10^{-8}$，所以第 1 个化学计量点能准确滴定。

$c_b K_{b2} = 0.2000 \times 2.4 \times 10^{-8} = 4.8 \times 10^{-9} < 10^{-8}$，第 2 个化学计量点滴定准确度较差。

$K_{b1}/K_{b2} = 1.8 \times 10^{-4} / 2.4 \times 10^{-8} = 7.5 \times 10^3 < 10^4$，第 1 与第 2 个滴定反应勉强能分步。

HCl 溶液滴定 Na_2CO_3 溶液的滴定曲线如图 4-8 所示。由图可见，HCl 溶液滴定 Na_2CO_3 到达第一化学计量点时，生成 $NaHCO_3$，属两性物质。此时 pH 值可按下式计算：

$$[H^+] = \sqrt{K_{a1} K_{a2}} = \sqrt{4.2 \times 10^{-7} \times 5.6 \times 10^{-11}} = 4.9 \times 10^{-9} \text{mol/L}$$

$$pH = 8.32$$

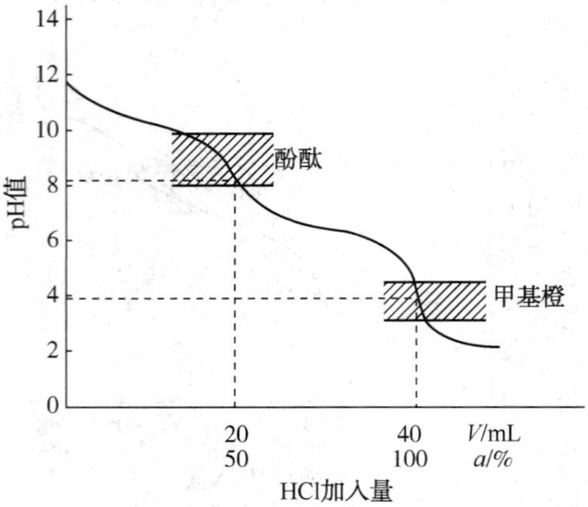

图 4-8　HCl 溶液滴定 Na_2CO_3 溶液的滴定曲线

第二化学计量点时，产物为 H_2CO_3（$CO_2 + H_2O$），其饱和溶液的浓度约为 0.04mol/L。

$$[H^+] = \sqrt{c_a K_{a1}} = \sqrt{0.04 \times 4.2 \times 10^{-7}} = 1.3 \times 10^{-4} \text{mol/L}$$

$$pH = 3.89$$

根据指示剂选择的原则，上述情况第一化学计量点时可选用酚酞为指示剂，第二化学计量点宜选择甲基橙作指示剂。

但是，在滴定过程中以甲基橙为指示剂时，由于过多产生的 CO_2，可能会使滴定终点过早出现，变色不敏锐，因此快到第二化学计量点时应剧烈摇动，必要时可加热煮沸溶液以除去 CO_2，冷却后再继续滴定至终点，以提高分析的准确度。

第六节　酸碱滴定法的应用

一、酸碱标准溶液的配制与标定

用于配制酸标准溶液的试剂有 HCl 和 H_2SO_4，HCl 溶液，价格低廉，易于得到，稀盐酸溶液无氧化还原性质，酸性强且稳定，因此用得较多；若需加热或在较高温度下使用，则 H_2SO_4 溶液较适宜。用来配制碱标准溶液的试剂有 NaOH 和 KOH，在实际分析中多采用 NaOH。

1. HCl 标准溶液的配制和标定

（1）配制

市售盐酸中 HCl 含量不稳定，且常含有杂质，所以一般采用间接法配制，即先用市售的盐酸试剂配制成接近所需浓度的溶液，然后再用基准物质标定其准确浓度。由于浓盐酸具有挥发性，配制时可取的量稍多一些。

（2）标定

用于标定 HCl 标准溶液的基准物质有无水 Na_2CO_3 和硼砂（$Na_2B_4O_7 \cdot 10H_2O$）等。

① 无水 Na_2CO_3。

Na_2CO_3 易吸收空气中的水分，故使用前必须在 270～300℃ 高温炉中灼烧至恒重，然后密封于称量瓶中，保存于干燥器中备用。

其标定 HCl 溶液的反应为：

$$2HCl+Na_2CO_3 \longrightarrow H_2CO_3+2NaCl$$

滴定时可采用甲基橙做指示剂，溶液由黄色变为橙色；亦可采用溴甲酚绿-甲基红混合指示剂，用配制好的盐酸溶液滴定至溶液由绿色变为暗红色，煮沸 2min，以赶出 CO_2，避免由于溶液中的 CO_2 过饱和而造成假终点，冷却后继续滴定至溶液再呈暗红色，同时做空白试验。

$$c(HCl)=\frac{m\times1000}{(V-V_0)\cdot M(1/2Na_2CO_3)} \tag{4-20}$$

式中 m——无水碳酸钠的质量，g；

V——盐酸溶液的体积，mL；

V_0——空白试验盐酸溶液的体积，mL；

$M(1/2Na_2CO_3)$——以$(1/2Na_2CO_3)$为基本单元的摩尔质量，g/mol。

② 硼砂。

硼砂不易吸水，但在空气相对湿度小于 39%时容易风化失去结晶水。因此，应保存在相对湿度为 60%的恒湿容器中，以确保其所含的结晶水数量与计算时所用的化学式相符。实验室常采用在干燥器底部装入食盐和蔗糖的饱和水溶液的方法，使相对湿度维持在 60%。

硼砂标定 HCl 溶液的反应为：

$$Na_2B_4O_7+2HCl+5H_2O \longrightarrow 4H_3BO_3+2NaCl$$

滴定时可选用甲基红作指示剂，溶液由黄色变为红色即为终点；亦可使用甲基红-溴甲酚绿混合指示剂。

由于硼砂的摩尔质量较大（M=381.4g/mol），直接称取单份基准物质做标定时，称量的相对误差小。所以，若考虑减小称量误差，硼砂作为标定盐酸的基准物质优于无水碳酸钠。

除上述两种基准物质外，还有 $KHCO_3$、酒石酸氢钾等基准物质用于标定盐酸溶液。

2. 氢氧化钠标准溶液的配制和标定

（1）配制

固体氢氧化钠具有很强的吸湿性，易吸收 CO_2 和水分，生成少量 Na_2CO_3，且含少量的硅酸盐、硫酸盐和氯化物等，因而不能直接配制成标准溶液，只能用间接法配制，再以基准物质标定其准确浓度。

由于 Na_2CO_3 的存在，对指示剂的使用影响较大，应设法除去。通常除去 Na_2CO_3 的方法是：将 NaOH 先配成饱和溶液（约 50%），在此浓碱溶液中 Na_2CO_3 几乎不溶解，慢慢沉淀出来，可吸取上层清液配制所需 NaOH 溶液。

（2）标定

常用邻苯二甲酸氢钾基准物质标定 NaOH 溶液。邻苯二甲酸氢钾的分子式为 $C_8H_4O_4HK$，摩尔质量为 204.23g/mol，属有机弱酸盐，在水溶液中呈酸性，因 $cK_{a2}>10^{-8}$，故可用 NaOH 溶液直接滴定。

标定时，准确称取一定量的在 105～110℃烘至恒重的基准邻苯二甲酸氢钾，以酚酞为指示剂，用配制好的 NaOH 溶液滴定至溶液由无色变为粉红且 30s 不褪色，即为终点，同时做空白实验。计算公式为：

$$c(NaOH)=\frac{1000\times m}{(V_1-V_0)\cdot M(C_8H_4O_4HK)} \tag{4-21}$$

式中　m——邻苯二甲酸氢钾的质量，g；

V_1——氢氧化钠溶液的体积，mL；

V_0——空白试验氢氧化钠溶液的体积，mL；

$M_{C_8H_4O_4HK}$——邻苯二甲酸氢钾的摩尔质量，g/mol。

除邻苯二甲酸氢钾外，还有草酸、苯甲酸、硫酸肼($N_2H_4 \cdot H_2SO_4$)等基准物质用于标定 NaOH 溶液。

二、应用实例

酸碱滴定法在工农业生产、药物分析，食品检测、水质监测、日常生活中的应用十分广泛，可用来测定各种酸、碱以及能够与酸碱起作用的物质，还可以用间接的方法测定一些既非酸又非碱的物质，也可用于非水溶液。

在我国的国家标准(GB)和有关的部颁标准中，许多试样如化学试剂、化工产品、食品添加剂、水样、石油产品等，凡涉及酸度、碱度项目的，多数都采用简便易行的酸碱滴定法。

想一想

在阿司匹林含量、食品防腐剂苯甲酸钠含量、硼酸软膏中硼酸含量、尿素中氮的含量的测定中都采用了哪种酸碱滴定方式?

1. 食用醋中总酸度的测定

HAc 是一种重要的农产加工品，又是合成有机农药的一种重要原料。而食醋中的主要成分是 HAc($K_a = 1.8\times10^{-5}$)，也有少量其他弱酸，如乳酸等。

测定时，将食醋用不含 CO_2 的蒸馏水适当稀释后，用标准 NaOH 溶液滴定。反应产物为弱酸强碱盐 NaAc。

$$HAc+NaOH \rightleftharpoons NaAc+H_2O$$

化学计量点 pH = 8.72 左右，滴定突跃在碱性范围内(如：0.1000mol/LNaOH 滴定 0.1000mol/LHAc 突跃范围为 pH 值为 7.70~9.70)，若使用在酸性范围内变色的指示剂如甲基橙，将引起很大的滴定误差，因此应选用酚酞为指示剂，滴定至呈现红色即为终点。

由所消耗的标准溶液的体积及浓度计算总酸度。

2. 混合碱的分析

(1) 烧碱中 NaOH 和 Na_2CO_3 含量的测定

烧碱(氢氧化钠)在生产和储藏过程中，由于吸收空气中的 CO_2 而成为 NaOH 和 Na_2CO_3 的混合碱。因此，通常要对烧碱进行 NaOH 和 Na_2CO_3 含量的测定。

一般采用双指示剂法进行测定。准确称取一定量的试样 m_s(单位 mg)，溶于无 CO_2 的蒸馏水中，先在混合碱试液中加入酚酞，用浓度为 c 的 HCl 标准溶液滴定至溶液由红色变为无色，到达第一滴定终点，用去 HCl 标准溶液的体积为 V_1；然后加入 1~2 滴甲基橙指示剂，继续用 HCl 标准溶液滴定至溶液由黄色变为橙色，到达第二个滴定终点，用去 HCl 标准溶液的体积 V_2，根据 V_1 和 V_2 计算 NaOH 和 Na_2CO_3 的含量，如图 4-9 所示。

由图 4-9 可知：

V_1 的作用：　$NaOH+HCl = H_2O+NaCl$

$$Na_2CO_3+HCl \xlongequal{\quad} NaHCO_3+NaCl$$

V_2 的作用：
$$Na_2HCO_3+HCl \xlongequal{\quad} CO_2\uparrow+H_2O+NaCl$$

所以 $V_1>V_2$，滴定 NaOH 用去 HCl 溶液的体积为 V_1-V_2，滴定 Na_2CO_3 用去的体积为 $2V_2$。若混合碱试样的质量 m_s，则，

$$\omega(NaOH)=\frac{c(HCl)\cdot(V_1-V_2)\cdot M(NaOH)}{m_s}\times100\% \tag{4-22}$$

$$\omega(Na_2CO_3)=\frac{c(HCl)\cdot 2V_2\cdot M(1/2Na_2CO_3)}{m_s}\times100\% \tag{4-23}$$

可见，$V_1>V_2$ 时，混合碱的组成为 NaOH 和 Na_2CO_3。

（2）纯碱中 Na_2CO_3 和 $NaHCO_3$ 含量的测定

工业纯碱中常含有 $NaHCO_3$，此两组分的测定可参照上述 $NaOH+Na_2CO_3$ 的双指示剂法测定，如图 4-10 所示。

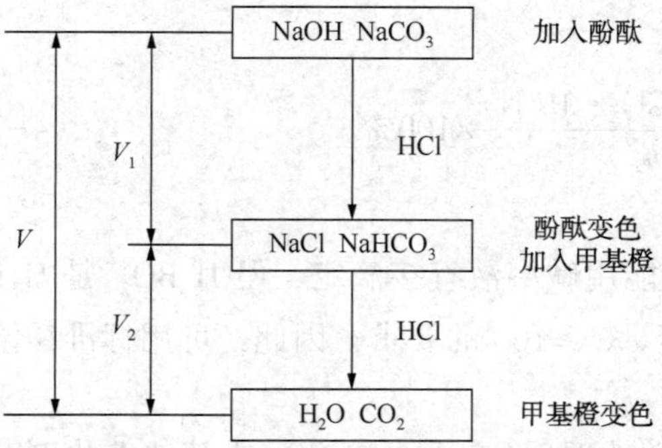

图 4-9 NaOH 和 Na_2CO_3 混合碱消耗 HCl 标准溶液体积

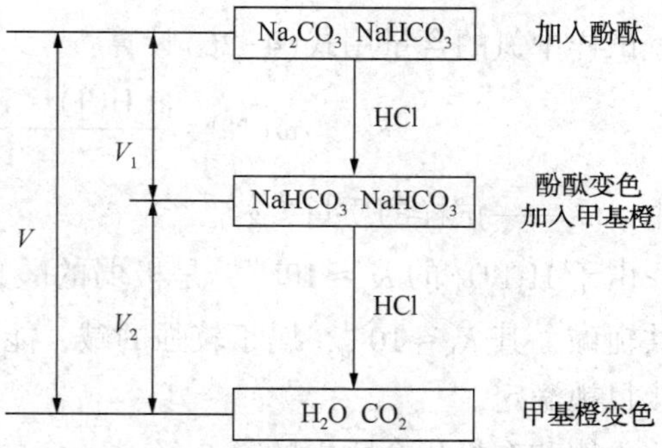

图 4-10 Na_2CO_3 和 $NaHCO_3$ 混合碱消耗 HCl 标准溶液体积

$$\omega(Na_2CO_3)=\frac{2c(HCl)\cdot V_1\cdot M(1/2Na_2CO_3)}{m_s}\times100\% \tag{4-24}$$

$$\omega(NaHCO_3)=\frac{c(HCl)\cdot(V_2-V_1)\cdot M(NaHCO_3)}{m_s}\times100\% \tag{4-25}$$

可见，$V_1<V_2$ 时，混合碱的组成为 Na_2CO_3 和 $NaHCO_3$。

双指示剂法不仅用于混合碱的定量分析，还可用于未知混合碱试样的定性分析，如表 4-6所示。

表 4-6 V_1、V_2 关系与未知混合碱的型体组成

V_1 与 V_2 的关系	$V_1>V_2$ $V_2>0$	$V_1<V_2$ $V_1>0$	$V_1>0$ $V_2=0$	$V_1=V_2$	$V_1=0$ $V_2>0$
碱型体组成	$OH^-+CO_3^{2-}$	$HCO_3^-+CO_3^{2-}$	OH^-	CO_3^{2-}	HCO_3^-

注：V_1——代表滴定试液至酚酞变色所需的 HCl 的体积；
V_2——代表继续滴定试液至甲基橙变色所需的 HCl 的体积。

3. 铵盐中含氮量的测定

肥料、土壤以及某些有机化合物常常需要测定其中氮的含量，如硫酸铵化肥中含氮量

的测定。由于铵盐(NH_4^+)作为酸,它的 K_a 值为:

$$K_a=\frac{K_w}{K_b}=\frac{10^{-14}}{1.8\times10^{-5}}=5.6\times10^{-10}$$

不能用碱标准溶液直接滴定,而需采取间接的测定方法,主要采用蒸馏法和甲醛法两种。

(1) 蒸馏法

准确称取一定量的铵盐试样,置于蒸馏瓶中。加入过量的浓 NaOH,加热,使 NH_3 蒸馏出来,并用过量的 H_3BO_3 溶液吸收,然后加入甲基红-溴甲酚绿混合指示剂,用 HCl 标准溶液滴定吸收 NH_3 时所生成的 $H_2BO_3^-$,当溶液由绿色变为红色时为终点。反应式为:

$$NH_4^++OH^-\longrightarrow NH_3\uparrow+H_2O$$

$$NH_3+H_3BO_3\longrightarrow NH_4^++H_2BO_3^-$$

$$HCl+H_2BO_3^-\longrightarrow H_3BO_3+Cl^-$$

试样中氮的含量用式(4-26)计算:

$$\omega(N)=\frac{c(HCl)\cdot V(HCl)\cdot M(N)}{1000m_s}\times100\% \qquad (4-26)$$

式中 m_s——试样的质量,g。

由于 H_3BO_3 的 $K_a\approx10^{-10}$,是极弱的酸,不能用碱溶液直接滴定,但 $H_2BO_3^-$ 是 H_3BO_3 的共轭碱,其 $K_b\approx10^{-4}$,属于较强的碱,能满足 $cK_b\geqslant10^{-8}$ 的要求,因此,可用标准酸溶液直接目视滴定。

土壤和有机化合物中的氮,经过一定的化学处理后(在无水 $CuSO_4$ 或其他催化剂存在下,将试样在浓硫酸中加热消化),可使各种含氮化合物分解并转变成铵盐,然后再按上述蒸馏法进行测定。该方法即为著名的克氏定氮法。

(2) 甲醛法

甲醛与 NH_4^+ 作用,按化学计量关系定量生成 H^+ 和质子化的六亚甲基四胺($K_a=7.1\times10^{-6}$),以酚酞作指示剂,用 NaOH 标准溶液直接滴定。反应方程式为:

$$4NH_4^++6HCHO\longrightarrow(CH_2)_6N_4H^++3H^++6H_2O$$

$$(CH_2)_6N_4H^++3H^++4OH^-\longrightarrow(CH_2)_6N_4+4H_2O$$

氮含量的计算式为:

$$\omega(N)=\frac{c(NaOH)\cdot V(NaOH)\cdot M(N)}{1000m_s}\times100\% \qquad (4-27)$$

式中 m_s——试样的质量,g。

蒸馏法操作麻烦,分析流程长,但准确度高。甲醛法简便、快速,其准确度比蒸馏法差,但可满足工、农业生产要求,应用广泛。

4. 硼酸的测定

硼酸的酸性太弱($K_a=5.7\times10^{-10}$),不能用 NaOH 直接滴定。实际测定时一般是在硼酸溶液中加入甘露醇或甘油等多元醇,使之与硼酸形成稳定的配合物,如用甘露醇强化后形成硼酸-甘露醇配合物,其反应式如下:

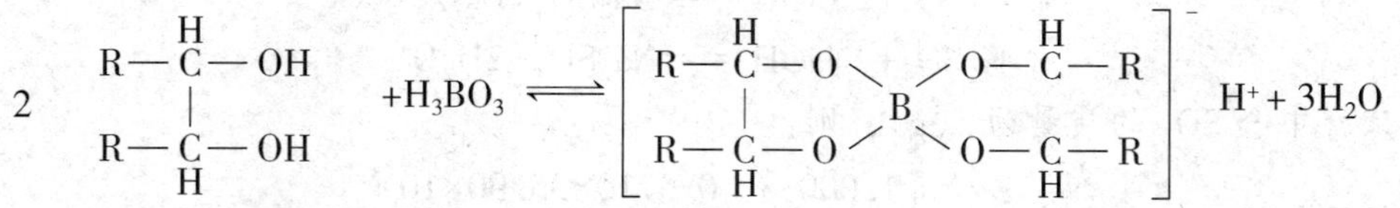

该配合物为一元酸，其 $K_a=5.5\times10^{-5}$，故能用 NaOH 来直接滴定。化学计量点 pH 值在 9 左右，可用酚酞或百里酚酞作指示剂。

为了使反应进行完全，需加入过量的甘露醇或甘油。本法常用于硼镁砂中硼含量的测定。但硼镁矿中常伴随有铁、铝等杂质，易水解出相应的酸或碱，对测定有影响，应采取措施消除其干扰，如用离子交换树脂分离，然后进行测定。

5. 氨水中氨含量的测定

工业氨水中 NH_3 含量的测定可采用直接滴定法和返滴定法进行。

直接滴定法是以甲基红为指示剂，用 HCl 标准溶液直接滴定氨水中的 NH_3；但因氨易挥发，如果直接滴定会导致测定结果偏低。因此，常采用返滴定法测定。

返滴定法是先移取一定量过量的 H_2SO_4 标准溶液，与准确称取的工业氨水充分反应，用 NaOH 标准溶液返滴定剩余的 H_2SO_4。化学计量点时，由于存在 NH_4Cl，pH 值为 5.3，故采用甲基红作指示剂。

氨水中氨含量计算：

$$\omega(NH_3)=\frac{\left[c\left(\frac{1}{2}H_2SO_4\right)V(H_2SO_4)-c(NaOH)V(NaOH)\right]M(NH_3)}{m}\times100\% \qquad (4-28)$$

式中 m——氨水试样的质量，g；

$\omega(NH_3)$——氨水试样中氨的质量分数；

$V(H_2SO_4)$——滴定时消耗硫酸标准溶液的体积，mL；

$V(NaOH)$——滴定时消耗氢氧化钠标准溶液的体积，mL；

$c(H_2SO_4)$——硫酸标准溶液的浓度，mol/L；

$c(NaOH)$——氢氧化钠标准溶液的浓度，mol/L；

$M(NH_3)$——氨的摩尔质量，g/mol。

想一想

组成石油的化学元素主要是碳、氢，其余为硫、氧、氮等。石油产品中硫含量虽然较小，但会严重腐蚀设备，影响产品质量，污染环境，危害人体健康。因此，石油产品中硫含量的测定对石油加工、科研、环保、产品质量控制及储存等都是必须的，那么如何利用酸碱滴定分析法测定石油产品中的硫含量？

三、计算示例

【例 4-7】 发烟硫酸（$SO_3+H_2SO_4$）1.000g，需 0.5710mol/L 的 NaOH 标准溶液 35.90mL 才能中和。求试样中两组分的质量分数。

解： 已知：$M(H_2SO_4)=98.08g/mol$，$M(SO_3)=80.06g/mol$。根据反应式：

$$SO_3+2NaOH═══Na_2SO_4+H_2O$$
$$H_2SO_4+2NaOH═══Na_2SO_4+2H_2O$$

设试样中含 SO_3 的质量为 x(g)，则：

$$\frac{x}{80.06}+\frac{1.000-x}{98.08}=\frac{0.5710\times35.90\times10^{-3}}{2}$$

解得：
$$x=0.02342g$$

$$\omega(SO_3)=\frac{0.02342}{1.000}\times100\%=2.34\%,\ \omega(H_2SO_4)=97.66\%$$

【例 4-8】 准确称取硼酸试样 0.5004g 于烧杯中，加沸水使其溶解，加入甘露醇使之强化。然后用 0.2501mol/LNaOH 标准溶液滴定，酚酞为指示剂，耗去 NaOH 溶液 32.16mL。计算试样中以 H_3BO_3 和 B_2O_3 表示的质量分数。

解： 根据硼酸的测定原理，H_3BO_3 与 NaOH 的化学计量关系为 1∶1，已知：$M(H_3BO_3)=61.83g/mol$，$M(B_2O_3)=69.62g/mol$。所以，

$$\omega(H_3BO_3)=\frac{c(NaOH)\cdot V(NaOH)\cdot M(H_3BO_3)}{m}\times100\%$$
$$=\frac{0.2501\times32.16\times10^{-3}\times61.38}{0.5004}\times100\%$$
$$=99.38\%$$

$$\omega(B_2O_3)=\frac{M(B_2O_3)}{2M(H_3BO_3)}\times\omega(H_3BO_3)$$
$$=\frac{69.62}{2\times61.83}\times99.38\%$$
$$=55.95\%$$

习　题

一、选择题

1. 按质子理论，Na_2HPO_4 是(　　)。

A. 中性物质　　B. 酸性物质　　C. 碱性物质　　D. 两性物质

2. 下列各组酸碱中，不属于共轭酸碱对的是(　　)。

A. $H_2^+Ac-HAc$　　B. $NH_3-NH_2^-$　　C. $HNO_3-NO_3^-$　　D. $H_2SO_4-SO_4^{2-}$

3. 下列阴离子的水溶液，若浓度相同，则(　　)碱度最强。

A. $CN^-(K_a=6.2\times10^{-10})$　　B. $S^{2-}(K_{a1}=1.3\times10^{-7},K_{a2}=7.1\times10^{-15})$

C. $F^-(K_a=3.5\times10^{-4})$　　D. $CH_3COO^-(K_a=1.8\times10^{-5})$

4. 已知 0.10mol/L 一元弱酸溶液的 pH=3.0，则 0.10mol/L 共轭碱 NaB 溶液的 pH 值是(　　)。

A. 11　　B. 9　　C. 8.5　　D. 9.5

5. pH=5 和 pH=3 的两种盐酸以 1∶2 体积比混合，混合溶液的 pH 值是(　　)。

A. 3.17　　B. 10.1　　C. 5.3　　D. 8.2

6. pH = 5 的盐酸溶液和 pH = 12 的氢氧化钠溶液等体积混合时 pH 值是(　　)。

A. 5.3　　B. 7　　C. 10.8　　D. 11.7

7. 将 1.0mol/L $NH_3 \cdot H_2O$ 与 0.1mol/L NH_4Cl 水溶液按哪种体积比混合[$V(NH_3)$: $V(NH_4Cl)$]，能配得缓冲能力最强的缓冲溶液是(　　)。

A. 1 : 1　　B. 2 : 1　　C. 10 : 1　　D. 1 : 10

8. 酸碱滴定法选择指示剂时可以不考虑的因素(　　)。

A. 滴定突跃的范围　　B. 指示剂的变色范围

C. 指示剂的颜色变化　　D. 指示剂相对分子质量的大小

9. 酸碱滴定中选择指示剂的原则是(　　)。

A. 指示剂的变色范围与化学计量点完全符合

B. 指示剂应在 pH = 7.00 时变色

C. 指示剂变色范围应全部落在 pH 值突跃范围之内

D. 指示剂的变色范围应全部或部分落在 pH 值突跃范围之内

10. 酸碱滴定过程中，选取合适的指示剂是(　　)。

A. 减少滴定误差的有效方法　　B. 减少偶然误差的有效方法

C. 减少操作误差的有效方法　　D. 减少试剂误差的有效方法

11. 酸碱滴定曲线直接描述的内容是(　　)。

A. 指示剂的变色范围　　B. 滴定过程中 pH 值变化规律

C. 滴定过程中酸碱浓度变化规律　　D. 滴定过程中酸碱体积变化规律

12. 讨论酸碱滴定曲线的最终目的是(　　)。

A. 了解滴定过程　　B. 找出溶液 pH 值变化规律

C. 找出 pH 值突跃范围　　D. 选择合适的指示剂

13. 用 0.10mol/L NaOH 滴定 0.10mol/L 的 $pK_a = 4.0$ 的弱酸，其 pH 值突跃范围是 7.0~9.7，用同浓度的 NaOH 滴定 $pK_a = 3.0$ 的弱酸时，其突跃范围是(　　)。

A. 6.0~10.7　　B. 6.0~9.7　　C. 7.0~10.7　　D. 8.0~9.7

14. 用 0.1000mol/L NaOH 标准溶液滴定同浓度的 $H_2C_2O_4$($K_{a1} = 5.9\times10^{-2}$、$K_{a2} = 6.4\times10^{-5}$)时，有几个滴定突跃，应选用何种指示剂(　　)。

A. 二个突跃，甲基橙($pK_{HIn} = 3.40$)　　B. 二个突跃，甲基红($pK_{HIn} = 5.00$)

C. 一个突跃，溴百里酚蓝($pK_{HIn} = 7.30$)　　D. 一个突跃，酚酞($pK_{HIn} = 9.10$)

15. 下列物质中，能用氢氧化钠标准溶液直接滴定的是(　　)。

A. 苯酚　　B. 氯化氨　　C. 醋酸钠　　D. 草酸

二、判断题

1. 根据酸碱质子理论，只要能给出质子的物质就是酸，只要能接受质子的物质就是碱。(　　)

2. 醋酸钠是强碱弱酸盐，它的水溶液显碱性。(　　)

3. 水的离子积 K_w 是常数，不受外界条件影响，其值不变。(　　)

4. 相同体积，相同浓度的酸和碱混合后溶液一定呈中性。(　　)

5. 若盐酸的摩尔浓度是醋酸的 3 倍时，盐酸中[H^+]是醋酸中[H^+]的 3 倍。(　　)

6. 向缓冲溶液中加入少量的酸或碱，溶液的 pH 值不发生变化。(　　)

7. 缓冲溶液在任何 pH 值条件下都能起缓冲作用。 ( )

8. 酸碱滴定中选择指标剂的原则是：指示剂应在 pH = 7.00 时变色。 ( )

9. 当酸的浓度一定时，K_a 值愈大，即酸愈强时，滴定突跃范围愈小。 ( )

10. 酚酞和甲基橙都可用于强碱滴定弱酸的指示剂。 ( )

11. 常用的酸碱指示剂，大多是弱酸或弱碱，所以滴加指示剂的多少及时间的早晚不会影响分析结果。 ( )

12. 酸碱滴定中有时需用颜色变化明显的变色范围较窄的指示剂即混合指示。 ( )

13. H_2SO_4 是二元酸，因此用 NaOH 滴定有两个突跃。 ( )

14. 双指示剂就是混合指示剂。 ( )

15. 准确称取分析纯的固体 NaOH，就可直接配制标准溶液。 ( )

三、计算题

1. 求下列溶液的 pH 值。

(1) 0.040mol/L H_2CO_3 溶液；

(2) 0.10mol/L NH_4Cl 溶液；

(3) 0.10mol/L 的 Na_2CO_3 水溶液；

(4) 0.10mol/L Na_2HPO_4 溶液。

2. 计算 pH = 5.0 时 0.1mol/L $H_2C_2O_4$ 溶液中 $C_2O_4^{2-}$ 的浓度。

3. 要求在滴定时消耗 0.2mol/L NaOH 溶液 25～30mL。问应称取基准试剂邻苯二甲酸氢钾($C_8H_4O_4HK$)多少克？如果改用 $H_2C_2O_4 \cdot 2H_2O$ 作基准物，应称取多少克？

4. 配制 pH = 5.0 的缓冲溶液 1L，总浓度为 1.0mol/L，问：需要加多少毫升冰醋酸，加多少克无水醋酸钠？(已知，冰醋酸浓度约为 17.5mol/L，醋酸钠摩尔质量为 82.03g/mol，$pK_a = 4.74$)

5. 将含有 Na_2CO_3 的 $NaHCO_3$ 的样品 1.200g 溶于水，以酚酞为指示剂，用浓度为 0.5000mol/L 的盐酸标准溶液滴定至酚酞退色，消耗 $V_1 = 15.00$mL。再加甲基橙指示剂，继续滴定至溶液由黄色变橙色，又消耗 $V_2 = 22.00$mL，计算样品中 Na_2CO_3 和 $NaHCO_3$ 的百分含量。

6. 称取混合碱样品 0.9476g，溶入水后加入酚酞指示剂，用 0.2785mol/LHCl 标准溶液滴定至终点，消耗 HCl 溶液 34.12mL。再加甲基橙指示剂，滴定至终点，又消耗 HCl 溶液 23.66mL。试判断混合碱的组成并求混合碱中各组分的质量分数。

7. 测定氮肥中 NH_3 的含量，称取试样 1.6160g，溶解后在 250mL 容量瓶中定容，移取 25.00mL，加入过量的 NaOH 溶液，将产生的 NH_3 导入 40.00mL $c(1/2H_2SO_4) = 0.1020$mol/L 的硫酸标准溶液吸收，剩余的硫酸用 $c(NaOH) = 0.09600$mol/L 的 NaOH 滴定，消耗 17.00mL 到终点，计算氮肥试样中 NH_3 的含量(或以 N 的含量表示)。

第五章 配位化合物与配位滴定法

学习目标

❖ 掌握 EDTA 的性质及其与金属离子形成配合物的特点；

❖ 了解绝对稳定常数、条件稳定常数、酸效应系数、配位效应系数及计算方法；

❖ 掌握配位滴定的基本原理及影响配位滴定曲线突跃大小的因素和 EDTA 酸效应曲线；

❖ 掌握金属指示剂的作用原理、具备的条件及选择依据；

❖ 掌握提高配位滴定选择性的方法原理。

能力目标

❖ 能根据实际情况正确计算滴定金属离子的最小 pH 值及适宜的酸度范围；

❖ 能根据金属指示剂的适用条件、注意事项等正确地选择金属指示剂；

❖ 能在实际滴定分析中，通过控制溶液酸度和利用掩蔽、解蔽的方法提高配位滴定选择性；

❖ 能正确配制与标定 EDTA 标准溶液以及合理选择不同的配位滴定方式，测定金属离子。

第一节 概 述

配位滴定法是以配位反应为基础的滴定分析方法。例如，用 $AgNO_3$ 标准溶液滴定氰化物时，Ag^+ 与 CN^- 配位，形成难离解的 $[Ag(CN)_2]^-$ 配离子。其反应为：

$$Ag^+ + 2CN^- \rightleftharpoons [Ag(CN)_2]^-$$

当滴定达到化学计量点时，稍过量的 $AgNO_3$ 标准溶液与 $[Ag(CN)_2]^-$ 反应生成白色沉淀 $Ag[Ag(CN)_2]$，使溶液变浑浊，指示滴定终点的到达。反应式为：

$$Ag^+ + [Ag(CN)_2]^- \rightleftharpoons Ag[Ag(CN)_2]\downarrow (\text{白色})$$

能形成配合物的反应很多，但能用于配位滴定的反应必须具备下列条件：

① 生成的配合物必须足够稳定，以保证反应完全，一般应满足 $K_{稳} \geqslant 10^8$；

② 生成的配合物要有确定的组成，即中心离子与配位剂严格按一定比例化合；

③ 配位反应速率要快；

④ 要有适当的方法确定滴定终点。

由于大多数无机配合物的稳定性不高，而且还存在逐级配位现象，无法确定其化学计量关系，滴定终点不明显，致使配位滴定方法受到很大局限。自从滴定分析中引入了有机配位剂特别是氨羧配位剂，它们与金属离子的配合反应能满足上述要求，配位滴定法在生产和科研中得到广泛的应用，也成为一种重要的化学分析方法。

氨羧配位剂是一类以氨基二乙酸基团[$—N(CH_2COOH)_2$]为基体的有机化合物，它含有配位能力很强的氨氮和羧氧两种配位原子，能与多数金属离子形成稳定的配合物。氨羧配位体的种类很多，比较重要的有：

乙二胺四乙酸(简称 EDTA)：

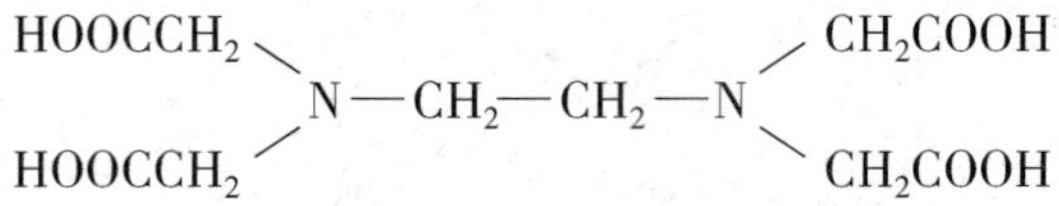

环己烷二胺四乙酸(简称 CDTA 或 DCTA)：

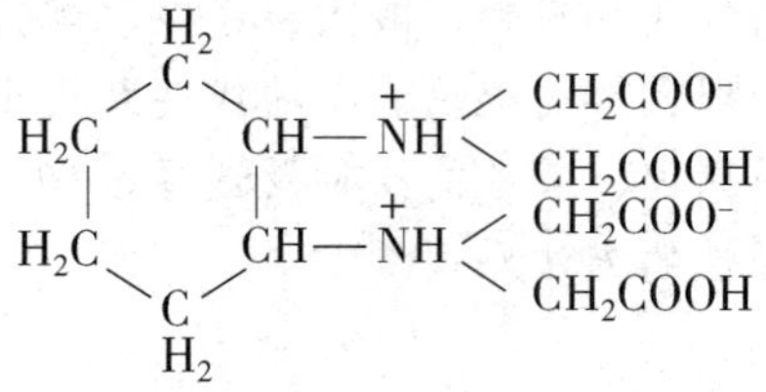

乙二醇二乙醚二胺四乙酸(简称 EGTA)：

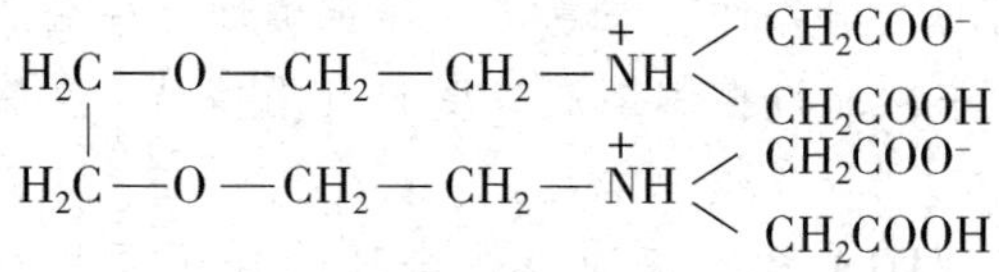

乙二胺四丙酸(简称 EDTP)：

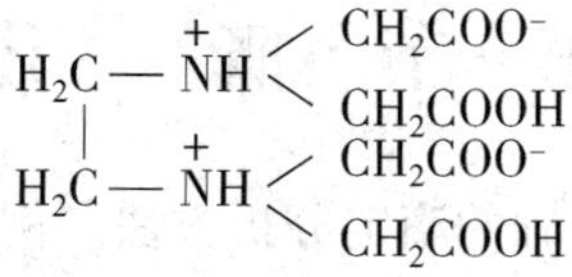

其他还有氨三乙酸(NTA)、三乙四胺六乙酸(TTHA)等。在配位滴定中，乙二胺四乙酸的应用最为广泛，本章主要介绍以 EDTA 为滴定剂的配位滴定法。

第二节　乙二胺四乙酸及其配合物

一、乙二胺四乙酸的性质及其解离平衡

乙二胺四乙酸(简称 EDTA)是一种四元酸。习惯上用 H_4Y 表示。由于它在水中的溶解度很小(22℃时，每 100mL 水溶解 0.02g)，因此分析工作中常用它的二钠盐 $Na_2H_2Y \cdot 2H_2O$，习惯也称为 EDTA。

$Na_2H_2Y \cdot 2H_2O$ 是一种白色结晶状粉末，无臭无味，无毒，易精制，稳定。室温下其饱和溶液的浓度约为 0.3mol/L，22℃时，每 100mL 水溶解 11.1g。

在水溶液中，乙二胺四乙酸两个羧基上的 H^+ 转移到 N 原子上，形成双偶极离子，其结构为：

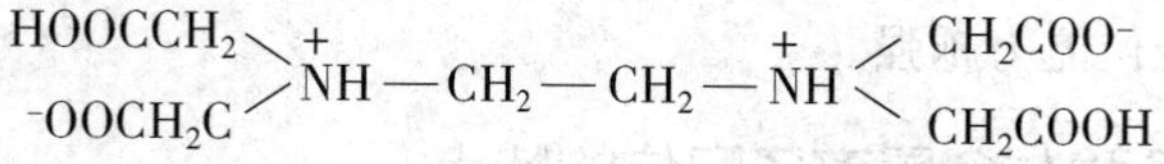

当 H_4Y 溶于酸度很高的溶液时，它的两个羧酸根还可再接受 H^+ 而形成 H_6Y^{2+}，这样，EDTA 相当于六元酸，有六级解离平衡。

$$H_6Y^{2+} \rightleftharpoons H^+ + H_5Y^+ \qquad K_{a1}^{\theta} = \frac{[H^+][H_5Y^+]}{[H_6Y^{2+}]} = 10^{-0.9}$$

$$H_5Y^+ \rightleftharpoons H^+ + H_4Y \qquad K_{a2}^{\theta} = \frac{[H^+][H_4Y]}{[H_5Y^+]} = 10^{-1.6}$$

$$H_4Y \rightleftharpoons H^+ + H_3Y^- \qquad K_{a3}^{\theta} = \frac{[H^+][H_3Y^-]}{[H_4Y]} = 10^{-2.0}$$

$$H_3Y^- \rightleftharpoons H^+ + H_2Y^{2-} \qquad K_{a4}^{\theta} = \frac{[H^+][H_2Y^{2-}]}{[H_3Y^-]} = 10^{-2.67}$$

$$H_2Y^{2-} \rightleftharpoons H^+ + HY^{3-} \qquad K_{a5}^{\theta} = \frac{[H^+][HY^{3-}]}{[H_2Y^{2-}]} = 10^{-6.16}$$

$$HY^{3-} \rightleftharpoons H^+ + Y^{4-} \qquad K_{a6}^{\theta} = \frac{[H^+][Y^{4-}]}{[HY^{3-}]} = 10^{-10.26}$$

由此可见，EDTA 在水溶液中总是以 H_6Y^{2+}、H_5Y^+、H_4Y、H_3Y^-、H_2Y^{2-}、HY^{3-} 和 Y^{4-} 七种型体存在，当 pH 值不同时，各种存在型体所占的分布分数 δ 是不同的。图 5-1 是不同 pH 值时 EDTA 溶液中各种主要存在型体的分布曲线。

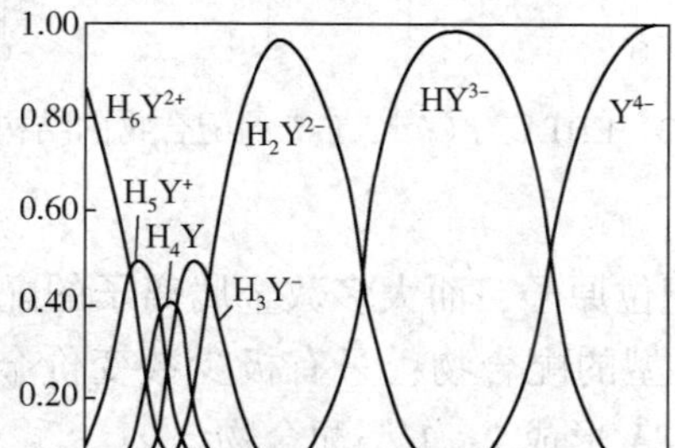

图 5-1　EDTA 各种存在型体在不同 pH 值时的分布曲线

在不同 pH 值时，EDTA 的主要存在型体列于表 5-1 中。

表 5-1　不同 pH 值的 EDTA 主要存在型体

pH 值	<1	1~1.6	1.6~2	2~2.7	2.7~6.2	6.2~10.3	>10.3
主要存在型体	H_6Y^{2+}	H_5Y^{+}	H_4Y	H_3Y^{-}	H_2Y^{2-}	HY^{3-}	Y^{4-}

在这七种型体中，只有 Y^{4-} 能与金属离子直接配位。所以溶液的酸度越低，Y^{4-} 的分布分数越大，EDTA 的配位能力越强。

二、乙二胺四乙酸与金属离子配位的特点

① 配位能力强，几乎能和所有的金属离子形成配合物。

从 EDTA 的结构式可以看出，其分子中同时含有配位能力很强的氨基和羧基，具有六个配位原子(两个氨基氮和四个羧基氧)，既可以作为四基配体，也可以作为六基配体，因此，EDTA 几乎能与周期表中绝大多数金属离子配位化合。EDTA 与金属离子配位的普遍性，使配位滴定可以得到更广泛应用，但同时也增加了提高配位滴定选择性的难度。

② 形成的配合物非常稳定。

EDTA 与大多数金属离子配位时，可形成具有五个五元环(四个 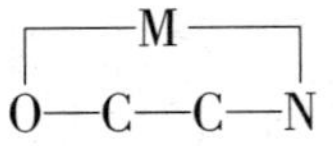 五元环和一个 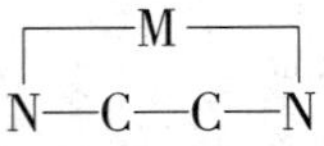 五元环)的螯合物，例如 EDTA 与 Ca^{2+}，Fe^{3+} 的配合物的结构。

如图 5-2 所示，具有这类环状结构的螯合物都很稳定，故配位反应完全。

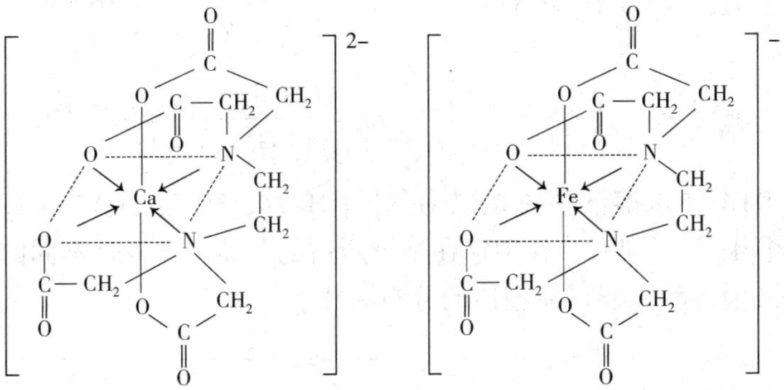

图 5-2　EDTA 与 Ca^{2+}，Fe^{3+} 的配合物的结构示意图

③ 配位比简单。

EDTA 分子中含有六个配位原子，而大多数金属离子的配位数不超过 6，所以 EDTA 与大多数金属离子可形成 1∶1 型的配合物；只有极少数变价金属离子与 EDTA 配位时例外。如 Mo(Ⅵ)、Zr(Ⅳ)等与 EDTA 形成 2∶1 型配合物。

④ 生成的配合物易溶于水。

EDTA 分子中含有四个亲水的羧氧基团，且形成的配合物大多带有电荷，易溶于水中，因此滴定反应能在水溶液中进行，并且反应速率快。

⑤ EDTA 与无色金属离子配位时，则形成无色的螯合物，与有色金属离子配位时，一般则形成颜色更深的螯合物，例如：

NiY^{2-}	CuY^{2-}	CoY^{2-}	MnY^{2-}	CrY^-	FeY^-
蓝色	深蓝	紫红	紫红	深紫	黄色

滴定这些金属离子时，浓度要稀一些，否则影响终点的观察。

第三节　EDTA 与金属离子的配位平衡

一、EDTA 与金属离子的主反应及配合物的稳定常数

如前所述，EDTA 与大多数金属离子形成 1∶1 型的配合物，为简便起见可忽略离子的电荷数，则反应通式为：

$$M+Y \rightleftharpoons MY \tag{5-1}$$

此反应为配位滴定的主反应。反应达到平衡时配合物的稳定常数为：

$$K_{MY}=\frac{[MY]}{[M][Y]} \tag{5-2}$$

K_{MY}越大，表示配合物越稳定。不同的金属离子与 EDTA 形成的配合物，其稳定性是不同的。一些常见金属离子与 EDTA 所形成的配合物的稳定常数如表 5-2 所示。

表 5-2　EDTA 与一些常见金属离子的配合物的稳定常数

（溶液离子强度 I=0.1，温度 20℃）

阳离子	$\lg K^{\theta}_{MY}$	阳离子	$\lg K^{\theta}_{MY}$	阳离子	$\lg K^{\theta}_{MY}$
Na^+	1.66	Ce^{3+}	15.98	Cu^{2+}	18.80
Li^+	2.79	Al^{3+}	16.3	Ga^{2+}	20.3
Ba^{2+}	7.86	Co^{2+}	16.31	Hg^{2+}	21.8
Sr^{2+}	8.73	Cd^{2+}	16.46	Th^{4+}	23.2
Mg^{2+}	8.69	Zn^{2+}	16.50	Cr^{3+}	23.4
Ca^{2+}	10.69	Pb^{2+}	18.04	Fe^{3+}	25.1
Mn^{2+}	13.87	Y^{3+}	18.09	U^{4+}	25.80
Fe^{2+}	14.32	Ni^{2+}	18.62	Bi^{3+}	27.94

由表可以看出，金属离子与 EDTA 配合物的稳定性由于金属离子的不同而差别较大。其主要取决于金属离子本身的离子电荷数、离子半径和电子层结构。金属离子电荷数越高，离子半径越大，电子层结构越复杂，配合物的稳定常数就越大。这是金属离子影响配合物稳定性大小的本质因素。此外，溶液的酸度、温度和其他配位体的存在等外界条件的变化也影响配合物的稳定性。

二、影响配位平衡的主要因素

在实际分析工作中，配位滴定是在一定的条件下进行的。例如，为控制溶液的酸度，

需要加入某种缓冲溶液；为掩蔽干扰离子，需要加入某种掩蔽剂等。在这种条件下，配位滴定除了 M 和 Y 的主反应外，还可能发生如下一些副反应。

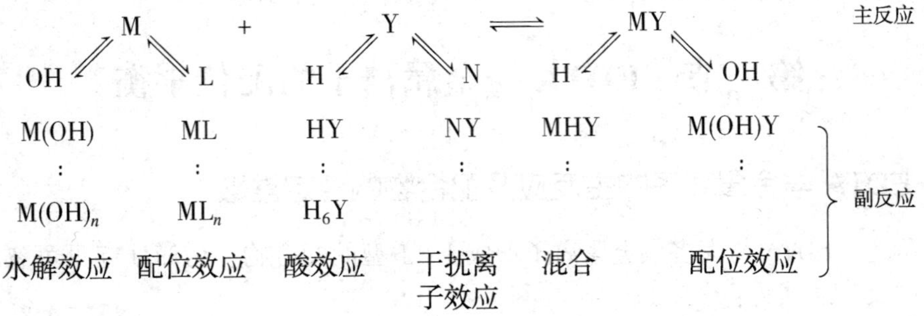

式中，L 为辅助配位体；N 为干扰离子。

若反应物 M 或 Y 发生副反应，则不利于主反应的进行；若反应产物 MY 发生副反应，则有利于主反应进行，但这些混合配合物大多不太稳定，可以忽略不计。下面主要讨论对配位平衡影响较大的 EDTA 的酸效应和金属离子的配位效应。

1. EDTA 的酸效应及酸效应系数

由于溶液中 H^+ 的存在，配位剂 EDTA 参加主反应的能力降低的现象称为 EDTA 的酸效应。

当 Y 与 H^+ 发生副反应时，未与金属离子配位的配位体除了游离的 Y 外，还有 HY，H_2Y，…，H_6Y 等，因此未与 M 配位的 EDTA 浓度应等于以上七种型体浓度的总和，以 $[Y']$ 表示：

$$[Y'] = [Y] + [HY] + [H_2Y] + [H_3Y] + [H_4Y] + [H_5Y] + [H_6Y] \tag{5-3}$$

其影响程度的大小，可用酸效应系数 $\alpha_{Y(H)}$ 来衡量，即：

$$\alpha_{Y(H)} = \frac{[Y']}{[Y]} \tag{5-4}$$

$\alpha_{Y(H)}$ 表示在一定 pH 值下未与金属离子配位的 EDTA 各种型体的总浓度是游离的 Y 浓度的多少倍。显然，$\alpha_{Y(H)}$ 是 Y 的分布分数 δ_Y 的倒数。即，

$$\alpha_{Y(H)} = \frac{[Y] + [HY] + \cdots + [H_6Y]}{[Y]} = \frac{1}{\delta_Y}$$

经推导整理可得：

$$\alpha_{Y(H)} = 1 + \frac{[H^+]}{K_{a6}^{\ominus}} + \frac{[H^+]^2}{K_{a6}^{\ominus}K_{a5}^{\ominus}} + \cdots + \frac{[H^+]^6}{K_{a6}^{\ominus}K_{a5}^{\ominus}\cdots K_{a1}^{\ominus}} \tag{5-5}$$

$\alpha_{Y(H)}$ 值与溶液酸度有关，它随溶液的 pH 值增大而减小，$\alpha_{Y(H)}$ 越大，表示参加配位反应的 Y 浓度越小，酸效应越严重。当 $\alpha_{Y(H)} = 1$ 时，说明 Y 没有发生副反应。不同 pH 值时 EDTA 的 $\lg\alpha_{Y(H)}$ 值列于表 5-3 中。

表 5-3 不同 pH 值时 EDTA 的 $\lg\alpha_{Y(H)}$ 值

pH 值	$\lg\alpha_{Y(H)}$	pH 值	$\lg\alpha_{Y(H)}$	pH 值	$\lg\alpha_{Y(H)}$
0.0	23.64	3.4	9.70	6.8	3.55
0.4	21.32	3.8	8.85	7.0	3.32
0.8	19.08	4.0	8.44	7.5	2.78
1.0	18.01	4.4	7.64	8.0	2.27
1.4	16.02	4.8	6.84	8.5	1.77
1.8	14.27	5.0	6.45	9.0	1.28
2.0	13.51	5.4	5.69	9.5	0.83
2.4	12.19	5.8	4.98	10.0	0.45
2.8	11.09	6.0	4.65	11.0	0.07
3.0	10.60	6.4	4.06	12.0	0.01

从表 5-3 可以看出，多数情况下 $\alpha_{Y(H)}$ 大于 1，[Y′] 总是大于 [Y]，只有在 pH>12 时，$\alpha_{Y(H)}$ 才等于 1，EDTA 几乎完全解离为 Y，此时 EDTA 的配位能力最强。

2. 金属离子的配位效应及配位效应系数

当 EDTA 与金属离子 M 配位时，由于溶液中其他配位体（辅助配位体、缓冲溶液中的配位体或掩蔽剂等）与金属离子 M 的配位反应，使金属离子参加主反应能力降低，这种现象称为金属离子的配位效应。当有配位效应存在时，未与 Y 配位的金属离子，除游离的 M 外，还有 ML，ML_2，…，ML_n 等，以 [M′] 表示未与 Y 配位的金属离子总浓度，则，

$$[M'] = [M] + [ML] + [ML_2] + \cdots + [ML_n] \tag{5-6}$$

其影响程度大小可用配位效应系数 $\alpha_{M(L)}$ 表示，即，

$$\alpha_{(ML)} = \frac{[M']}{[M]} = \frac{[M] + [ML] + [ML_2] + \cdots + [ML_n]}{[M]} \tag{5-7}$$

$\alpha_{M(L)}$ 表示未与 Y 配位的金属离子的各种形式的总浓度是游离金属离子浓度的多少倍。当 $\alpha_{M(L)} = 1$ 时，[M] = [M′]，表示金属离子没有发生副反应，$\alpha_{M(L)}$ 值越大，表示金属离子 M 的副反应配位效应越严重。

知识拓展

若用 K_1，K_2，……，K_n 表示配合物 ML_n 的各级稳定常数，将 K 的关系式带入式（5-7），并整理得：

$$\alpha_{M(L)} = 1 + [L]K_1 + [L]^2K_1K_2 + \cdots + [L]^nK_1K_2\cdots K_n \tag{5-8}$$

化学手册中还常常给出配合物的累积稳定常数（β_i）的数据，配位效应系数也可以从 ML_n 的各级累积稳定常数推导而得：

$$\alpha_{M(L)} = 1 + \beta_1[L] + \beta_2[L]^2 + \cdots + \beta_n[L]^n \tag{5-9}$$

可以看出，其他配位体的浓度越大，或其配合物 ML_n 稳定常数越大，则配位效应系数越大，越不利于主反应的进行。

三、条件稳定常数

当没有任何副反应存在时，配合物 MY 的稳定常数用 K_{MY} 表示，它不受溶液浓度、酸度等外界条件影响，所以又称绝对稳定常数。当 M 和 Y 的配合反应在一定的酸度条件下进行，且有其他金属离子共存以及 EDTA 以外的其他配位体存在时，将会引起副反应，从而影响主反应的进行。此时，稳定常数 K_{MY} 就不能客观地反映主反应进行的程度，为此引入条件稳定常数的概念。

条件稳定常数又称表观稳定常数，它是将各种副反应如酸效应、配位效应、共存离子效应、水解效应等因素都考虑进去以后配合物 MY 的实际稳定常数，用 K'_{MY} 表示。

在配位滴定法中，一般情况下，对主反应影响较大的副反应是 EDTA 的酸效应和金属离子的配位效应。则

$$K'_{MY}=\frac{[MY]}{[M'][Y']} \tag{5-10}$$

由于 EDTA 是一个多元酸，所以 EDTA 的酸效应总是存在而不能忽略。如不考虑其他副反应，仅考虑 EDTA 的酸效应，则

$$K'_{MY}=\frac{[MY]}{[M][Y']}=\frac{K_{MY}}{\alpha_{Y(H)}}$$

或

$$\lg K'_{MY}=\lg K_{MY}-\lg\alpha_{Y(H)} \tag{5-11}$$

式(5-11)是讨论配位平衡的重要公式，它表明对同一配合物来说，其条件稳定常数 K'_{MY} 随溶液的 pH 值不同而改变，其大小反映了在相应 pH 值条件时形成配合物的实际稳定程度，也是判断滴定可能性的重要依据。

【例 5-1】 只考虑酸效应，计算 pH=2.0 和 pH=5.0 时 ZnY 的条件稳定常数 $\lg K'_{ZnY}$。

解： 已知 $\lg K_{ZnY}=16.50$，

pH=2.0 时，查表 5-3 得 $\lg\alpha_{Y(H)}=13.51$。故

$$\lg K'_{ZnY}=16.50-13.51=2.99$$

pH=5.0 时，查表 5-3 得 $\lg\alpha_{Y(H)}=6.45$。故

$$\lg K'_{ZnY}=16.50-6.45=10.05$$

四、滴定金属离子的最小 pH 值和酸效应曲线

从例 5-1 中可以看到，在 pH=2.0 时，$\lg K'_{ZnY}=2.99$，说明生成的 ZnY 很不稳定，因此，不能用 EDTA 准确滴定 Zn^{2+}；pH=5.0 时，$\lg K'_{ZnY}=10.05$，说明此时生成的 ZnY 很稳定，能用 EDTA 准确滴定 Zn^{2+}。这表明，对于配合物 ZnY 来说，在 pH=2.0~5.0 之间，存在着可以滴定与不可以滴定的界限。

已知，$\lg K_{FeY^-}=25.1$，当 pH=2.0 时，$\lg K'_{FeY^-}=25.1-13.51=11.59$，由计算可知在 pH=2.0 时 FeY^- 很稳定，所以能够滴定 Fe^{3+}；但对于 Mg^{2+}，其 $\lg K_{MgY}=8.69$，pH=2.0 时，$\lg K'_{MgY}=8.69-13.51=-4.82$ 为负值，说明在此条件下 Mg^{2+} 与 EDTA 不能形成稳定的配合物。实验表明，即使在 pH=5.0~6.0 时，MgY 也几乎全部解离，只有在 pH 值不低于 9.7 的碱性溶液中，滴定才能顺利进行。可见，对不同的金属离子，滴定时都有各自允许的最小 pH 值(即最高酸度)。

在配位滴定中，当目测终点与化学计量点两者 pM（pM=−lg［M］）的差值 ΔpM 为±0.2pM 单位，允许的终点误差为±0.1%时，根据有关公式，可推导出准确测定单一金属离子的条件为：

$$\lg(cK'_{MY})\geqslant 6 \tag{5-12}$$

式中　c——金属离子的浓度。

在配位滴定中，待测的金属离子的浓度一般为 10^{-2}mol/L 左右，当 $c=10^{-2}$mol/L 时，则有：

$$\lg K'_{MY}\geqslant 8 \tag{5-13}$$

这时金属离子可以被准确滴定。由式(5-11)和式(5-13)，得：

$$\lg\alpha_{Y(H)}\leqslant \lg K_{MY}-8 \tag{5-14}$$

按上式计算可得 $\lg\alpha_{Y(H)}$，它所对应的 pH 值就是滴定该金属离子 M 所允许的最低 pH 值。

如果不考虑其他配位剂所引起的副反应，则 $\lg K'_{MY}$值的大小主要取决于溶液的酸度，当酸度高于某一限度时，则不能准确滴定。这一限度就是配位滴定该金属离子所允许的最低 pH 值。

练一练

已知 Mg^{2+}和 EDTA 的浓度均为 10^{-2}mol/L。

（1）求 pH=6 时的 $\lg K'_{MgY}$，并判断能否进行滴定；

（2）若 pH=6 时不能准确滴定，试确定滴定允许的最小 pH 值。

对于不同的金属离子，可求出滴定该金属离子允许的最小 pH 值，图 5-3 表示当金属离子浓度为 10^{-2}mol/L，允许终点误差为±0.1 时的最小 pH 值所连成的曲线，称为 EDTA 酸效应曲线或林旁曲线。

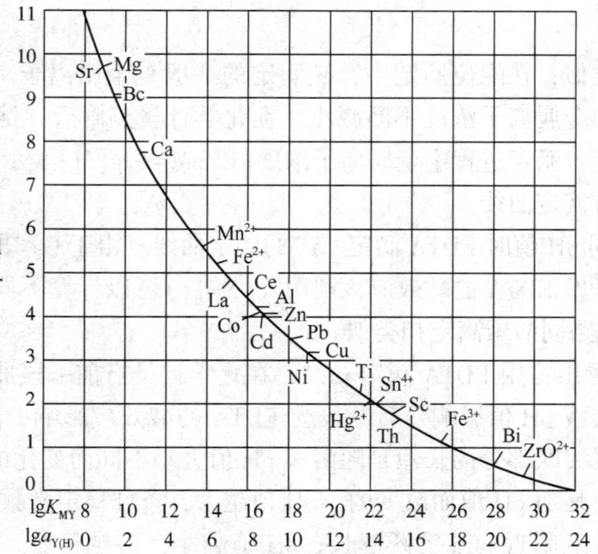

图 5-3　酸效应曲线

应用酸效应曲线可以：

① 确定滴定时所允许的最小 pH 值。

从图 5-3 曲线上可以找出滴定各金属离子所允许的最小 pH 值。例如，滴定 Fe^{3+} 时，pH 值必须大于 1；滴定 Zn^{2+} 时，pH 值必须大于 4。实际滴定时所采用的 pH 值要比允许的最小 pH 值高一些，这样可以保证被滴定的金属离子配位更完全。但应注意，过高的 pH 值可能会引起金属离子的水解，形成氢氧化物沉淀。例如，滴定 Mg^{2+} 时，pH 值应大于 9.7，但若 pH>12，Mg^{2+} 形成 $Mg(OH)_2$ 沉淀影响与 EDTA 配位。

② 判断干扰情况。

从曲线上可以判断在一定 pH 值滴定某金属离子时，哪些离子有干扰。例如，在 pH=4 时滴定 Zn^{2+}，若溶液中存在 pb^{2+}、Cu^{2+}、Fe^{3+}，都能与 EDTA 配位而干扰 Zn^{2+} 的测定。

③ 控制溶液酸度进行连续测定。

从图 5-3 曲线可以看出，通过控制溶液酸度的方法，有可能在同一溶液中连续滴定几种金属离子。一般说来，曲线上相隔越远的离子越容易用控制酸度的方法进行选择性滴定或连续滴定。

④ 酸效应曲线还可以兼作 pH-$\alpha_{Y(H)}$ 表使用。

小贴士

酸效应曲线是在一定条件和要求下得出的，它只考虑了酸度对 EDTA 的影响，没有考虑酸度对金属离子和 MY 的影响，更没有考虑其他配位体存在的影响，因此它是较粗略的结果，只能提供参考。实际分析应视具体情况灵活运用。

第四节　配位滴定法的基本原理

一、滴定曲线

与酸碱滴定法类似，在配位滴定中，被滴定的一般是金属离子。随着配位剂 EDTA 的不断加入，被滴定的金属离子浓度不断减小，在化学计量点附近，溶液中金属离子浓度发生突跃。因此可将配位滴定过程中金属离子浓度(以 pM=-lg[M]表示)随滴定剂加入量不同而变化的规律绘制成滴定曲线。

图 5-4 为在不同 pH 值时 EDTA 滴定 Ca^{2+} 的滴定曲线。由于 Ca^{2+} 既不易水解也不与其他配位剂反应，只需考虑 EDTA 的酸效应，利用式(5-11)可以计算不同阶段溶液中被滴定的 Ca^{2+} 的浓度，计算思路同酸碱滴定相类似。

从图 5-4 可以看出，用 EDTA 滴定 Ca^{2+}，在化学计量点前一段曲线的位置仅随 Ca^{2+} 的浓度而改变，不受溶液 pH 值影响。后一段受 EDTA 的酸效应影响，pCa 数值随 pH 值不同而不同，即滴定曲线突跃部分的长短是随溶液 pH 值大小不同而变化的。这是由于配合物的条件稳定常数的大小是随 pH 值而改变的。pH 值越大，条件稳定常数越大，配合物越稳定，滴定曲线的化学计量点附近 pCa 突跃越长；pH 值越小，突越越短。当 pH=7 时，$\lg K'_{CaY}=7.3$，图中滴定曲线就看不到突越了。由此可见，溶液 pH 值的选择在 EDTA 配合滴定中起着非常重要的作用。

如果被滴定的是易与其他配位体配合或易水解的离子，则化学计量点前金属离子浓度受配位效应或水解的影响而发生变化，因此，化学计量点前曲线的位置高低也因配合或水解影响而变化。图 5-5 是 EDTA 滴定 Ni^{2+} 的滴定曲线，由于在氨缓冲溶液中 Ni^{2+} 易与 NH_3 配位化合，生成较稳定的 $Ni(NH_3)_4{}^{2+}$，使游离的 Ni^{2+} 的浓度减小，因而滴定曲线在化学计量点前一段的位置升高。化学计量点后一段曲线的位置，主要受 EDTA 酸效应的影响，和图 5-4 情况一样。因此在选择溶液的 pH 值时，必须综合两种效应来考虑。

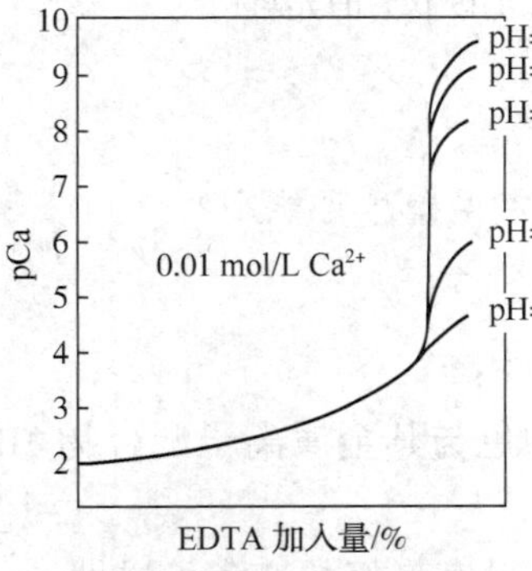

图 5-4　0.01mol/L EDTA 滴定 0.01mol/L Ca^{2+} 的滴定曲线

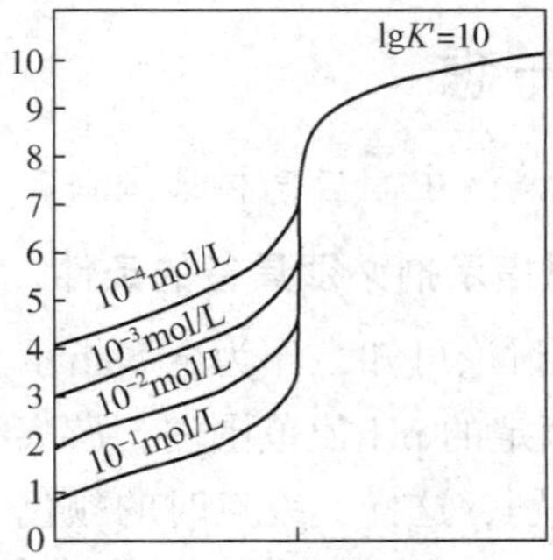

图 5-5　0.01mol/L Ni^{2+} 溶液用 EDTA 滴定的滴定曲线（溶液中 $[NH_3]+[NH_4{}^+]=0.1$mol/L）

由滴定曲线可以看出，用 EDTA 滴定某离子时，配合物的条件稳定常数 K'_{MY} 和被滴定金属离子的起始浓度是影响滴定突跃的主要因素。

对于同一金属离子，在滴定允许的酸度范围内，pH 值越大，配合物的条件稳定常数越大，滴定突跃的范围就越大；当 K'_{MY} 一定时，金属离子的起始浓度越大，滴定突跃的范围就越大。

讨论配位滴定曲线的目的，主要是为了选择滴定时适宜的条件；其次是为选择指示剂提供一个大概的范围。这一点与讨论酸碱滴定曲线有所不同。

二、金属指示剂

1. 金属指示剂作用原理

金属指示剂（也称显色剂）是一些有机配位剂，能同金属离子 M 形成有色配合物，其颜色与游离指示剂本身的颜色不同，从而指示滴定的终点。

现以铬黑 T（以 In 表示）为例，说明金属指示剂的作用原理。

铬黑 T 在 pH=8~11 时呈蓝色，它与 Ca^{2+}，Mg^{2+}，Zn^{2+} 等金属离子形成比较稳定的红色配合物。滴定前加入指示剂，铬黑 T 与少量的金属离子配位成红色 MIn。

$$M+In(蓝色)\rightleftharpoons MIn(红色)$$

滴定时，随着 EDTA 的滴入，游离的金属离子逐步被 EDTA 配位化合形成 MY，当接近化学计量点时，即游离的金属离子大部分配合后，继续滴加 EDTA 时，由于配合物 MY 的条件稳定常数大于铬黑 T 与金属离子配合物 MIn 的条件稳定常数，因此，稍过量的 EDTA 将夺取 MIn 中的 M，使指示剂游离出来，溶液由红色转变为游离铬黑 T 的蓝色，指示滴定终点的到达。

$$\text{MIn}(\text{红色})+\text{Y} \rightleftharpoons \text{MY}+\text{In}(\text{蓝色})$$

许多金属指示剂不仅具有配位体的性质，而且本身常是多元弱酸或多元弱碱，在不同的 pH 值范围内，指示剂本身会呈现不同的颜色。例如，铬黑 T 指示剂就是一种三元弱酸，它本身能随溶液 pH 值的变化而呈现不同的颜色：当 $\text{pH}<6$ 时，铬黑 T 呈现红色；当 $\text{pH}>12$ 时，呈现橙色。显然，在 $\text{pH}<6$ 或者 $\text{pH}>12$ 时，游离铬黑 T 的颜色与配合物 MIn 的颜色没有显著区别，只有在 pH 值为 8～10 的酸度条件下进行滴定，到终点时才会发生由红色到蓝色的颜色突变。因此选用金属指示剂，必须注意选择合适的 pH 值范围。

想一想

在配位滴定中，应怎样选择金属指示剂，才能使滴定误差尽可能小？

2. 金属指示剂必须具备的条件

由以上讨论可知，作为金属指示剂必须具备下列条件：

① 在滴定的 pH 值范围内，游离指示剂 In 本身的颜色与其金属离子配合物 MIn 的颜色应有显著区别，这样，终点时的颜色变化才明显。

② 指示剂与金属离子的显色反应必须灵敏、迅速，且有良好的变色可逆性。

③ 金属离子与指示剂配合物 MIn 应有适当的稳定性。即 MIn 既要有足够的稳定性，又要比 MY 稳定性小。如果稳定性太低，就会使终点提前，而且颜色变化不敏锐；如果稳定性太高，就会使终点拖后，甚至使 EDTA 不能夺取 MIn 中的 M，到达计量点时也不改变颜色，看不到滴定终点。通常要求两者的稳定常数之差大于 100，即：

$$\lg K'_{\text{MY}}-\lg K'_{\text{MIn}} \geqslant 2$$

3. 使用金属指示剂时可能出现的问题

(1) 指示剂的封闭现象

有的指示剂能与某些金属离子生成极稳定的配合物，这些配合物 MIn 较对应的 MY 配合物更稳定，以致到达化学计量点时滴入过量 EDTA，指示剂也不能释放出来，溶液颜色不变化，这叫指示剂的封闭现象。例如，用铬黑 T 作指示剂，在 pH = 10 的条件下，用 EDTA 滴定 Ca^{2+}、Mg^{2+}时，Fe^{3+}、Al^{3+}、Ni^{2+}和 Co^{2+}对铬黑 T 有封闭作用，这时，可加入少量三乙醇胺(掩蔽 Fe^{3+}、Al^{3+})和 KCN(掩蔽 Ni^{2+}和 Co^{2+})，以消除干扰。

(2) 指示剂的僵化现象

有些指示剂和金属离子配合物 MIn 在水中的溶解度小，使 EDTA 与 MIn 的置换缓慢，终点的颜色变化不明显，这种现象称为指示剂僵化。这时，可加入适当有机溶剂或加热，以增大其溶解度。例如，用 PAN 作指示剂时，可加入少量的甲醇或乙醇，也可将溶液适当加热以加快置换速度，使指示剂的变色敏锐一些。

(3) 指示剂的氧化变质现象

金属指示剂大多数是具有许多双键的有色化合物，易被日光、氧化剂、空气所分解；有些指示剂在水溶液中不稳定，日久会变质。如铬黑 T、钙指示剂的水溶液均易氧化变质，所以常配成固体混合物或加入盐酸羟胺等具有还原性的物质来配成溶液。

一些常用的金属指示剂见表 5-4。

表 5-4 常用的金属指示剂

指示剂	适用的 pH 值范围	颜色变化		直接滴定的离子	指示剂配制	注意事项
		In	MIn			
铬黑 T 简称 BT 或 EBT	8~10	蓝	红	pH=10，Mg^{2+}，Zn^{2+}，Cd^{2+}，Pb^{2+}，Mn^{2+}，稀土元素离子	1∶100NaCl（研磨）	Al^{3+}，Fe^{3+}，Cu^{2+}，Ni^{2+} 等离子封闭 EBT
酸性铬蓝 K	8~13	蓝	红	pH=10，Mg^{2+}，Zn^{2+}，Mn^{2+} pH=13，Ca^{2+}	1∶100NaCl（研磨）	
二甲酚橙 简称 XO	<6	亮黄	红	pH<1，ZrO^{2+} pH=1~3.5，Bi^{3+}，Th^{4+} pH=5~6，Tl^{3+}，Zn^{2+}，Pb^{2+}，Cd^{2+}，Hg^{2+}，稀土元素离子	0.5%水溶液（5g/L）	Al^{3+}，Fe^{3+}，Ni^{2+}，Ti^{4+} 等离子封闭 XO
磺基水杨酸 简称 ssal	1.5~2.5	无色	紫红	pH=1.5~2.5，Fe^{3+}	5%水溶液（50g/L）	ssal 本身无色，FeY^- 呈黄色
钙指示剂 简称 NN	12~13	蓝	红	pH=12~13，Ca^{2+}	1∶100NaCl（研磨）	Al^{3+}，Fe^{3+}，Ti^{4+}，Cu^{2+}，Ni^{2+}，Co^{2+}，Mn^{2+} 等离子封闭 NN
PAN	2~12	黄	紫红	pH=2~3，Bi^{3+}，Th^{4+} pH = 4 ~ 5，Cu^{2+}，Ni^{2+}，Pb^{2+}，Mn^{2+}，Zn^{2+}，Cd^{2+}，Fe^{2+}	0.1%乙醇溶液（1g/L）	MIn 在水中溶解度小，为防止 PAN 僵化，滴定时须加热

第五节 提高配位滴定选择性的方法

由于 EDTA 能与多种金属离子形成稳定的配合物，而实际分析试样中常常是多种离子共存，从而相互干扰。因此，如何减小或消除干扰，提高配位滴定的选择性，是配位滴定中必须解决的重要问题。在分析工作中，通常是设法降低干扰离子的浓度或降低干扰离子与 EDTA 配合物的稳定性，所以，常用的方法有以下几种。

一、控制溶液的酸度

不同的金属离子和 EDTA 形成的配合物的稳定常数是不相同的，因此在滴定时所允许的最小 pH 值也不同。若溶液中同时有两种或两种以上的金属离子，它们与 EDTA 所形成的配合物稳定常数又相差足够大，则通过控制溶液的酸度，使其只满足滴定某一种金属离子允许的最小 pH 值，但又不会使该离子发生水解而析出沉淀，此时就只能有一种金属离子与 EDTA 形成稳定的配合物，而其他金属离子与 EDTA 不发生配位反应，这样就可以避免干扰。

设溶液中有被测离子 M，其浓度为 $c(\mathrm{M})$；干扰离子 N，其浓度 $c(\mathrm{N})$为，它们均可与

EDTA 形成配合物，但 $K_{MY}>K_{NY}$，对于有干扰离子共存时的配位滴定，通常允许有≤±0.5%的相对误差，当 $c(M)=c(N)$，而且用指示剂检测终点时终点与化学计量点二者 pM 的差值 $\Delta pM\approx0.3$，经计算推导，可得出要准确滴定 M，而 N 不干扰，就要满足：

$$\Delta \lg K\geqslant5 \tag{5-15}$$

一般以此式作为判断能否利用控制酸度进行分别滴定的条件。

【例 5-2】 溶液中有 Fe^{3+}、Mg^{2+}、Zn^{2+}，其浓度均为 0.01mol/L，能否控制溶液酸度测定 Fe^{3+} 含量？

解： 查表 5-2 可知，$\lg K_{FeY^-}=25.1$，$\lg K_{ZnY}=16.5$，$\lg K_{MgY}=8.69$；

滴定 Fe^{3+} 时最可能发生干扰的是 Zn^{2+}，$\Delta\lg K=25.1-16.5=8.6>5$，所以，滴定 Fe^{3+} 时共存的 Mg^{2+}、Zn^{2+} 不干扰。

由图 5-3 酸效应曲线可知，滴定 Fe^{3+} 所允许的最低 $pH\approx1.0$，Fe^{3+} 开始水解的 $pH=2.2$，故可在 $pH=1.0\sim2.0$ 时滴定 Fe^{3+}。

想一想

当溶液中 Bi^{3+}、Pb^{2+} 浓度皆为 0.01mol/L 时，能否通过控制溶液酸度对 Bi^{3+}，Pb^{2+} 实现连续滴定？应如何控制？

二、掩蔽和解蔽的方法

若待测金属离子 M 的配合物 MY 与干扰离子 N 的配合物 NY 的稳定性相差不大，即 $\Delta\lg K<5$ 时，可用掩蔽剂降低干扰离子的浓度，以消除干扰。常用的掩蔽方法按反应类型不同，可分为配位掩蔽法、沉淀掩蔽法和氧化还原掩蔽法，其中以配位掩蔽法用得最多。

1. 配位掩蔽法

利用掩蔽剂与干扰离子形成稳定的配合物，降低干扰离子浓度而消除干扰的方法。例如，用 EDTA 滴定 Ca^{2+}、Mg^{2+} 测定水的硬度时，Fe^{3+}、Al^{3+} 等离子的存在对测定产生干扰，通常可加入三乙醇胺与 Fe^{3+}、Al^{3+} 生成更稳定的配合物，则可消除 Fe^{3+}、Al^{3+} 的干扰。

配位掩蔽剂必须具备的条件：

① 掩蔽剂与干扰离子生成的配合物应比滴定剂 EDTA 与干扰离子生成的配合物稳定；

② 掩蔽剂与干扰离子生成的配合物应是无色或浅色，不影响终点的观察；

③ 掩蔽剂不与待测离子配位，即使形成配合物，其稳定性也要比被测离子与 EDTA 形成配合物的稳定性小得多，这样在滴定时 EDTA 就能将掩蔽剂置换出来；

④ 掩蔽剂的应用应有一定的 pH 值范围，而且要符合测定要求的 pH 值范围。

一些常用的配位掩蔽剂及其使用范围见表 5-5。

表 5-5　一些常用的配位掩蔽剂及其使用范围

名称	pH 值范围	被掩蔽的离子	备注
KCN	pH>8	Co^{2+}、Ni^{2+}、Zn^{2+}、Cu^{2+}、Hg^{2+}、Cd^{2+}、Ag^{+}、Tl^{+} 及铂族元素离子	
NH_4F	pH=4~6	Al^{3+}、Ti^{4+}、Zr^{4+}、W^{6+}、Sn^{4+}、Be^{2+} 等	加入后溶液 pH 值变化不大
	pH=10	Al^{3+}、Mg^{2+}、Ca^{2+}、Sr^{2+}、Ba^{2+} 及稀土元素离子	

续表

名称	pH 值范围	被掩蔽的离子	备注
三乙醇胺	pH=10	Al^{3+}、Sn^{4+}、Ti^{4+}、Fe^{3+}	可与 KCN 并用，可提高掩蔽效果
	pH=11~12	Fe^{3+}、Al^{3+}及少量 Mn^{2+}	
三巯基丙醇	pH=10	Hg^{2+}、Cd^{2+}、Zn^{2+}、Bi^{3+}、Pb^{2+}、Ag^{+}、As^{3+}、Sb^{3+}、Sn^{4+}及少量 Cu^{2+}、Co^{2+}、Ni^{2+}、Fe^{3+}	
硫醇	pH=5~6	Cu^{2+}、Hg^{2+}	
乙酰丙酮	pH=5~6	Fe^{3+}、Al^{3+}、Be^{2+}、Co^{2+}，部分掩蔽 Cu^{2+}、Hg^{2+}、Cr^{3+}、Ti^{4+}	
铜试剂	pH=10	能与 Cu^{2+}、Hg^{2+}、Pb^{2+}、Cd^{2+}、Bi^{3+}生成沉淀，其中 Cu-DDTC 为褐色，Bi-DDTC 为黄色，故其存在量应分别小于 2mg 和 10mg	
酒石酸	pH=1.2	Sb^{3+}、Sn^{4+}、Fe^{3+}及 5mg 以下 Cu^{2+}	在抗坏血酸存在下
	pH=2	Fe^{3+}、Sn^{2+}、Mn^{2+}	
	pH=5.5	Fe^{3+}、Al^{3+}、Sn^{4+}、Ca^{2+}、Sb^{3+}	
	pH=6~7.5	Mg^{2+}、Cu^{2+}、Fe^{3+}、Al^{3+}、Mo^{4+}、Sb^{3+}、W^{6+}	
	pH=10	Al^{3+}、Sn^{4+}	

2. 沉淀掩蔽法

利用掩蔽剂与干扰离子发生沉淀反应，降低干扰离子浓度，在不分离沉淀的情况下直接进行滴定的方法。例如，在 Ca^{2+}、Mg^{2+}共存的溶液中测定 Ca^{2+}，由于 CaY、MgY 配合物的稳定常数相差不大($\Delta \lg K=2$)，所以 Mg^{2+}产生干扰，测定时可在混合溶液中加入 NaOH 溶液，调节 pH>12，使 Mg^{2+}形成 $Mg(OH)_2$ 沉淀，从而消除 Mg^{2+}的干扰，加入钙指示剂后，用 EDTA 滴定 Ca^{2+}。

沉淀掩蔽法在实际应用中有一定的局限性，它要求所生成的沉淀致密，溶解度要小，无色或浅色，且吸附作用小。否则，由于颜色深，体积大，吸附待测离子或吸附指示剂都将影响终点的观察和测定结果。

常用的沉淀掩蔽剂及使用范围见表 5-6。

表 5-6　常用的沉淀掩蔽剂及使用范围

名称	被掩蔽的离子	待测定的离子	pH 值范围	指示剂
NH_4F	Mg^{2+}，Ca^{2+}，Sr^{2+}，Ba^{2+}，Ti^{4+}及稀土元素离子	Zn^{2+}，Cd^{2+}，Mn^{2+}(有还原剂存在下)	10	铬黑 T
		Cu^{2+}，Ni^{2+}，Co^{2+}		紫脲酸铵
K_2CrO_4	Ba^{2+}	Sr^{2+}	10	Mg-EDTA+铬黑 T
Na_2S 或铜试剂	微量重金属离子	Mg^{2+}，Ca^{2+}	10	铬黑 T
H_2SO_4	Pb^{2+}	Bi^{3+}	1	二甲酚橙
$K_4[Fe(CN)_6]$	微量 Zn^{2+}	Pb^{2+}	5~6	二甲酚橙
KI	Cu^{2+}	Zn^{2+}	5~6	PAN

3. 氧化还原掩蔽法

当某种价态的共存离子对滴定有干扰时，利用氧化还原反应改变干扰离子的价态，从而改变其条件稳定常数以消除干扰的方法，例如，Bi^{3+}和Fe^{3+}共存时，测定Bi^{3+}时Fe^{3+}有干扰，可加入抗坏血酸或盐酸羟胺，将Fe^{3+}还原为Fe^{2+}，由于$\lg K_{BiY}=27.94$，$\lg K_{FeY^-}=25.1$，而$\lg K_{FeY^{2-}}=14.33$，Fe^{2+}与EDTA形成的配合物的稳定性比Fe^{3+}与EDTA形成的配合物稳定性小得多，因而能掩蔽Fe^{3+}的干扰。

氧化还原掩蔽法，只适用于那些易发生氧化还原反应的金属离子，且生成的还原型物质或氧化型物质不干扰测定的情况。因此，目前只有少数几种离子可用这种掩蔽方法。

4. 解蔽方法

在金属离子与EDTA配合物的溶液中，加入某种试剂(解蔽剂)，将已被EDTA或掩蔽剂配位的金属离子释放出来，再进行滴定的方法称为解蔽。

例如，用配位滴定法测定铜样中Zn^{2+}和Pb^{2+}，试液调至碱性后，加入KCN掩蔽Zn^{2+}、Cu^{2+}(KCN剧毒，只允许在碱性溶液中使用，遇酸产生HCN逸出)，此时Pb^{2+}不能被KCN掩蔽，故可在pH=10时，以铬黑T为指示剂，用EDTA标准溶液滴定Pb^{2+}。在滴定Pb^{2+}后的溶液中，加入甲醛做解蔽剂破坏$[Zn(CN)_4]^{2-}$，使原来被配位的Zn^{2+}解蔽出来，再用EDTA继续滴定Zn^{2+}。

知识拓展

在实际分析中，用一种掩蔽剂常常不能得到令人满意的结果，当有许多离子共存时，常将几种掩蔽剂或沉淀剂联合使用，这样才能获得较好的选择性，提高配位滴定的选择性。但须注意，共存干扰离子的量不能太多，否则得不到满意的结果。

三、化学分离法

当利用控制溶液酸度或掩蔽解蔽等方法都无法避免干扰时，可采用化学分离法把被测离子从其他组分中分离出来。

四、选用其他配位滴定剂

除EDTA外还可选用其他一些氨羧配合物作为滴定剂，它们与金属离子形成的配合物的稳定性各有特点，可以用来提高配位滴定的选择性。

例如，EDTA与Ca^{2+}、Mg^{2+}形成的配合物稳定性相差不大，而EGTA与Ca^{2+}、Mg^{2+}形成的配合物稳定性相差较大，故可以在Ca^{2+}、Mg^{2+}共存时，用EGTA选择性滴定Ca^{2+}。

第六节　配位滴定法应用

一、EDTA标准溶液的配制与标定

1. EDTA标准溶液的配制

EDTA($Na_2H_2Y \cdot 2H_2O$)常含有0.3%左右的湿存水，且含有少量杂质而不能直接配制，

故一般采用间接法配制。

配位滴定对蒸馏水的要求较高，若配制溶液的水中含有 Ca^{2+}、Mg^{2+}、Pb^{2+}、Sn^{2+} 等，会消耗部分 EDTA，随测定情况的不同对测定结果产生不同的影响。若水中含有 Al^{3+}、Cu^{2+} 等，对某些指示剂有封闭作用，使终点难以判断。因此，在配位滴定中最好选用去离子水或二次蒸馏水。

为了防止 EDTA 溶液溶解玻璃中的 Ca^{2+} 形成 CaY，EDTA 溶液应储存在聚乙烯塑料瓶或硬质玻璃瓶中。

2. EDTA 标准溶液的标定

标定 EDTA 溶液的基准物质有很多，例如 Zn、ZnO、$CaCO_3$、Bi、Cu、Ni、Pb 等。一般选用其中与被测组分相同的物质作基准物，这样滴定条件较一致，例如，测定 Ca^{2+}、Mg^{2+} 时用的 EDTA，可采用 $CaCO_3$ 作基准物质进行标定。国家标准中采用氧化锌作基准物质（使用前 ZnO 应在 800℃灼烧至质量恒定），准确称取一定量的 ZnO，加少量的水湿润，加 HCl 溶液（1+1）至试样溶解后，用氨水（10%）中和至 pH＝7～8，加 10mL 氨-氯化铵缓冲溶液（pH＝10），以铬黑 T 为指示剂，用待标定的 EDTA 溶液滴定至溶液由紫红色变为纯蓝色为终点，同时做空白试验。

$$c(\mathrm{EDTA})=\frac{1000m(\mathrm{ZnO})}{(V-V_0)\times M(\mathrm{ZnO})} \tag{5-16}$$

式中　m——ZnO 的质量，g；

V——EDTA 溶液的用量，mL；

V_0——空白试验 EDTA 溶液的用量，mL；

$M(\mathrm{ZnO})$——ZnO 的摩尔质量（81.38g/mol）。

想一想

标定 EDTA 标准溶液的基准物质有哪些？应如何选择基准物质？

二、配位滴定方式

1. 直接滴定法

这是配位滴定中最基本的方法。这种方法是将待测物质经过预处理制成溶液后，调节酸度，加入指示剂（有时还需要加入适当的辅助配位剂及掩蔽剂），直接用 EDTA 标准溶液进行滴定，然后根据标准溶液的浓度和所消耗的体积，计算试样中待测组分的含量。

一般可以直接滴定的金属离子有：

pH＝1.0 时，Zr^{4+}；

pH＝2.0～3.0 时，Fe^{3+}、Bi^{3+}、Th^{4+}、Ti^{4+}、Hg^{2+}；

pH＝5.0～6.0 时，Zn^{2+}、Pb^{2+}、Cd^{2+}、Cu^{2+} 及稀土元素离子；

pH＝10.0 时，Mg^{2+}、Co^{2+}、Ni^{2+}、Zn^{2+}、Cd^{2+}；

pH＝12.0 时，Ca^{2+} 等。

2. 返滴定法

当待测离子与 EDTA 配位缓慢，或在滴定的 pH 下发生水解，或无合适的指示剂以及对指示剂有封闭、僵化现象等，可采用返滴定法。即在待测溶液中先加入已知过量的EDTA标准溶液，待被测的离子完全反应后，再用另一种金属离子的标准溶液滴定剩余的EDTA，根据两种标准溶液的浓度和用量，即可求得被测物质的含量。例如，Al^{3+}的测定，由于Al^{3+}与EDTA配位速度缓慢，需在过量的EDTA存在下，煮沸才能配位完全；Al^{3+}易水解，在最高酸度(pH=4.1)时，水解反应相当明显，并可能形成多核羟基配合物，如$[Al_2(H_2O)_6(OH)_3]^{3+}$，$[Al_3(H_2O)_6(OH)_6]^{3+}$等，这些多核配合物不仅与EDTA配合缓慢，并可能影响Al与EDTA的配位比，对滴定十分不利；在酸性介质中，Al^{3+}对二甲酚橙等指示剂有封闭作用。

因此，Al^{3+}一般采用返滴定法进行测定，试液中先加入已知过量的EDTA标准溶液，在pH≈3.5时煮沸2~3min，使Al^{3+}配位完全。冷至室温，调pH=5~6，在HAc-NaAc缓冲溶液中，以二甲酚橙作指示剂，用Zn^{2+}标准溶液返滴定。

用返滴定法测定的常见离子还有Ti^{4+}、Sn^{4+}(易水解且无适宜指示剂)和Cr^{3+}、Co^{2+}、Ni^{2+}(与EDTA配位速度慢)。

3. 置换滴定法

利用置换反应，从配合物中置换出等物质的量的另一种金属离子(或EDTA)，然后进行滴定。置换滴定法灵活多样，不仅能扩大配位滴定的应用范围，同时还可以提高配位滴定的选择性。

例如，Ag^+与EDTA配合物不稳定($\lg K_{AgY}=7.32$)，不能用EDTA直接滴定，如果将$[Ni(CN)_4]^{2-}$加入Ag^+溶液中，则发生置换反应：

$$2Ag^+ + [Ni(CN)_4]^{2-} \rightleftharpoons 2[Ag(CN)_2]^- + Ni^{2+}$$

在pH=10的氨性溶液中，用EDTA滴定置换出来的Ni^{2+}，即可求得Ag^+的含量。

同样，测定锡青铜中的锡时，先向试液中加入过量的EDTA，Sn^{4+}与共存的Pb^{2+}、Zn^{2+}、Cu^{2+}等一起与EDTA配位，用Zn^{2+}标准溶液滴定过量的EDTA，再加入NH_4F，F^-将SnY中的Y置换出来，再用Zn^{2+}标准溶液滴定置换出来的Y，即可求出Sn的含量。

4. 间接滴定法

有些金属离子(如Li^+、Na^+、K^+、Rb^+、Cs^+等)和一些非金属离子(如SO_4^{2-}、PO_4^{3-}等)，由于和EDTA形成的配合物不稳定或不与EDTA配位，这时可采用间接滴定法进行测定。

例如，PO_4^{3-}的测定，在一定条件下，可将PO_4^{3-}沉淀为$MgNH_4PO_4$，然后过滤，洗净并将它溶解，调节溶液的pH=10.0，用铬黑T作指示剂，以EDTA标准溶液滴定Mg^{2+}，从而求得试样中磷的含量。

三、应用示例

1. 水的总硬度测定

水的总硬度是指水中Ca^{2+}、Mg^{2+}的总量，它包括暂时硬度和永久硬度。在水中以碳酸盐及酸式碳酸盐形式存在的钙、镁盐，加热能被分解、析出沉淀而除去，称为暂时硬度；而以硫酸盐、硝酸盐和氯化物等形式存在的部分，因其性质比较稳定，不能够通过加热的方式除去，故称为永久硬度。

硬度是衡量生活用水和工业用水水质的一项重要指标，是形成锅垢和影响产品质量的主要因素。如锅炉给水，经常要进行硬度分析，为水的处理提供依据。测定水的总硬度就是测定水中 Ca^{2+}、Mg^{2+} 的总含量。一般采用配位滴定法，即在 pH＝10 的氨性缓冲溶液中，以铬黑 T 作指示剂，用 EDTA 标准溶液直接滴定，直至溶液由酒红色转变为纯蓝色为终点。滴定时，水中存在的少量 Fe^{3+}、Al^{3+} 等干扰离子用三乙醇胺掩蔽，Cu^{2+}、Pb^{2+}、Zn^{2+} 等重金属离子可用 KCN、Na_2S 或硫基乙酸等来掩蔽。

各国对水的硬度表示方法不同，我国通常以含 $CaCO_3$ 的质量浓度 ρ 表示硬度，单位为 mg/L。国家标准规定饮用水硬度不能超过 450mg/L。也有用含 $CaCO_3$ 的物质的量浓度来表示，单位为 mmol/L。

$$\rho(\mathrm{mg/L})=\frac{c(\mathrm{EDTA})\cdot V(\mathrm{EDTA})\cdot M(\mathrm{CaCO_3})}{V}\times 1000 \qquad (5\text{-}17)$$

2. Fe^{3+}、Al^{3+} 的连续滴定

Fe^{3+}、Al^{3+} 均能与 EDTA 形成稳定的配位物，其 $\lg K$ 分别为 25.10 和 16.30，两者的 $\lg K$ 相差很大，Al^{3+} 与 EDTA 的配位反应进行缓慢，利用控制溶液酸度进行 Fe^{3+}、Al^{3+} 的连续滴定。

取一定量的试样 m_s，用水溶解(若难溶可适当加热)，冷却后向试液中加入 5～6 滴 H_2O_2 水溶液，将溶液定量转移至容量瓶中，稀释至刻度，摇匀。

移取一定量的试液，用缓冲溶液控制其 pH＝2.0，将溶液加热至微沸，并保持 2min 后冷却至 70℃，以磺基水杨酸钠作指示剂，用已知准确浓度的 EDTA 标准溶液滴定至溶液出现亮黄色，这时溶液中的 Fe^{3+} 已全部与 EDTA 生成配离子 FeY^-。记录此时消耗 EDTA 标准溶液的体积。

将测定完 Fe^{3+} 的溶液用水稀释，加 1～2 滴溴酚蓝指示剂，滴加(1+2)氨水至溶液出现蓝紫色，再滴加(1+2)盐酸至黄色。加入一定量的 pH＝3 的缓冲溶液。加热至微沸并保持 1min。加入一定量的 EDTA-Cu 溶液及 2～3 滴 PAN 指示剂，用 EDTA 标准溶液滴定至红色消失，煮沸，继续滴定，再煮沸，直至溶液煮沸后红色不再出现，呈稳定的亮黄色为止，记录消耗 EDTA 标准溶液的体积。

根据消耗 EDTA 标准溶液的体积和浓度，求出试样中铁和铝的含量。

$$\omega(\mathrm{Fe})=\frac{c(\mathrm{EDTA})\cdot V_1(\mathrm{EDTA})\cdot M(\mathrm{Fe})\times 10^{-3}}{m_s}\times 100\% \qquad (5\text{-}18)$$

$$\omega(\mathrm{Al})=\frac{c(\mathrm{EDTA})\cdot V_2(\mathrm{EDTA})\cdot M(\mathrm{Al})\times 10^{-3}}{m_s}\times 100\% \qquad (5\text{-}19)$$

式中 $\omega(\mathrm{Fe})$，$\omega(\mathrm{Al})$——试样中铁、铝的质量分数，%；

m_s——试样的质量，g；

V_1——滴定 Fe^{3+} 消耗 EDTA 标准溶液的体积，mL；

V_2——滴定 Al^{3+} 消耗 EDTA 标准溶液的体积，mL；

$M(\mathrm{Fe})$——铁的摩尔质量，g/mol；

$M(\mathrm{Al})$——铝的摩尔质量，g/mol。

习　　题

一、选择题

1. 下列关于螯合物的叙述中，不正确的是(　　)。

A. 有两个以上配位原子的配位体均生成螯合物

B. 螯合物通常比具有相同配位原子的非螯合配合物稳定得多

C. 形成螯环的数目越大，螯合物的稳定性不一定越好

D. 起螯合作用的配位体一般为多齿配位体，称螯合剂

2. EDTA 的有效浓度[Y]与酸度有关，它随着溶液 pH 值增大而(　　)。

A. 增大　　B. 减小　　C. 不变　　D. 先增大后减小

3. 以 EDTA 为滴定剂，下列叙述中错误的是(　　)。

A. 在酸度较高的溶液中，可形成 MHY 络合物

B. 在碱性较高的溶液中，可形成 MOHY 络合物

C. 不论形成 MHY 或 MOHY，均有利于滴定反应

D. 不论溶液 pH 值的大小，只形成 MY 一种形式络合物

4. 在 EDTA 配位滴定中，下列叙述正确的是(　　)。

A. 酸效应系数愈大，配合物的稳定性愈大

B. 酸效应系数愈小，配合物的稳定性愈大

C. pH 值愈大，酸效应系数愈大

D. 酸效应系数愈大，配位滴定曲线的 pM 突跃范围愈大

5. EDTA 滴定 M，随$[H^+]$的增大，下面(　　)量减小。

A. $\lg\alpha_{Y(H)}$　　B. $\lg K'_{MY}$

C. $\alpha_{Y(H)}$　　D. $[HY]+[H_2Y]+\cdots+[H_6Y]$

6. EDTA 滴定金属离子 M，MY 的绝对稳定常数为 K_{MY}，当金属离子 M 的浓度为 0.01mol/L 时，下列 $\lg\alpha_{Y(H)}$ 对应的 pH 值是滴定金属离子 M 的最高允许酸度的是(　　)。

A. $\lg\alpha_{Y(H)} \geqslant \lg K_{MY}-8$　　B. $\lg\alpha_{Y(H)} = \lg K_{MY}-8$

C. $\lg\alpha_{Y(H)} \geqslant \lg K_{MY}-6$　　D. $\lg\alpha_{Y(H)} \geqslant \lg K_{MY}-3$

7. 配位滴定终点呈现的是(　　)的颜色。

A. 金属与指示剂形成的配合物　　B. 配位剂与指示剂的混合物

C. 游离金属指示剂　　D. 配位剂与金属形成的配合物

8. 用 EDTA 溶液连续滴定 Fe^{3+}、Al^{3+}时，可以在下列哪个条件下进行(　　)。

A. pH=2 时滴定 Al^{3+}，pH=4 时滴定 Fe^{3+}

B. pH=1 时滴定 Fe^{3+}，pH=4 时滴定 Al^{3+}

C. pH=2 时滴定 Fe^{3+}，pH=4 时返滴定 Al^{3+}

D. pH=2 时滴定 Fe^{3+}，pH=4 时间接法测 Al^{3+}

9. 某溶液主要含有 Ca^{2+}、Mg^{2+}及少量 Al^{3+}、Fe^{3+}，今在 pH=10 时加入三乙醇胺后，用 EDTA 滴定，用铬黑 T 为指示剂，则测出的是(　　)的含量。

A. Mg^{2+}　　B. Ca^{2+}、Mg^{2+}

C. Al^{3+}、Fe^{3+}　　D. Ca^{2+}、Mg^{2+}、Al^{3+}、Fe^{3+}

10. EDTA 酸效应曲线不能回答的问题是(　　)。

A. 进行各金属离子滴定时的最低 pH 值

B. 在一定 pH 值范围内滴定某种金属离子时，哪些离子可能有干扰

C. 控制溶液的酸度，有可能在同一溶液中连续测定几种离子

D. 准确测定各离子时溶液的最低酸度

11. 配位滴定法测定水中钙时，Mg^{2+}干扰用的消除方法通常为(　　)。

A. 控制酸度法　　B. 配位掩蔽法

C. 氧化还原掩蔽法　　D. 沉淀掩蔽法

12. 在 EDTA 配位滴定中，下列有关掩蔽剂的叙述哪些是错误的(　　)。

A. 配位掩蔽剂必须可溶且无色

B. 氧化还原掩蔽剂必须改变干扰离子的价态

C. 掩蔽剂的用量越多越好

D. 掩蔽剂最好是无毒的

13. 以配位滴定法测定Pb^{2+}时，消除Ca^{2+}、Mg^{2+}干扰最简便的方法是(　　)。

A. 控制酸度法　　B. 配位掩蔽法

C. 氧化还原掩蔽法　　D. 沉淀掩蔽法

14. 用 EDTA 滴定 Ag^{+}，采用的滴定方法是(　　)。

A. 直接滴定　　B. 返滴定　　C. 置换滴定　　D. 间接滴定

二、判断题

1. 金属指示剂是指示金属离子浓度变化的指示剂。　(　　)

2. 金属指示剂的僵化现象是指滴定时终点没有出现。　(　　)

3. 在配位滴定中，若溶液的 pH 值高于滴定 M 的最小 pH 值，则无法准确滴定。　(　　)

4. EDTA 酸效应系数 $\alpha_{Y(H)}$ 随溶液中 pH 值变化而变化；pH 值低，则 $\alpha_{Y(H)}$ 值高，对配位滴定有利。　(　　)

5. 用 EDTA 法测定试样中的 Ca^{2+} 和 Mg^{2+} 含量时，先将试样溶解，然后调节溶液 pH 值为 5.5~6.5，并进行过滤，目的是去除 Fe、Al 等干扰离子。　(　　)

6. 配位滴定中，溶液的最佳酸度范围是由 EDTA 决定的。　(　　)

7. 铬黑 T 指示剂在 pH = 8~11 范围使用，其目的是为减少干扰离子的影响。　(　　)

8. 配位滴定中，在什么情况下不能采用直接滴定方式，试举例说明。　(　　)

9. 造成金属指示剂封闭的原因是指示剂本身不稳定。　(　　)

三、计算题

1. Bi^{3+} 和 Ni^{2+} 均为 0.01mol/L 的混合溶液中，用 EDTA 滴定时所允许的最小 pH 值。能否采用控制溶液酸度的方法实现二者的分别滴定？

2. 求用 0.01000mol/L EDTA 溶液滴定同浓度的 Ca^{2+}，若在 pH = 5.0 条件下，$\lg K'_{CaY}$ 为多大？可否准确滴定？若准确滴定，所允许的最低 pH 值为多少？

3. 称取 0.1005g$CaCO_3$ 溶解后，用容量瓶配成 100mL 溶液。吸取 25.00mL，在 pH = 12

时，用钙指示剂指示终点，用待标定的 EDTA 溶液滴定，用去 24.50mL。

(1) 计算 EDTA 溶液的物质的量浓度；

(2) 计算该 EDTA 溶液对 ZnO 和 Fe_2O_3 的滴定度。

4. 用配位滴定法测定氯化锌($ZnCl_2$)的含量。称取 0.2500g 试样，溶于水后，稀释至 250.0mL，吸取 25.00mL，在 pH=5~6 时，用二甲酚橙作指示剂，用 0.01024mol/L EDTA 标准溶液滴定，用去 17.61mL。计算试样中 $ZnCl_2$ 的质量分数。

5. 用 0.01060mol/L EDTA 标准溶液滴定水中钙和镁的含量，取 100.0mL 水样，以铬黑 T 为指示剂，在 pH=10 时滴定，消耗 EDTA31.30mL。另取一份 100.0mL 水样，加 NaOH 使呈强碱性，使 Mg^{2+} 生成 $Mg(OH)_2$ 沉淀，用钙指示剂指示终点，继续用 EDTA 滴定，消耗 19.20mL。计算：

(1) 水的总硬度(以 $CaCO_3$ mg/L 表示)；

(2) 水中钙和镁的含量(以 $CaCO_3$ mg/L 和 $MgCO_3$ mg/L 表示)。

扫码获取更多学习资料

第六章 氧化还原滴定法

学习目标

❖ 了解标准电极电势和条件电极电势的意义及有关计算；
❖ 掌握氧化还原平衡及影响氧化还原反应速率的因素；
❖ 掌握氧化还原滴定曲线及终点的判断；
❖ 掌握高锰酸钾法、重铬酸钾法和碘量法的原理、滴定条件和应用范围；
❖ 掌握氧化还原滴定分析结果的计算。

能力目标

❖ 能利用能斯特方程式计算电对的电极电势；
❖ 能配制常规氧化还原标准溶液和指示剂；
❖ 能绘制氧化还原滴定曲线及选择合适的指示剂；
❖ 能应用氧化还原滴定法测定实际试样，给出正确的分析结果。

第一节 氧化还原滴定法概述

氧化还原滴定法是以氧化还原反应为基础的滴定分析方法，该方法可直接或间接测定许多无机物和有机物，应用十分广泛。但是氧化还原反应是基于电子转移的反应，反应机理比较复杂，反应分步进行；常伴有各种副反应的发生，使反应物间没有确定的计量关系；有些反应虽然进行得很完全但反应速率却很慢。因此在氧化还原滴定中必须选择适当的条件，防止副反应的发生；加快反应速率，以满足滴定反应的要求。

氧化还原滴定法通常是以氧化剂或还原剂作为标准溶液，根据所用标准溶液的名称可将氧化还原滴定法分为高锰酸钾法、重铬酸钾法、碘量法、铈量法及溴酸盐法等。

一、电极电势

1. 电极电势的产生

在一定条件下，当把金属放入含有该金属离子的盐溶液时，有两种反应倾向存在：一方面，金属表面的离子进入溶液和水分子结合成为水合离子，某种条件下达到平衡时金属表面带负电荷，靠近金属附近的溶液带正电荷；另一方面，溶液中的水合离子有从金属表面获得电子，沉积到金属上的倾向，平衡时金属表面带正电荷，而溶液带负电荷。金属和金属离子建立了动态平衡，金属表面与其盐溶液就形成了带异种电荷的双电层，如图 6-1 所示。

由于双电层的存在，金属与溶液之间产生了电势差，这个电势差叫作金属的电极电势。用符号 E 表示，单位为伏特。电极电势的大小主要取决于电极材料的本性，同时还与溶液浓度、温度、介质等因素有关。

2. 标准氢电极和标准电极电势

标准氢电极(如图 6-2 所示)是将镀有铂黑的铂片浸入 H^+浓度(确切地是活度)为 1mol/L 的酸溶液中，于 298.15K 时通入 101.3kPa 的纯净氢气，氢气被铂黑吸附。被铂黑吸附的氢气与溶液中的氢离子建立了如下的动态平衡：

$$2H^+ + 2e \rightleftharpoons H_2$$

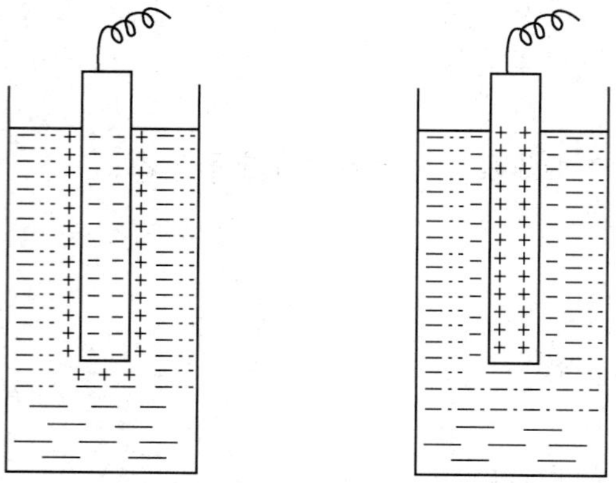

图 6-1　金属的电极电势示意图

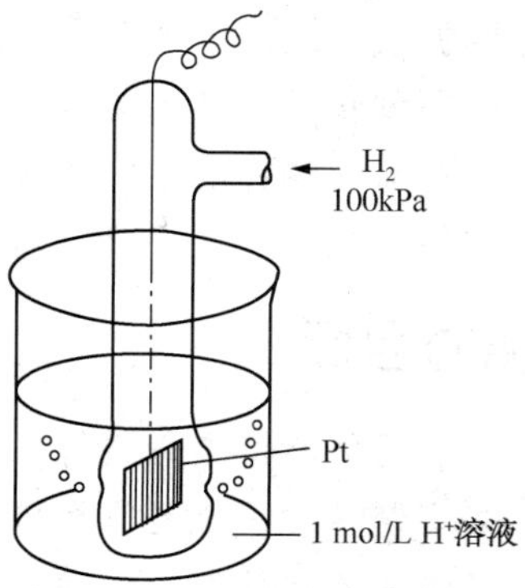

图 6-2　标准电极

标准氢电极的电极电势表示为：$E^{\ominus}_{H^+/H_2} = 0.00V$。

在原电池中，当无电流通过时两电极之间的电势差称为电池的电动势，用 ε 表示；当两电极均处于标准状态时称为标准电动势，用 $\varepsilon^{\ominus}$表示，即：

$$\varepsilon^{\ominus} = E^{\ominus}_{(+)} - E^{\ominus}_{(-)} \qquad (6-1)$$

标准电极电势的测定按以下步骤进行：

① 将待测电极与标准氢电极组成原电池；

②用电势差计测定原电池的电动势；

③用检流计来确定原电池的正负极。

标准电极电势表，见附录四，使用标准电极电势表时应注意下面几点：

① 为便于比较和统一，电极反应常写成：氧化型$+ne$ ══还原型，氧化型与氧化态，还原型与还原态略有不同，即氧化型包括氧化态和介质；还原型包括还原态和介质产物。

② $E^{\ominus}$值较大的电对中的氧化态物质能和 $E^{\ominus}$值较小的电对中的还原态物质反应。

③ $E^{\ominus}$值与电极反应的书写形式和物质的计量系数无关，仅取决于电极的本性。

④ 使用电极电势时一定要注明相应的电对。如 $E^{\ominus}_{Fe^{3+}/Fe^{2+}} = 0.771V$，而 $E^{\ominus}_{Fe^{2+}/Fe} = -0.440V$，二者相差很大。

⑤ 标准电极电势表分为酸表和碱表。

二、能斯特方程

对于一个可逆的氧化还原反应，若以 O_x 表示某电对的氧化态，Red 表示其还原态，n 为电子转移数，则电极反应为：

$$O_x + ne^- \rightleftharpoons Red$$

能斯特方程式为：

$$E_{O_x/Red} = E^{\ominus}_{O_x/Red} + \frac{RT}{nF}\ln\frac{a_{O_x}}{a_{Red}} \tag{6-2}$$

式中 $E_{O_x/Red}$——电对在任一温度、浓度时的电极电势；

$E^{\ominus}_{O_x/Red}$——电对的标准电极电势；

n——为电极反应中得失电子数；

R——气体常数，8. 314[J/(K · mol)]；

F——法拉第常数，96487(C/mol)；

T——热力学温度；

a_{O_x}，a_{Red}——氧化态和还原态的活度。

当温度为 298. 15K 时，将上述各数据代入，并将自然对数换为常用对数，则能斯特方程式为：

$$E_{O_x/Red} = E^{\ominus}_{O_x/Red} + \frac{0.059}{n}\lg\frac{a_{O_x}}{a_{Red}} \tag{6-3}$$

小贴士

能斯特

能斯特(H. W. Nernst)，德国物理化学家，1864 年 6 月生于德国，1887 年在柯尔劳什(F. Kohlrousch)的指导下，取得哲学博士学位，后成为哥丁根大学和柏林大学的教授，能斯特具有非凡的能力，24 岁时开始发表有关电化学方面的论文，25 岁时发表了成名作，推导了著名的计算电极电势方程式(1889 年)和建立了金属双电层理论。由于阐述了热力学第三定律和在电化学方面取得的巨大成就，1920 年(56 岁)获得了诺贝尔化学奖。

三、条件电极电势

利用能斯特方程时，通常知道氧化剂或还原剂的浓度，所以计算氧化还原电极电势时常用浓度代替活度。但在实际定量分析工作中不可忽略溶液中离子强度和其他副反应的影响，结果计算的电位值与实际电位值也有较大的误差。因此必须考虑溶液中离子强度的影响，从而引入条件电极电势 $E^{\ominus\prime}$ 的概念。

条件电极电势是在特定条件下，氧化态与还原态的分析浓度都是 1mol/L，并且校正了各种外界因素而得到了实际电势，它反映了离子强度与各种副反应影响下，电对的实际氧化还原能力。

考虑离子强度和存在的副反应时：

$$a_{O_x} = [O_x]\gamma_{O_x} = \frac{c_{O_x}}{\alpha_{O_x}}\gamma_{O_x},\quad a_{Red} = [Red]\gamma_{Red} = \frac{c_{Red}}{\alpha_{Red}}\gamma_{Red}$$

$$E_{\mathrm{O}_x/\mathrm{Red}}=E^{\ominus}_{\mathrm{O}_x/\mathrm{Red}}+\frac{0.059}{n}\lg\frac{\gamma_{\mathrm{O}_x}a_{\mathrm{Red}}}{\gamma_{\mathrm{Red}}a_{\mathrm{O}_x}}+\frac{0.059}{n}\lg\frac{c_{\mathrm{O}_x}}{c_{\mathrm{Red}}} \tag{6-4}$$

当 $c_{\mathrm{O}_x}=c_{\mathrm{Red}}=1\mathrm{mol/L}$ 时，得到：

$$E^{\ominus'}_{\mathrm{O}_x/\mathrm{Red}}=E^{\ominus}_{\mathrm{O}_x/\mathrm{Red}}+\frac{0.059}{n}\lg\frac{\gamma_{\mathrm{O}_x}a_{\mathrm{Red}}}{\gamma_{\mathrm{Red}}a_{\mathrm{O}_x}} \tag{6-5}$$

$E^{\ominus'}$称为条件电极电势，它表示在一定介质条件下，氧化态和还原态的分析浓度都为1mol/L时的实际电势，并且在条件一定时为常数。

① $E^{\ominus'}$与 $E^{\ominus}$的关系如同条件稳定常数 K'与稳定常数 K 之间的关系。

② 条件电极电势反映了离子强度与各种副反应影响的总结果，比较符合实际情况。

③ 各种条件下的条件电势都是由实验测定的。附录五中列出了部分电对在不同介质中的条件电势。

④ 当缺乏相同条件下的条件电势时，可采用条件相近的条件电势数据。对于没有条件电极电势的氧化还原电对，则只能采用标准电极电势。

想一想

未查到 3mol/LH_2SO_4 介质中 $E^{\ominus'}_{Cr_2O_7^{2-}/Cr^{3+}}$，能否用 4mol/L$H_2SO_4$ 介质中 $E^{\ominus'}_{Cr_2O_7^{2-}/Cr^{3+}}=1.15\mathrm{V}$ 来代替。如用 $E^{\ominus}=1.33\mathrm{V}$ 代替结果会怎样。

四、氧化还原反应进行的方向

氧化还原反应进行的方向与多种因素有关，如反应物的性质、浓度、介质的酸度和温度等。但是多种因素存在时，内因是事物变化的根据，外因是变化的条件。当外界条件一定时，如都取标准状态，反应的方向就取决于氧化剂和还原剂的本性。

通常条件下，氧化还原反应总是由较强的氧化剂与还原剂向着生成较弱的氧化剂和还原剂方向进行。从电极电势的数值来看，当氧化剂电对的电势大于还原剂电对的电势时，反应才可以进行。反应以“高电势的氧化型氧化低电势的还原型”的方向进行。在判断氧化还原反应能否自发进行时，通常指的是正向反应。

根据氧化剂和还原剂的相对强弱，可以判断出氧化还原反应进行的方向。例如：

$$Zn+Cu^{2+}\longrightarrow Zn^{2+}+Cu$$

查得：

$$Zn^{2+}+2e^-\rightleftharpoons Zn \qquad E_1^{\ominus}=-0.763\mathrm{V}$$

$$Cu^{2+}+2e^-\rightleftharpoons Cu \qquad E_2^{\ominus}=0.337\mathrm{V}$$

可知，Zn 是比 Cu 更强的还原剂，而 Cu^{2+}是比 Zn^{2+}更强的氧化剂。故 Cu^{2+}能将 Zn 氧化，上述反应会自发地自左向右进行。

想一想

已知：

$$Cd^{2+}+2e^-\rightleftharpoons Cd \qquad E_1^{\ominus}=-0.403\mathrm{V}$$

$$Cu^{2+}+2e^-\rightleftharpoons Cu \qquad E_2^{\ominus}=0.337\mathrm{V}$$

判断在标准状态时下列反应的方向。

五、氧化还原反应的平衡常数

1. 条件平衡常数

任一氧化还原反应：

$$n_2\mathrm{Ox}_1+n_1\mathrm{Red}_2 \rightleftharpoons n_1\mathrm{Ox}_2+n_2\mathrm{Red}_1 \quad (6\text{-}6)$$

两电对的半反应及相应的能斯特方程：

$$E_1=E_1^{\ominus'}+\frac{0.059}{n_1}\lg\frac{c_{\mathrm{Ox}_1}}{c_{\mathrm{Red}_1}} \quad (6\text{-}7)$$

$$E_2=E_2^{\ominus'}+\frac{0.059}{n_2}\lg\frac{c_{\mathrm{Ox}_2}}{c_{\mathrm{Red}_2}} \quad (6\text{-}8)$$

其条件平衡常数为：

$$K'=\frac{c_{\mathrm{Ox}_2}^{n_1}c_{\mathrm{Red}_1}^{n_2}}{c_{\mathrm{Ox}_1}^{n_2}c_{\mathrm{Red}_2}^{n_1}} \quad (6\text{-}9)$$

2. 条件平衡常数与条件电势的关系

当反应达平衡时，两电对的电势相等 $E_1=E_2$，则：

$$E_1^{\ominus'}+\frac{0.059}{n_1}\lg\frac{c_{\mathrm{Ox}_1}}{c_{\mathrm{Red}_1}}=E_2^{\ominus'}+\frac{0.059}{n_2}\lg\frac{c_{\mathrm{Ox}_2}}{c_{\mathrm{Red}_2}}$$

整理得：

$$\lg K'=\lg\left[\left(\frac{c_{\mathrm{Red}_1}}{c_{\mathrm{Ox}_1}}\right)^{n_2}\left(\frac{c_{\mathrm{Ox}_2}}{c_{\mathrm{Red}_2}}\right)^{n_1}\right]=\frac{(E_1^{\ominus'}-E_2^{\ominus'})n_1n_2}{0.059}=\frac{(E_1^{\ominus'}-E_2^{\ominus'})n}{0.059}$$

将条件电势改为标准电势，即得氧化还原平衡常数与标准电势的关系：

$$\lg K=\frac{(E_1^{\ominus}-E_2^{\ominus})n_1n_2}{0.059}=\frac{(E_1^{\ominus}-E_2^{\ominus})n}{0.059} \quad (6\text{-}10)$$

六、影响氧化还原反应速率的因素

氧化还原反应的平衡常数，只能说明该反应的可能性和反应完全的程度，而不能表明反应速率快慢。不同的氧化还原反应，其反应速率可以有很大差别。这是因为氧化还原反应过程比较复杂，许多反应不是一步完成的，整个反应的速率是由最慢的一步决定的。因此不能笼统地按总的氧化还原反应式判断反应速率。很多因素会影响氧化还原反应的速率。在滴定分析中，要求氧化还原反应必须定量、迅速地进行，所以对于氧化还原反应除了从平衡观点来了解反应的可能性外，还应考虑反应的速率。下面具体讨论影响氧化还原反应速率的因素。

1. 浓度对反应速率的影响

在一般情况下，增加反应物质的浓度可以加快反应速率。例如，在酸性溶液中重铬酸钾和碘化钾反应：

$$Cr_2O_7^{2-}+6I^-+14H^+ \rightleftharpoons 2Cr^{3+}+3I_2+7H_2O$$

若适当增大 I^- 和 H^+ 的浓度，可加快反应速率。实验结果表明，加 KI 过量约 5 倍，在

0.4mol/L H^+条件下，反应速率会加快，放置5min反应就可以进行完全。但酸度不能太大，否则将促使空气中的氧对 I^-的氧化速率也加快，造成分析误差。

2. 温度对反应速率的影响

温度对反应速率的影响也是很复杂的。温度的升高对于大多数反应来说，可以加快反应速率。通常温度每升高10℃，反应速率增加2~3倍。例如，高锰酸钾与草酸的反应：

$$2MnO_4^- + 5C_2O_4^{2-} + 16H^+ \rightleftharpoons 2Mn^{2+} + 10CO_2\uparrow + 8H_2O$$

3. 催化剂对反应速率的影响

使用催化剂是加快反应速率的有效方法之一。例如，在酸性溶液中，$KMnO_4$ 与 $H_2C_2O_4$ 的反应，即使将溶液的温度升高，在滴定的最初阶段，$KMnO_4$ 褪色仍很慢，若加入少许 Mn^{2+}，反应就能很快进行。

4. 诱导反应

有些氧化还原反应在通常情况下并不发生或进行极慢，但在另一反应进行时会促进这一反应的发生。这种由于一个氧化还原反应的发生促进另一氧化还原反应进行的反应，称为诱导反应。例如，在酸性溶液中，$KMnO_4$ 氧化 Cl^-的反应速率极慢，当溶液中同时存在 Fe^{2+}时，$KMnO_4$ 氧化 Fe^{2+}的反应将加速 $KMnO_4$ 氧化 Cl^- 的反应。这里，Fe^{2+}称为诱导体，MnO_4^- 称为作用体，Cl^-称为受诱体。

小贴士

诱导反应与催化反应不同，催化反应中，催化剂参加反应后恢复到原来的状态；而诱导反应中，诱导体参加反应后变成其他物质，受诱体也参加反应，以致增加了作用体的消耗量。因此用 $KMnO_4^-$ 滴定 Fe^{2+}，当有 Cl^-存在时，将使 $KMnO_4$ 溶液消耗量增加，而使测定结果产生误差。

第二节　氧化还原滴定基本原理

一、滴定曲线

在氧化还原滴定过程中被测试液的特征变化是电极电势的变化，因此滴定曲线的绘制是以电极电势为纵坐标、滴定剂体积或滴定分数为横坐标。电极电势可以用实验的方法测得，也可用能斯特方程计算得到。

现以在1mol/L H_2SO_4 溶液中，用0.1000mol/L $Ce(SO_4)_2$ 标准溶液滴定20.00mL 0.1000mol/L $FeSO_4$ 为例，讨论滴定过程中标准溶液用量和电极电位之间量的变化情况。

滴定反应为：

$$Ce^{4+} + Fe^{2+} \rightleftharpoons Fe^{3+} + Ce^{3+}$$

两电对的条件电极电势为：

$$Ce^{4+} + e^- \rightleftharpoons Ce^{3+} \qquad E^{\ominus'}_{Ce^{4+}/Ce^{3+}} = 1.44V$$

$$Fe^{3+} + e^- \rightleftharpoons Fe^{2+} \qquad E^{\ominus'}_{Fe^{3+}/Fe^{2+}} = 0.68V$$

1. 滴定开始至化学计量点前

在化学计量点前，溶液中存在过量的 Fe^{2+}，故滴定过程中电极电位可根据 Fe^{3+}/Fe^{2+} 电对计算。

$$E_{Fe^{3+}/Fe^{2+}}=E^{\ominus'}_{Fe^{3+}/Fe^{2+}}+0.059\lg\frac{c_{Fe^{3+}}}{c_{Fe^{2+}}}$$

此时 $E_{Fe^{3+}/Fe^{2+}}$ 值随溶液中 $c_{Fe^{3+}}$ 和 $c_{Fe^{2+}}$ 的改变而变化。例如，当加入标准溶液 $Ce(SO_4)_2$ 99.9%时，Fe^{2+} 剩余 0.1%，溶液电位是：

$$E_{Fe^{3+}/Fe^{2+}}=0.68V+0.059\lg\frac{99.9}{0.1}=0.86V$$

在化学计量点前各滴定点的电位值可按同法计算。

2. 化学计量点时

化学计量点时，已加入 20.00mL 0.1000mol/L Ce^{4+} 标准溶液，Ce^{4+} 和 Fe^{2+} 都能定量地转变成 Ce^{3+} 和 Fe^{3+}，溶液中未反应的 Ce^{4+} 和 Fe^{2+} 的浓度均很小，不能直接单独按某一电对来计算电极电势，但反应达到平衡时两电对的电极电势相等，故可由两电对联立求得。

$$E=\frac{n_1E^{\ominus'}_{Ce^{4+}/Ce^{3+}}+n_2E^{\ominus'}_{Fe^{3+}/Fe^{2+}}}{n_1+n_2}=\frac{1.44V+0.68V}{2}=1.06V$$

3. 化学计量点后

化学计量点后，加入了过量的 Ce^{4+}，故可利用 $c_{Ce^{4+}/Ce^{3+}}$ 来计算电位。

例如，当 Ce^{4+} 过量 0.1%时，溶液电位是：

$$E_{Ce^{4+}/Ce^{3+}}=E^{\ominus'}_{Ce^{4+}/Ce^{3+}}+0.059\lg\frac{0.1}{100}=1.26V$$

化学计量点过后各滴定点的电位值，可按同法计算。

4. 滴定突跃

将滴定过程中，由计算出的不同滴定点的电位绘制的滴定曲线如图 6-3 所示。当 Ce^{4+} 标准溶液滴入 50%时的电位等于还原剂电对的条件电极电位；当 Ce^{4+} 标准溶液滴入 200%时的电位等于氧化剂电对的条件电极电位；滴定由 99.9%~100.1%时电极电位变化范围为 1.26V−0.86V=0.4V，即滴定曲线的电位突跃是 0.4V，这为判断氧化还原反应滴定的可能性和选择指示剂提供了依据。由于 Ce^{4+} 滴定 Fe^{2+} 的反应中，两电对电子转移数都是 1，化学计量点的电位（1.06V）正好处于滴定突跃中间（0.86~1.26V），整个滴定曲线基本对称。

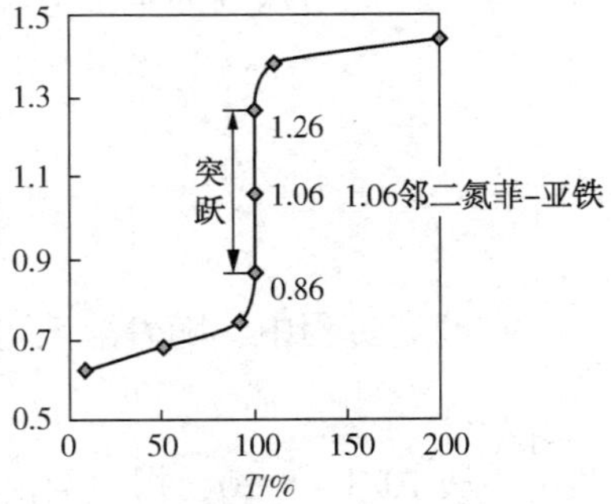

图 6-3　$Ce(SO_4)_2$ 滴定 $FeSO_4$ 的滴定曲线

氧化还原滴定曲线突跃的长短和氧化剂还原剂两电对的条件电极电位的差值大小有关。两电对的条件电极电位相差较大，滴定突跃就较长，反之，其滴定突跃就较短。

知识拓展

影响滴定突跃大小的因素有：

① 电子转移数越多，滴定突跃越大。

② 氧化剂的条件电极电位越大(氧化剂越强)，还原剂的条件电极电位越小(还原剂越强)，滴定突跃越大。

③ 由于条件电极电位受离子强度、介质、副反应的影响，故滴定突跃必然也受上述因素的影响。

④ 滴定突跃与滴定剂和被测物质的浓度无关(此点与其他滴定不同)。

二、氧化还原滴定中的指示剂

氧化还原滴定法中常用的指示剂有以下几类。

(1) 自身指示剂

利用滴定剂或被测物质本身的颜色变化来指示滴定终点，无需另加指示剂。例如用 $KMnO_4$ 溶液滴定 $H_2C_2O_4$ 溶液，滴定至化学计量点后只要稍微过量的 $KMnO_4$(2×10^{-6}mol/L) 就能使溶液呈现粉红色，指示终点的到达。

(2) 专属指示剂

这种指示剂本身不具有氧化还原性，但它能与某些氧化剂或还原剂发生显色反应，形成有色配合物，因而可以指示滴定终点，这类物质称为专属指示剂(也称特殊指示剂)。例如，在碘量法中，用可溶性淀粉作指示剂。可溶性淀粉溶液与 $I_2(I_3^-)$ 反应，生成深蓝色配合物，当 I_2 完全被还原成 I^- 时，深蓝色消失，因此，可根据蓝色的出现或消失指示滴定终点，淀粉是碘量法的特殊指示剂。

(3) 氧化还原指示剂

这类指示剂具有氧化还原性质，其氧化态和还原态具有不同的颜色。在滴定过程中，因被氧化或还原而发生颜色变化以指示终点。

氧化还原指示剂的半反应和相应的能斯特方程为：

$$\mathrm{In}_{\mathrm{O}_x} + ne^- \rightleftharpoons \mathrm{In}_{\mathrm{Red}}$$

$$E_{\mathrm{In}} = E_{\mathrm{In}}^{\ominus'} + \frac{0.059}{n}\lg\frac{c_{\mathrm{In}_{\mathrm{O}_x}}}{c_{\mathrm{In}_{\mathrm{Red}}}}$$

在滴定过程中，随着溶液电极电势的改变，$\frac{c_{\mathrm{In}_{\mathrm{O}x}}}{c_{\mathrm{In}_{\mathrm{Red}}}}$随之变化，溶液的颜色也发生变化。当$\frac{c_{\mathrm{In}_{\mathrm{O}_x}}}{c_{\mathrm{In}_{\mathrm{Red}}}}$从 10/1～1/10，指示剂由氧化态颜色转变为还原态颜色。相应的指示剂变色范围为：

$$E_{\mathrm{In}}^{\ominus'} \pm \frac{0.059}{n}$$

例如，用 $K_2Cr_2O_7$ 溶液滴定 Fe^{2+}，常用二苯胺磺酸钠作指示剂。二苯胺磺酸钠的还原型是无色，氧化型是紫红色，故在计量点时，稍过量的 $K_2Cr_2O_7$ 会把二苯胺磺酸钠由还原型变为氧化型，即无色突变为紫红色，从而指示滴定终点。

表 6-1 列出了常用的氧化还原指示剂。在氧化还原滴定中选择这类指示剂的原则是：

指示剂变色点的电极电势应处于滴定体系的电极电势突跃范围内。

表 6-1　常用的氧化还原指示剂

指示剂	颜色变化		$E_{In}^{\ominus'}$/V	配制方法
	还原态	氧化态	$[H^+]=1mol/L$	
次甲基蓝	无色	蓝色	0.53	质量分数为 0.05%的水溶液
二苯胺	无色	紫色	0.76	0.25g 指示剂与 3mL 水混合溶于 100mL 浓 H_2SO_4 或 H_3PO_4 中
二苯胺磺酸钠	无色	紫红色	0.84	0.8g 指示剂加 2gNa_2CO_3，用水溶解并稀释至 100mL
邻苯氨基苯甲酸	无色	紫红色	0.89	0.1g 指示剂溶于 30mL 质量分数为 0.6%的 Na_2CO_3 溶液中，用水稀释至 100mL 过滤，保存在暗处
邻二氮菲-亚铁	红色	淡蓝色	1.06	1.49g 邻二氮菲加 0.7g $FeSO_4 \cdot 7H_2O$ 溶于水，稀释至 100mL

如前所述，在 1mol/LH_2SO_4 介质中，用 Ce^{4+}溶液滴定 Fe^{2+}溶液，化学计量点前后 0.1%的电极电势突跃范围是 0.86~1.26V，显然宜选用邻苯氨基苯甲酸或邻二氮菲-亚铁作指示剂。二苯胺磺酸钠常用于在 HCl-H_3PO_4 介质中，用 $K_2Cr_2O_7$ 溶液滴定 Fe^{2+}溶液的情况。

氧化还原反应的完全程度一般来说是比较高的，因而化学计量点附近的突跃范围较大，又有不同的指示剂可供选择，因此终点误差一般并不大，在此不作介绍。

想一想

氧化还原指示剂的变色原理和选择与酸碱指示剂有何异同？

第三节　高锰酸钾法

一、概述

$KMnO_4$ 是一种强氧化剂，在不同酸度条件下，其氧化能力不同。

在强酸溶液中：

$$MnO_4^- + 8H^+ + 5e^- \rightleftharpoons Mn^{2+} + 4H_2O \qquad E^{\ominus} = 1.51V$$

在中性、弱酸或弱碱性溶液中：

$$MnO_4^- + 2H_2O + 3e^- \rightleftharpoons MnO_2 \downarrow + 4OH^- \qquad E^{\ominus} = 0.588V$$

在强碱溶液中：

$$MnO_4^- + e^- \rightleftharpoons MnO_4^{2-} \qquad E^{\ominus} = 0.564V$$

$KMnO_4$ 法的优点是氧化能力强，可直接、间接测定多种无机物和有机物；本身可作指示剂。缺点是 $KMnO_4$ 标准溶液不够稳定；滴定的选择性较差。

二、$KMnO_4$ 标准溶液的配制和标定

市售的 $KMnO_4$ 试剂常含有少量 MnO_2 和其他杂质，配制溶液时所用蒸馏水中也含有微

量还原性物质，所以 $KMnO_4$ 标准溶液不能直接配制。通常先配制成近似浓度溶液后再进行标定。配制时，称取略多于理论计算量的固体 $KMnO_4$，溶解于一定体积的蒸馏水中，加热煮沸，保持微沸约 1h，然后在暗处放置 7~10d，使溶液中可能存在的还原性物质完全氧化。用微孔玻璃漏斗过滤，除去 $MnO(OH)_2$ 沉淀。过滤后的 $KMnO_4$ 溶液储存于棕色瓶中，置于暗处，避光保存。

标定 $KMnO_4$ 溶液的基准物质有 $H_2C_2O_4 \cdot 2H_2O$，NaC_2O_4，As_2O_3(剧毒)，铁氨钒，纯铁丝等。常用的是 NaC_2O_4，易提纯，稳定，不含结晶水。在酸性溶液中，$KMnO_4$ 与 NaC_2O_4 的反应为：

$$2MnO_4^- + 5C_2O_4^{2-} + 16H^+ \rightleftharpoons 2Mn^{2+} + 10CO_2\uparrow + 8H_2O$$

为使反应定量进行，需注意以下滴定条件。

① 温度。此反应在室温下速度缓慢，需加热至 75~85℃，但高于 90℃时，$H_2C_2O_4$ 会分解：

$$H_2C_2O_4 \rightleftharpoons H_2O + CO_2\uparrow + CO\uparrow$$

② 酸度。酸度过低，MnO_4^- 会部分被还原成 MnO_2；酸度过高，会促使 $H_2C_2O_4$ 分解。

一般滴定开始的最宜酸度为 1mol/L。为防止诱导氧化 Cl^- 的反应发生，应在 H_2SO_4 介质中进行。

想一想

$KMnO_4$ 滴定法，在酸性溶液中的反应常用 H_2SO_4 来酸化，而不用 HNO_3，为什么？

③ 滴定速度。即使在 75~85℃的强酸性溶液中，$KMnO_4$ 与 $C_2O_4^{2-}$ 之间的反应速率也是比较慢的，随着反应进行，生成物 Mn^{2+} 具有自身催化作用，反应速率会逐渐加快。所以，刚开始滴定时速率不能太快，加一滴 $KMnO_4$ 待紫红色完全褪去后，才能加入下一滴。随着滴定的进行，滴定速率可以适当加快，但不宜过快，否则加入的 $KMnO_4$ 来不及与 $C_2O_4^{2-}$ 反应，就在热的酸性溶液中分解。

$$4MnO_4^- + 12H^+ \rightleftharpoons 4Mn^{2+} + 5O_2\uparrow + 6H_2O$$

如果在滴定前，向溶液中加入几滴 $MnSO_4$ 作为催化剂，则滴定的最初阶段，反应可以较快进行。

小贴士

标定好的 $KMnO_4$ 溶液应避光暗处放置，不宜长时期存放，如发现有沉淀析出，应重新过滤并标定。

三、$KMnO_4$ 法应用示例

1. 直接滴定法测定 H_2O_2

在酸性溶液中 H_2O_2 被 $KMnO_4$ 定量氧化，其反应为：

$$5H_2O_2 + 2MnO_4^- + 6H^+ \rightleftharpoons 2Mn^{2+} + 5O_2\uparrow + 8H_2O$$

可加入少量 Mn^{2+} 加快反应速率。

2. 间接滴定法测定 Ca^{2+}

先用 $C_2O_4^{2-}$ 将 Ca^{2+} 全部沉淀为 CaC_2O_4，沉淀经过滤、洗涤后溶于稀 H_2SO_4，然后用 $KMnO_4$ 标准溶液滴定，间接测得 Ca^{2+} 的含量。反应式为：

$$C_2O_4^{2-}+Ca^{2+} \rightleftharpoons CaC_2O_4\downarrow$$

$$CaC_2O_4+2H^+ \rightleftharpoons H_2C_2O_4+Ca^{2+}$$

$$2MnO_4^-+5H_2C_2O_4+6H^+ \rightleftharpoons 2Mn^{2+}+10CO_2\uparrow+8H_2O$$

3. 返滴定法测定软锰矿中 MnO_2

在含 MnO_2 试液中加入一定量的过量的 $C_2O_4^{2-}$，在酸性介质中发生反应：

$$MnO_2+C_2O_4^{2-}+4H^+ \rightleftharpoons Mn^{2+}+2CO_2\uparrow+2H_2O$$

待反应完全后，用 $KMnO_4$ 标准溶液返滴定剩余的 $C_2O_4^{2-}$，可求得 MnO_2 含量。

$$2MnO_4^-+5C_2O_4^{2-}+16H^+ \rightleftharpoons 2Mn^{2+}+10CO_2\uparrow+8H_2O$$

此法也可用于测定 PbO_2 的含量。

【例 6-1】 称取软锰矿样 0.4012g 以 0.4488g$Na_2C_2O_4$ 在强酸性条件下处理后，再以 0.01012mol/L 的 $KMnO_4$ 标准滴定剩余的 $Na_2C_2O_4$，消耗 $KMnO_4$ 溶液 30.20mL。求软锰矿中 MnO_2 的百分含量。

解： 因为

$$n_{MnO_2}=n_{Na_2C_2O_4}-n_{余Na_2C_2O_4}=n_{Na_2C_2O_4}-\frac{5}{2}n_{KMnO_4}$$

所以

$$w_{MnO_2}=\frac{\left[\dfrac{m(Na_2C_2O_4)}{M(Na_2C_2O_4)}-\dfrac{5}{2}c(KMnO_4)V(KMnO_4)\right]M(MnO_2)}{m_{样}}$$

$$\omega_{MnO_2}=\frac{\left(\dfrac{0.4488g}{134.0g/mol}-\dfrac{5}{2}\times0.01012mol/L\times30.20\times10^{-3}L\right)\times86.94g/mol}{0.4012g}\times100\%$$

$$\omega_{MnO_2}=56.00\%$$

第四节　重铬酸钾法

一、概述

$K_2Cr_2O_7$ 是一种常用的氧化剂，在酸性介质中的半反应为：

$$Cr_2O_7^{2-}+14H^++6e^- \rightleftharpoons 2Cr^{3+}+7H_2O \qquad E^{\ominus}=1.33V$$

虽然 $K_2Cr_2O_7$ 在酸性溶液中的氧化能力不如 $KMnO_4$ 强，应用范围不如 $KMnO_4$ 法广泛，且六价铬盐毒性较大，但 $K_2Cr_2O_7$ 法与 $KMnO_4$ 法相比却具有以下几个特点：

① 易提纯，含量达 99.99%，在 140~150℃干燥至恒重后，可直接称量配成标准溶液。

② $K_2Cr_2O_7$ 标准溶液非常稳定，长期保存在密闭容器中，其浓度不变。

③ 由于氧化能力弱于 $KMnO_4$，在室温下不受 Cl^- 还原作用的影响，可在 HCl 溶液中滴定。但应注意，如果 HCl 的浓度较高或将溶液煮沸时，$K_2Cr_2O_7$ 也能部分地被 Cl^- 还原。

④ 自身不能作为指示剂，需外加指示剂，常用的指示剂是二苯胺磺酸钠和邻苯氨基苯甲酸。

⑤ 最应注意的是，六价铬是致癌物，废水污染环境，应加以处理。

知识拓展

六价铬为吞入性和吸入性极毒物，能与蛋白质结合，改变蛋白质的性质，皮肤接触可能导致敏感，更可能造成遗传性基因缺陷，吸入可能致癌，对环境有持久危险性。2019 年 7 月 23 日，六价铬化合物被列入有毒有害水污染物名录(第一批)。

二、$K_2Cr_2O_7$ 法应用示例

1. 铁矿石中全铁含量的测定

重铬酸钾法是测定铁矿石中全铁含量的标准方法。试样在浓 HCl 溶液中加热溶解，趁热用 $SnCl_2$ 溶液将 Fe^{3+} 全部还原为 Fe^{2+}，过量的 $SnCl_2$ 用 $HgCl_2$ 氧化，此时溶液中析出白色丝状 Hg_2Cl_2 沉淀。用水稀释并在 1~2mol/L 的 $H_2SO_4-H_3PO_4$ 混合酸介质中，以二苯胺磺酸钠作指示剂，用 $K_2Cr_2O_7$ 标准溶液滴定至溶液由浅绿色(Cr^{3+} 的颜色)变为紫红色，即为滴定终点。根据 $K_2Cr_2O_7$ 标准溶液的用量计算出试样中铁的含量。其主要反应为：

$$2Fe^{3+}+Sn^{2+} \rightleftharpoons 2Fe^{2+}+Sn^{4+}$$

$$Sn^{2+}+2HgCl_2 \rightleftharpoons Sn^{4+}+2Cl^-+Hg_2Cl_2\downarrow(\text{白色})$$

$$Cr_2O_7^{2-}+6Fe^{2+}+14H^+ \rightleftharpoons 2Cr^{3+}+6Fe^{3+}+7H_2O$$

在滴定前加入 $H_2SO_4-H_3PO_4$ 的目的是：

① 提供滴定所需的酸度条件；

② H_3PO_4 与 Fe^{3+} 生成无色而稳定的 $[Fe(HPO_4)_2]^+$，消除了 Fe^{3+} 的黄色，有利于观察终点的颜色。同时减小了 Fe^{3+} 的浓度，降低了 Fe^{3+}/Fe^{2+} 电对的电极电势，使滴定突跃范围增大，使指示剂的变色范围落在滴定突跃范围之内，减小误差。

知识拓展

为了减少汞对环境的污染，可采用 $SnCl_2-TiCl_3$ 联合还原法测定铁矿石试样。试样分解后，先用 $SnCl_2$ 将大部分 Fe^{3+} 还原，再以钨酸钠为指示剂，用 $TiCl_3$ 还原剩余的 Fe^{3+}，稍过量的 $TiCl_3$ 使蓝色的钨出现，保证 Fe^{3+} 已全部还原，在 Cu^{2+} 的催化下加水稀释，滴加稀 $K_2Cr_2O_7$ 至蓝色刚好褪去，以除去过量的 $TiCl_3$，最后在 H_3PO_4 存在下，用二苯胺磺酸钠作指示剂，以 $K_2Cr_2O_7$ 标准溶液进行滴定。

2. 化学需氧量(COD)的测定

化学需氧量(COD)，是在一定条件，用一定的强氧化剂处理水样所消耗的氧化剂的量，以 mgO_2/L 表示，它是指示水体被还原性物质污染的主要指标，还原性物质包括各种有机物、亚硝酸盐、亚铁盐和硫化物等，但水样受有机物污染是极为普遍的，因此化学需氧量

可作为有机物相对含量的指标之一。

测定时水样与过量重铬酸钾在硫酸介质中及硫酸银催化下，回流加热 2h，冷却后用硫酸亚铁铵标准溶液回滴剩余的重铬酸钾，用试亚铁灵为指示剂。然后由消耗的 $K_2Cr_2O_7$ 标准溶液和硫酸亚铁铵的量，计算出化学需氧量，以 COD_{Cr}(O_2，mg/L)表示。同高锰酸钾滴定法一样，严格控制酸度、加热时间等反应条件。

知识拓展

BOD 是指生化需氧量又称生化耗氧量，是水体中的好氧微生物在一定温度下将水中有机物分解成无机质，这一特定时间内的氧化过程中所需要的溶解氧量，它是反映水中有机污染物含量的一个综合指标，是重要的水质污染参数。以 mg/L 或百分率、ppm 表示。如果进行生物氧化的时间为五天就称为五日生化需氧量(用 BOD_5 表示)。

第五节　碘　量　法

一、概述

碘量法是基于 I_2 的氧化性及 I^- 的还原性进行测定的方法。固体碘在水中溶解度很小且易于挥发，通常将 I_2 溶解于 KI 以配成碘液。此时 I_2 以 I_3^- 形式存在，其半反应为：

$$I_3^- + 2e^- \rightleftharpoons 3I^- \qquad E^{\ominus} = 0.545V$$

为简化并强调化学计量关系，一般仍简写成 I_2。

根据电极电势可知，I_2 是较弱的氧化剂，可与较强的还原剂作用，而 I^- 是中等强度的还原剂，可与许多氧化剂作用。因此，碘量法测定可以分为直接和间接两种方式进行。

1. 直接碘量法(碘滴定法)

用碘标准溶液直接滴定 SO_3^{2-}，As(Ⅲ)，$S_2O_3^{2-}$，维生素 C 等强还原剂，这种方法称为直接碘量法或碘滴定法。

例如，钢铁中硫含量的测定，试样在一定条件下燃烧后，使钢铁中的硫转化为 SO_2，用水充分吸收，再用 I_2 标准溶液直接滴定，其反应式为：

$$I_2 + SO_2 + 2H_2O \rightleftharpoons 2I^- + SO_4^{2-} + 4H^+$$

采用淀粉作指示剂，终点非常明显。

直接碘量法不能在碱性溶液中进行，否则会发生歧化反应。I_2 是一种较弱的氧化剂，所以直接碘量法的应用受到一定限制。

2. 间接碘量法(滴定碘法)

利用 I^- 的还原性，使它与许多氧化物质如 $Cr_2O_7^{2-}$，MnO_4^-，BrO_3^-，H_2O_2 等反应，定量地析出 I_2，然后用 $Na_2S_2O_3$ 标准溶液滴定 I_2，以间接地测定这些氧化性物质，这种方法称间接碘量法或滴定碘法。

例如，$KMnO_4$ 在酸性溶液中，与过量的 KI 作用析出 I_2，其反应为：

$$2MnO_4^- + 10I^- + 16H^+ \rightleftharpoons 2Mn^{2+} + 5I_2 + 8H_2O$$

再用 $Na_2S_2O_3$ 标准溶液滴定 I_2，其反应为：

$$I_2+2S_2O_3^{2-} \rightleftharpoons 2I^-+S_4O_6^{2-}$$

间接碘量法的应用较直接碘量法更为广泛。在间接碘量法应用中必须注意以下几点：

① 控制溶液的酸度。

滴定必须在中性或弱酸性溶液中进行。在碱性溶液中，I_2 不仅会发生歧化反应，而且 I_2 与 $S_2O_3^{2-}$ 会发生下列副反应。

$$4I_2+S_2O_3^{2-}+10OH^- \rightleftharpoons 8I^-+2SO_4^{2-}+5H_2O$$

在强酸性溶液中，$Na_2S_2O_3$ 溶液会发生分解。

$$S_2O_3^{2-}+2H^+ \rightleftharpoons SO_2\uparrow+S+H_2O$$

② 防止 I_2 的挥发和 I^- 的氧化。

I_2 的挥发和 I^- 被空气中的 O_2 氧化是间接碘量法主要的误差来源。要防止 I_2 挥发，可加入过量 KI 使 I_2 形成 I_3^- 而难以挥发；滴定应在室温下进行，操作要迅速，滴定时使用碘量瓶，要及时塞上塞子并进行水封，不要剧烈摇动，以减少 I_2 的挥发；酸度不宜太高，同时避免阳光直射。

③ 掌握指示剂的加入时间。

$Na_2S_2O_3$ 滴定 I_2 时，指示剂应在临近终点时加入。指示剂加入过早，由于大量的 I_2 和淀粉形成蓝色化合物，妨碍 $Na_2S_2O_3$ 对 I_2 的还原作用，使溶液的蓝色很难褪去，造成误差。

二、标准溶液的配制与标定

1. I_2 溶液的配制和标定

用升华法制得的纯碘可作为基准物质直接配成标准溶液。但市售的碘不纯，常含有杂质，又由于碘分子的挥发性及对分析天平的腐蚀性，所以一般将市售的碘配制成近似浓度的溶液，然后再进行标定。

小贴士

由于 I_2 难溶于水，易溶于 KI 溶液，所以配制时将一定量的碘与过量的 KI 放入研钵中加少量的水研磨，使碘分子全部溶解，溶解后再稀释到一定体积，将溶液保存在具有玻璃塞的棕色瓶中，避免碘液与橡皮等有机物(易与有机物作用)接触，并防止日光照射、受热等，否则浓度会改变。

碘标准溶液的准确浓度可用 $Na_2S_2O_3$ 标准溶液进行标定，也可用基准物质 As_2O_3(砒霜，有剧毒)来标定。由于 As_2O_3 难溶于水，可用 NaOH 溶解，生成亚砷酸盐。

$$As_2O_3+6NaOH \rightleftharpoons 2Na_3AsO_3+3H_2O$$

再用 HCl 酸化并用 $NaHCO_3$ 调节溶液至 pH≈8，以淀粉为指示剂，终点时溶液由无色变为蓝色，I_2 与 AsO_3^{3-} 反应式为：

$$AsO_3^{3-}+I_2+H_2O \rightleftharpoons AsO_4^{3-}+2I^-+2H^+$$

根据称取 As_2O_3 的质量，滴定时消耗 I_2 溶液的体积计算出 I_2 标准溶液的浓度。

知识拓展

I_2 与 AsO_3^{3-} 反应为可逆反应，在中性或微碱性溶液中能定量地向右进行，因此，通常是加入碳酸氢钠使亚砷酸盐溶液的 pH≈8，然后用 I_2 溶液进行滴定。

2. $Na_2S_2O_3$ 标准溶液的配制与标定

固体 $Na_2S_2O_3 \cdot 5H_2O$ 容易风化，常含有少量杂质，因此 $Na_2S_2O_3$ 不能用直接法配制。配好的 $Na_2S_2O_3$ 溶液也不稳定，易分解，其主要原因是：

① 遇酸分解，水中的 CO_2 使水呈弱酸性。

$$Na_2S_2O_3+CO_2+H_2O \rightleftharpoons NaHSO_3+NaHCO_3+S\downarrow$$

此分解作用一般在初制成溶液的最初 10 日内进行。

② 受水中微生物的作用分解。

$$Na_2S_2O_3 \xrightleftharpoons{\text{细菌}} Na_2SO_3+S\downarrow$$

③ 空气中氧的作用使 $Na_2S_2O_3$ 分解。

$$2Na_2S_2O_3+O_2 \rightleftharpoons 2Na_2SO_4+2S\downarrow$$

④ 见光分解。

另外，蒸馏水中可能含有的 Fe^{3+}，Cu^{2+} 等会催化 $Na_2S_2O_3$ 溶液的氧化分解。

想一想

$Na_2S_2O_3$ 不稳定的原因有哪些？如何配制其标准溶液？

因此配制 $Na_2S_2O_3$ 溶液的方法是：称取比计算用量稍多的 $Na_2S_2O_3 \cdot 5H_2O$ 试剂，溶于新煮沸(除去水中的 CO_2 并灭菌)并已冷却的蒸馏水中，加入少量 Na_2CO_3 使溶液呈弱碱性，以抑制微生物的生长，溶液储存于棕色瓶中，放置暗处数天后再进行标定。若发现溶液变浑浊，需过滤后再标定，严重时应弃去重新配制。

标定 $Na_2S_2O_3$ 溶液的基准物有 $K_2Cr_2O_7$，$KBrO_3$，KIO_3 等。其中 $K_2Cr_2O_7$ 最常用。

反应式为：

$$Cr_2O_7^{2-}+6I^-+14H^+ \rightleftharpoons 2Cr^{3+}+3I_2+7H_2O$$

$$I_2+2S_2O_3^{2-} \rightleftharpoons 2I^-+S_4O_6^{2-}$$

知识拓展

标定实验的主要步骤是在酸性溶液中，$K_2Cr_2O_7$ 与过量 KI 反应，生成与 $K_2Cr_2O_7$ 计量相当的 I_2，在暗处放置 3 ~5min 使反应完全，然后加蒸馏水稀释以降低酸度，在弱酸性条件下用待标定的 $Na_2S_2O_3$ 溶液滴定析出的 I_2，近终点时溶液呈现稻草黄色(I_3^- 黄色与 Cr^{3+} 绿色)时，加入淀粉指示剂(若滴定前加入，由于碘-淀粉吸附化合物，不易与 $Na_2S_2O_3$ 反应，给滴定带来误差)，继续滴定至蓝色消失即为终点。最后准确计量 $Na_2S_2O_3$ 溶液的浓度。

三、应用示例

1. 维生素 C 含量的测定

用 I_2 标准溶液直接滴定维生素 C。维生素 C 分子中的烯二醇基具有还原性，可被 I_2 定量氧化成二酮基。维生素 C 在碱性溶液中易被空气氧化，因此滴定应在 HAc 介质中，以淀粉为指示剂，用 I_2 标准溶液迅速滴定至终点。

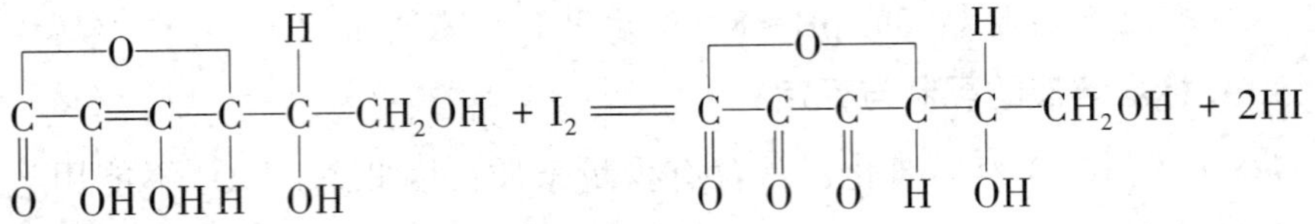

2. Cu^{2+}的测定

在弱酸性溶液中，Cu^{2+}与过量 KI 反应定量析出 I_2，然后用 $Na_2S_2O_3$ 标准溶液滴定析出的 I_2，间接法求出 Cu^{2+}含量。其反应为：

$$2Cu^{2+}+4I^- \rightleftharpoons 2CuI\downarrow +I_2$$

$$I_2+2S_2O_3^{2-} \rightleftharpoons 2I^- +S_4O_6^{2-}$$

为减少 CuI 对 I_2 的吸附，可在近终点时加入 KSCN 溶液，使 CuI 转化为溶解度更小且对 I_2 吸附力弱的 CuSCN。

$$CuI+SCN^- \rightleftharpoons CuSCN+I^-$$

3. 葡萄糖含量的测定

葡萄糖分子中的醛基在碱性条件下用过量 I_2 氧化成羧基，其反应为：

$$I_2+2OH^- \rightleftharpoons IO^- +I^- +H_2O$$

$$CH_2OH(CHOH)_4CHO+IO^- +OH^- \rightleftharpoons CH_2OH(CHOH)_4COO^- +I^- +H_2O$$

剩余的 IO^-在碱性溶液中歧化为：

$$3IO^- \rightleftharpoons IO_3^- +2I^-$$

溶液经酸化后又析出 I_2：

$$IO_3^- +5I^- +6H^+ \rightleftharpoons 3I_2+3H_2O$$

最后，用 $Na_2S_2O_3$ 标准溶液滴定析出的 I_2。

4. 漂白粉中有效氯的测定

漂白粉具有漂白和消毒作用，其有效成分是次氯酸盐，此外，漂白粉中还有 $CaCl_2$、$Ca(ClO_3)_2$ 和 CaO 等。工业上评价的标准是用酸处理后释放出来的氯量，称为有效成分，以 Cl%来表示。

在硫酸溶液中，漂白粉与过量的 KI 溶液作用产生 I_2，其反应式为：

$$ClO^- +2I^- +2H^+ \rightleftharpoons I_2+Cl^- +H_2O$$

析出来的 I_2 再用 $Na_2S_2O_3$ 标准溶液滴定。

习　题

一、选择题

1. 用碘量法测定漂白粉中的有效氯(Cl)时，常用(　　)作指示剂。

A. 甲基橙　　B. 淀粉　　C. 铁铵矾　　D. 二苯胺磺酸钠

2. 分别用 $K_2Cr_2O_7$ 和 $KMnO_4$ 标准溶液滴定同浓度的亚铁盐溶液，当滴定进行到(　　)时，两滴定体系的电极电位相等。

A. 开始时　　B. 滴定至 50%　　C. 滴定至 99.9%　　D. 滴定至 100%

3. 高锰酸钾法测定 H_2O_2 含量时，调节酸度时应选用(　　)。

A. HAc　　B. HCl　　C. HNO_3　　D. H_2SO_4

4. $KMnO_4$ 在强酸性溶液中，其半反应(电极反应)为(　　)。

A. $MnO_4^-+e \rightleftharpoons MnO_4^{2-}$

B. $MnO_4^-+2H_2O+3e \rightleftharpoons MnO_2\downarrow+4OH^-$

C. $MnO_4^-+4H^++2e \rightleftharpoons MnO_2\downarrow+2H_2O$

D. $MnO_4^-+8H^++5e \rightleftharpoons Mn^{2+}+4H_2O$

5. 用 $KMnO_4$ 法滴定 $Na_2C_2O_4$ 时，被滴溶液要加热至 75~85℃，目的是(　　)。

A. 赶去氧气，防止诱导反应的发生　　B. 防止指示剂的封闭

C. 使指示剂变色敏锐　　D. 加快滴定反应的速度

6. 碘量法测定铜时，近终点时要加入 KSCN 或 NH_4SCN，其作用是(　　)。

A. 用作 Cu^+的沉淀剂，把 CuI 转化为 CuSCN，防止吸附 I_2

B. 用作 Fe^{3+}的配合剂，防止发生诱导反应而产生误差

C. 用于控制溶液的酸度，防止 Cu^{2+}的水解而产生误差

D. 与 I_2 配合物，用于防止 I_2 的挥发而产生误差

7. $KMnO_4$ 法中所用的指示剂一般属(　　)。

A. 氧化还原指示剂　　B. 自身指示剂

C. 特殊指示剂　　D. 金属指示剂

8. 配制 $Na_2S_2O_3$ 溶液时，要用新煮沸且冷却的蒸馏水的原因是下列之中的(　　)。

(1) 杀菌(2)除去 O_2 和 CO_2(3)使水软化(4)促进 $Na_2S_2O_3$ 溶解

A. (1)和(2)　　B. (2)　　C. (2)和(3)　　D. (1)、(2)和(4)

9. 下列叙述中，正确的是(　　)。

A. 用 $K_2Cr_2O_7$ 标液滴定 $FeSO_4$ 溶液不用另外加指示剂

B. 用 $KMnO_4$ 标液滴定 H_2O_2 应加热至 75~85℃

C. 用 $K_2Cr_2O_7$ 标液滴定 Fe^{2+}时，加入 H_3PO_4 的作用是使滴定突跃范围增大

D. 间接碘量法滴定反应的计量关系是 $2n(Na_2S_2O_3)=n(I_2)$

10. 下述两种情况下的滴定突跃将是(　　)。

(1) 用 0.1mol/LCe$(SO_4)_2$ 溶液滴定 0.1mol/L$FeSO_4$ 溶液

(2) 用 0.01mol/LCe$(SO_4)_2$ 溶液滴定 0.01mol/L$FeSO_4$ 溶液

A. 一样大　　B. (1)>(2)　　C. (2)>(1)　　D. 无法判断

11. 下列滴定法中，不用另外加指示剂的是(　　)。

A. 重铬酸钾法　　B. 甲醛法

C. 碘量法　　D. 高锰酸钾法

12. 用 $K_2Cr_2O_7$ 法测定 Fe^{2+}时，为了增大突跃范围，提高测定的准确度，应在试液中加入(　　)。

A. $H_2SO_4+H_3PO_4$　　B. $H_2SO_4+HNO_3$　　C. H_2SO_4+HCl　　D. H_2SO_4+HAc

13. 下列滴定中，不能在强酸性介质中进行的是(　　)。

A. 重铬酸钾滴定硫酸亚铁　　B. 高锰酸钾滴定过氧化氢

C. 硫代硫酸钠滴定碘　　D. EDTA 滴定 Fe^{3+}($\lg K_{FeY}=25.1$)

14. 对于 $KMnO_4$ 溶液的标定，下列叙述不正确的是(　　)。

A. 以 $Na_2C_2O_4$ 为基准物　　B. 一般控制[H^+]=1mol/L 左右

C. 不用另外加指示剂　　D. 在常温下反应速度较快

15. 在硫酸介质中，用 $Na_2C_2O_4$ 基准物标定 $KMnO_4$ 溶液时，如果溶液温度高于 90℃，则所得 $KMnO_4$ 溶液的浓度(　　)。

A. 偏低　　B. 偏高　　C. 无误差　　D. 不确定

16. 用间接碘量法测定 Cu^{2+} 时，为了使反应趋于完全，必须加入过量的(　　)。

A. KI　　B. $Na_2S_2O_3$　　C. HCl　　D. $FeCl_3$

二、判断题

1. 所有氧化还原滴定反应的化学计量点电位与该溶液中各组分的浓度无关。(　　)

2. 氧化还原条件电位是指一定条件下氧化态和还原态的活度都为 1mol/L 时的电极电位。(　　)

3. 高锰酸钾标准溶液可用直接法配制。(　　)

4. $H_2C_2O_4 \cdot 2H_2O$ 可作为标定 NaOH 溶液的基准物，也可作为标定 $KMnO_4$ 溶液的基准物。(　　)

5. 用重铬酸钾法测定土壤中的铁含量时，常用 $SnCl_2$ 使 Fe^{3+} 转变为 Fe^{2+}。(　　)

6. 用 $Ce(SO_4)_2$ 溶液滴定 $FeSO_4$ 溶液的滴定突跃范围的大小与浓度关系不大。(　　)

7. 碘量法中加入过量 KI 的作用之一是与 I_2 形成 I_3^-，以增大 I_2 溶解度，降低 I_2 的挥发性。(　　)

8. $K_2Cr_2O_7$ 标准溶液有颜色，应于棕色瓶中保存，防止其见光分解。(　　)

9. 直接碘量法用 I_2 标准溶液滴定还原性物质，间接碘量法用 KI 标准溶液滴定氧化性物质。(　　)

10. 氧化还原指示剂的变色电位范围是 $E=E^{\ominus'}_{In(O)/In(R)}\pm 1(V)$。(　　)

11. 在间接碘量法中，用于标定 $Na_2S_2O_3$ 溶液常用的基准试剂为 KI。(　　)

12. 一个氧化还原反应的发生能加速另一氧化还原反应进行的现象称为氧化还原诱导作用。(　　)

13. $KMnO_4$ 法中一般不用另外加指示剂，$KMnO_4$ 自身可作指示剂。(　　)

14. 为防止 I^- 被氧化，碘量法应在碱性溶液中进行。(　　)

15. 以 $K_2Cr_2O_7$ 为基准物标定 $Na_2S_2O_3$ 时，在近终点时才加入淀粉指示剂。(　　)

三、计算题

1. $KMnO_4$ 溶液物质的量浓度为 0.02484mol/L，求用 Fe 表示的滴定度。

2. 在 1mol/LHCl 溶液中，用 Fe^{3+} 滴定 Sn^{2+} 时，计算当 99.9% 的 Sn^{2+} 被滴定生成 Sn^{4+} 时的电位值。($E^{\ominus'}Fe^{3+}/Fe^{2+}=0.70V$，$E^{\ominus'}Sn^{4+}/Sn^{2+}=0.14V$)

3. 将 1.000g 钢样中的铬氧化成 $Cr_2O_7^{2-}$，加入 25.00mL 0.1000mol/L Fe^{2+} 标准溶液，然后用 0.01800mol/L $KMnO_4$ 标准溶液返滴剩余的 Fe^{2+}，消耗 7.00mL，求钢样中铬的百分含量。[$M(Cr)=52.00g/mol$]

4. 准确称取铁丝 0.2545g 溶于稀 H_2SO_4 溶液(设铁溶后以 Fe^{2+} 状态存在)，加水稀释至

100mL。取此溶液20.00mL，用浓度为0.01000mol/L $KMnO_4$ 标准溶液滴定，用去18.10mL，求此铁丝的纯度。

5. 测定铜盐中铜的含量，在酸性条件下与过量的KI作用析出 I_2，析出的 I_2 用浓度为0.1002mol/L $Na_2S_2O_3$ 标准溶液滴定至终点，用去 $V(Na_2S_2O_3)$ = 25.13mL，若铜样质量为0.2000g，计算铜的百分含量。[M(Cu) = 63.55g/mol]

6. 标定高锰酸钾溶液浓度时，准确称取0.1625g基准试剂 $Na_2C_2O_4$ 溶于水后，在 H_2SO_4 酸性溶液中，用待标定的高锰酸钾溶液滴定至终点，消耗24.20mL，求此高锰酸钾溶液的浓度。

7. 称取0.1500g基准试剂 KIO_3，在酸性溶液中与过量的KI作用，析出的 I_2 用硫代硫酸钠溶液滴定，消耗24.00mL，求此硫代硫酸钠溶液的浓度。

扫码获取更多学习资料

第七章 重量分析法

学习目标

❖ 掌握重量分析法的分类及特点；
❖ 掌握沉淀的溶解度及其影响因素；
❖ 了解沉淀类型、形成过程及影响纯度的因素。

能力目标

❖ 能对沉淀的形成及条件进行选择；
❖ 能通过一定的方法提高沉淀的纯度；
❖ 能在实际分析过程中获得符合要求的称量形式。

第一节 重量分析法概述

一、重量分析法的分类和特点

重量分析法是化学分析的主要方法之一，是采用适当的手段，把被测组分从试样中分离出来并转化为一定的称量形式，然后经过称量得到被测组分的质量，并计算其百分含量的分析方法。根据分离方法的不同，重量分析法常分为以下几种。

1. 沉淀法

该方法利用沉淀反应使被测组分生成溶解度很小的沉淀，将沉淀过滤、洗涤、烘干或灼烧成组成一定的物质，然后称其质量，再计算被测组分的含量。

分析的一般程序是①称样；②溶解样品，配成稀溶液；③控制反应条件；④加入适量沉淀剂，使被测组分沉淀为难溶性化合物；⑤过滤；⑥洗涤；⑦烘干或灼烧至恒重；⑧称量；⑨计算被测组分的含量。

例如，要测定土壤中的 SO_4^{2-}，其程序如下：

$$\boxed{\text{土样}}\xrightarrow{\text{溶解、抽滤}}\boxed{SO_4^{2-}\ \text{试液}}\xrightarrow{BaCl_2}\underset{\text{沉淀形式}}{\boxed{BaSO_4\downarrow}}\xrightarrow{\text{过滤、洗涤、灼烧}}\underset{\text{称量形式}}{\boxed{BaSO_4}}\longrightarrow\boxed{\text{称量}}$$

在试液中加入过量 $BaCl_2$ 溶液，使 SO_4^{2-} 完全生成难溶的 $BaSO_4$ 沉淀，经过滤、洗涤、烘干、灼烧后，称量 $BaSO_4$ 的质量，再计算试样中的 SO_4^{2-} 的含量。

2. 气化法(又称挥发法)

气化法利用物质的挥发性质，通过加热或其他方法使试样中的待测组分挥发逸出，然后根据试样质量的减少，计算该组分的含量；或者用吸收剂吸收逸出的组分，根据吸收剂质量的增加计算该组分的含量。

例如，测定氯化钡晶体($BaCl_2 \cdot 2H_2O$)中结晶水的含量，可将一定质量的氯化钡试样烘干至恒重，使水分逸出，根据氯化钡质量的减少，即得试样中所含水分的质量。也可以用吸湿剂(高氯酸镁)吸收逸出的水分，根据吸湿剂质量的增加来计算水分的含量。

3. 电解法

利用电解的方法使待测金属离子在电极上还原析出，然后称量，根据电极增加的质量，求得其含量。

因为重量分析法是直接用天平称量而获得分析结果，不需要从容量器皿中引入许多数据，也不需要标准试样或基准物质进行比较，所以对高含量组分的测定，其准确度较高，在校对其他分析方法时，也常用质量法的测定结果作为标准，因此仍有一定的应用价值。但是，重量分析法操作繁琐、耗时较长，也不适用于微量和痕量组分的测定。重量分析法中最常用的是沉淀质量法。

二、沉淀质量法对沉淀形式和称量形式的要求

利用沉淀质量法进行分析时，首先将试样溶解为试液，然后加入适当的沉淀剂使其与被测组分发生沉淀反应，并以“沉淀形式”沉淀出来。沉淀经过滤、洗涤，在适当的温度下烘干或灼烧，转化为“称量形式”，再进行称量。根据称量形式的化学式计算被测组分在试样中的含量。“沉淀形式”和“称量形式”可能相同，也可能不同，例如：

$$Ba^{2+} \xrightarrow{\text{沉淀}} BaSO_4 \xrightarrow{\text{灼烧}} BaSO_4$$

被测组分　沉淀形式　称量形式

$$Fe^{3+} \xrightarrow{\text{沉淀}} Fe(OH)_3 \xrightarrow{\text{灼烧}} Fe_2O_3$$

被测组分　沉淀形式　称量形式

在重量分析法中，为获得准确的分析结果，沉淀形式和称量形式必须满足以下要求。

1. 对沉淀形式的要求

① 沉淀要完全，沉淀的溶解度要小。要求测定过程中沉淀的溶解损失不应超过分析天平的称量误差，一般要求溶解损失应小于0.1mg。例如，测定Ca^{2+}时，以形成$CaSO_4$和CaC_2O_4两种沉淀形式作比较，$CaSO_4$的溶解度较大($K_{sp}=2.45\times10^{-5}$)，CaC_2O_4的溶解度小($K_{sp}=1.78\times10^{-9}$)。显然，用$(NH_4)_2C_2O_4$作沉淀剂比用硫酸作沉淀剂沉淀得更完全。

② 沉淀必须纯净，并易于过滤和洗涤。沉淀纯净是获得准确分析结果的重要因素之一。颗粒较大的晶形沉淀(如$MgNH_4PO_4 \cdot 6H_2O$)，其比表面积较小，吸附杂质的机会较少，因此沉淀较纯净，易于过滤和洗涤。颗粒细小的晶形沉淀(如CaC_2O_4、$BaSO_4$)，由于其比表面积大，吸附杂质多，洗涤次数也相应增多。非晶形沉淀[如$Al(OH)_3$、$Fe(OH)_3$]体积庞大疏松、吸附杂质较多，过滤费时且不易洗净。对于这类沉淀，必须选择适当的沉淀条件以满足对沉淀形式的要求。

③ 沉淀形式应易于转化为称量形式。沉淀经烘干、灼烧时，应易于转化为称量形式。例如 Al^{3+} 的测定，若沉淀为 8-羟基喹啉铝[$Al(C_9H_6NO)_3$]，在 130℃烘干后即可称量；而沉淀为 $Al(OH)_3$，则必须在 1200℃灼烧转变为无吸湿性的 Al_2O_3 后，方可称量。因此，测定 Al^{3+} 时选用前法比后法好。

2. 对称量形式的要求

① 称量形式的组成必须与化学式相符，即必须有确定的化学组成，这是定量计算的基本依据。例如测定 PO_4^{3-}，可以形成磷钼酸铵沉淀，但组成不固定，无法利用它作为测定 PO_4^{3-} 的称量形式。若采用磷钼酸喹啉法测定 PO_4^{3-}，则可得到组成与化学式相符的称量形式。

② 称量形式要有足够的稳定性，不易吸收空气中的 CO_2、H_2O。例如测定 Ca^{2+} 时，若将 Ca^{2+} 沉淀为 $CaC_2O_4 \cdot H_2O$，灼烧后得到 CaO，易吸收空气中 H_2O 和 CO_2，因此，CaO 不宜作为称量形式。

③ 称量形式的摩尔质量尽可能大，这样可增大称量形式的质量，以减小称量误差。例如在铝的测定中，分别用 Al_2O_3 和 $Al(C_9H_6NO)_3$ 两种称量形式进行测定，若被测组分 Al 的质量为 0. 1000g，则可分别得到 0. 1888g Al_2O_3 和 1. 7040g $Al(C_9H_6NO)_3$。两种称量形式由称量误差所引起的相对误差分别为±1%和±0. 1%。显然，以 $Al(C_9H_6NO)_3$ 作为称量形式比用 Al_2O_3 作为称量形式测定 Al 的准确度高。

三、沉淀剂的选择

根据上述对沉淀形式和称量形式的要求，选择沉淀剂时应考虑如下几点。

（1）选用具有较好选择性的沉淀剂

所选的沉淀剂最好只能和待测组分生成沉淀，而与试液中的其他组分不起作用。例如，丁二酮肟和 H_2S 都可以沉淀 Ni^{2+}，但在测定 Ni^{2+} 时常选用前者。又如沉淀锆离子时，选用在盐酸溶液中与锆有特效反应的苦杏仁酸作沉淀剂，这时即使有钛、铁、钡、铝、铬等十几种离子存在，也不发生干扰。

（2）选用能与待测离子生成溶解度最小的沉淀的沉淀剂

所选的沉淀剂应能使待测组分沉淀完全。例如，生成难溶的钡的化合物有 $BaCO_3$、$BaCrO_4$、BaC_2O_4 和 $BaSO_4$。根据其溶解度可知，$BaSO_4$ 溶解度最小。因此以 $BaSO_4$ 的形式沉淀 Ba^{2+} 比生成其他难溶化合物好。

（3）尽可能选用易挥发或经灼烧易除去的沉淀剂

这样沉淀中带有的沉淀剂即便未洗净，也可以借烘干或灼烧而除去。一些铵盐和有机沉淀剂都能满足这项要求，例如，用氢氧化物沉淀 Fe^{3+} 时，选用氨水而不用 NaOH 作沉淀剂。

（4）选用溶解度较大的沉淀剂

用此类沉淀剂可以减少沉淀对沉淀剂的吸附作用。例如，利用生成难溶钡化合物沉淀 SO_4^{2-} 时，应选 $BaCl_2$ 作沉淀剂，而不用 $Ba(NO_3)_2$。因为 $Ba(NO_3)_2$ 的溶解度比 $BaCl_2$ 小，$BaSO_4$ 吸附 $Ba(NO_3)_2$ 比吸附 $BaCl_2$ 严重。

无机沉淀剂一般选择性较差，产生的沉淀溶解度较大，吸附杂质较多。如果生成的是无定形沉淀，不仅吸附杂质多，而且不易过滤和洗涤。

而有机沉淀剂选择性高，在一定条件下，一般只与少数离子起沉淀反应，常能形成结构较好的晶形沉淀。有机沉淀剂形成的沉淀溶解度小，吸附杂质少，易获得纯净的沉淀。因此，近年来对有机沉淀剂的应用非常广泛。

知识拓展

有机沉淀剂与金属离子生成的沉淀大多数是螯合物，还有一些形成难溶性盐类。其特点：

① 选择性高。由于有机沉淀剂的种类多，性质各异，根据不同的分析对象，可选择不同的试剂。

② 沉淀溶解度小，吸附杂质少，沉淀作用进行得比较完全，易于过滤和洗涤。

③ 沉淀的摩尔质量大，被测组分在称量式中占的百分比小，有利于提高分析的准确度。

④ 沉淀有固定的组成，一般经烘干即可直接称量。

但是有机沉淀剂也存在某些不足之处，如试剂本身在水中的溶解度很小，容易夹杂在沉淀中；有些沉淀容易漂浮在液面上，带来操作上的麻烦。

第二节　影响沉淀溶解度的因素

一、溶解度与溶度积

1. 溶解度与固有溶解度

当水中存在 1∶1 型微溶化合物 MA 时，MA 溶解并达到饱和状态后，有下列平衡关系：

$$\text{MA(固)} \rightleftharpoons \text{MA(水)} \rightleftharpoons M^+ + A^-$$

在水溶液中，除了 M^+、A^- 外，还有未离解的分子状态的 MA。例如，AgCl 溶于水中：

$$\text{AgCl(固)} \rightleftharpoons \text{AgCl(水)} \rightleftharpoons Ag^+ + Cl^-$$

根据 MA(固)和 MA(水)之间的溶解平衡可得：

$$\frac{a_{\text{MA(水)}}}{a_{\text{MA(固)}}} = K'\text{(平衡常数)}$$

因固体物质的活度等于 1，若用 s^0 表示 K'，则，

$$a_{\text{MA(水)}} = s^0 \tag{7-1}$$

式中，s^0 称为 MA 固有溶解度，当温度一定时，s^0 为常数。

若溶液中不存在其他副反应，微溶化合物 MA 的溶解度 s 等于固有溶解度和 M^+(或 A^-)浓度之和，即，

$$s = s^0 + [M^+] = s^0 + [A^-] \tag{7-2}$$

如果 MA(水)几乎完全离解或 $s^0 << [M^+]$ 时(大多数的电解质属此类情况)，则 s^0 可以忽略不计，则，

$$s = [M^+] = [A^-] \tag{7-3}$$

对于 M_mA_n 型微溶化合物的溶解度 s 可按下式计算。

$$s=s^0+\frac{[M^{n+}]}{m}=s^0+\frac{[A^{m-}]}{n} \quad (7-4)$$

或

$$s=\frac{[M^{n+}]}{m}=\frac{[A^{m-}]}{n} \quad (7-5)$$

2. 溶度积

当微溶化合物 MA 溶解于水中，如果除简单的水合离子外，其他各种形式的化合物均可忽略，则根据 MA 在水溶液中的平衡关系，得到：

$$\frac{a_{M^+}\cdot a_{A^-}}{a_{MA(水)}}=K$$

中性分子的活度系数视为 1，则根据式(7-1)$a_{MA(水)}=s^0$，故：

$$a_{M^+}\cdot a_{A^-}=Ks^0=K_{sp}^{\ominus} \quad (7-6)$$

式中，$K_{sp}^{\ominus}$为离子的活度积常数(简称活度积)。$K_{sp}^{\ominus}$仅随温度变化。若引入活度系数，则由式(7-6)可得：

$$a_{M^+}\cdot a_{A^-}=\gamma_{M^+}[M^+]\cdot\gamma_{A^-}[A^-]=K_{sp}^{\ominus}$$

即，

$$[M^+][A^-]=\frac{K_{sp}^{\ominus}}{\gamma_{M^+}\gamma_{A^-}}=K_{sp} \quad (7-7)$$

式中，K_{sp}为溶度积常数(简称溶度积)，它是微溶化合物饱和溶液中，各种离子浓度的乘积。K_{sp}的大小不仅与温度有关，而且与溶液的离子强度大小有关。在重量分析中大多是加入过量沉淀剂，一般离子强度较大，引用溶度积计算比较符合实际，仅在计算水中的溶解度时，才用活度积。

对于 M_mA_n 型微溶化合物，其溶解平衡如下：

$$M_mA_n(固)\rightleftharpoons mM^{n+}+nA^{m-}$$

因此，其溶度积表达式为：

$$K_{sp}=[M^{n+}]^m[A^{m-}]^n \quad (7-8)$$

二、影响沉淀溶解度的因素

影响沉淀溶解度的因素很多，如同离子效应、盐效应、酸效应、配位效应等。此外，温度、介质、沉淀结构和颗粒大小等对沉淀的溶解度也有影响。现分别进行讨论。

1. 同离子效应

组成沉淀晶体的离子称为构晶离子。当沉淀反应达到平衡后，如果向溶液中加入适当过量的含有某一构晶离子的试剂或溶液，则沉淀的溶解度减小，这种现象称为同离子效应。

例如，25℃时，$BaSO_4$ 在水中的溶解度为：

$$s=[Ba^{2+}]=[SO_4^{2-}]=\sqrt{K_{sp}}=\sqrt{1.1\times10^{-10}}=1.05\times10^{-5}mol/L$$

若加入过量 H_2SO_4，使溶液中的$[SO_4^{2-}]$增至 0.10mol/L，此时 $BaSO_4$ 的溶解度为：

$$s=[Ba^{2+}]=K_{sp}/[SO_4^{2-}]=(1.1\times10^{-10}/0.10)mol/L=1.1\times10^{-9}mol/L$$

即 $BaSO_4$ 的溶解度减少约一万倍。

因此，在实际分析中，常加入过量沉淀剂，利用同离子效应，使被测组分沉淀完全。但沉淀剂过量太多，可能引起盐效应、酸效应及配位效应等副反应，反而使沉淀的溶解度增大。一般情况下，沉淀剂过量 50% ~ 100% 是合适的，对非挥发性沉淀剂，一般过量 20% ~ 30% 为宜。

2. 盐效应

沉淀反应达到平衡时，由于强电解质的存在或加入其他强电解质，使沉淀的溶解度增大，这种现象称为盐效应。例如，AgCl、$BaSO_4$ 在 KNO_3 溶液中的溶解度比在纯水中大，而且溶解度随 KNO_3 浓度增大而增大。

产生盐效应的原因是离子的活度系数与溶液中加入的强电解质的浓度有关，当强电解的浓度增大到一定程度时，离子强度增大，因而使离子活度系数明显减小。而在一定温度下 K_{sp} 为一常数，因而$[M^+][A^-]$必然要增大，致使沉淀的溶解度增大。因此，利用同离子效应降低沉淀的溶解度时，应考虑盐效应的影响，即沉淀剂不能过量太多。

应该指出，如果沉淀本身的溶解度很小，一般来讲，盐效应的影响很小，可以不予考虑。只有当沉淀的溶解度比较大，而且溶液的离子强度很高时，才考虑盐效应的影响。

3. 酸效应

由于酸度改变产生对难溶化合物溶解度的影响，称为酸效应。酸效应的发生主要是由于溶液中 H^+浓度的大小对弱酸、多元酸或难溶酸离解平衡的影响。因此，酸效应对于不同类型沉淀的影响情况不一样，若沉淀是强酸盐，（如 $BaSO_4$、AgCl 等）其溶解度受酸度影响不大，但对弱酸盐（如 CaC_2O_4），则酸效应影响就很显著。如 CaC_2O_4 沉淀在溶液中有下列平衡：

$$CaC_2O_4 \rightleftharpoons Ca^{2+} + C_2O_4^{2-}$$

$$C_2O_4^{2-} \;\overset{+H^+}{\underset{-H^+}{\rightleftharpoons}}\; HC_2O_4^-$$

$$HC_2O_4^- \;\overset{+H^+}{\underset{-H^+}{\rightleftharpoons}}\; H_2C_2O_4$$

当酸度较高时，沉淀溶解平衡向右移动，从而增加了沉淀溶解度。

知识拓展

为了防止沉淀溶解损失，对于弱酸盐沉淀，如碳酸盐、草酸盐、磷酸盐等，通常应在较低的酸度下进行沉淀；如果沉淀本身是弱酸，如硅酸（$SiO_2 \cdot n\,H_2O$）、钨酸（$WO_3 \cdot n\,H_2O$）等，易溶于碱，则应在强酸性介质中进行沉淀；如果沉淀是强酸盐如 AgCl 等，在酸性溶液中进行沉淀时，溶液的酸度对沉淀的溶解度影响不大；对于硫酸盐沉淀，例如 $BaSO_4$、$SrSO_4$ 等，由于 H_2SO_4 的 K_{a2} 不大，当溶液的酸度太高时，沉淀的溶解度也随之增大。

4. 配位效应

进行沉淀反应时，若溶液中存在能与构晶离子生成可溶性配合物的配位剂，则可使沉淀溶解度增大，这种现象称为配位效应。

配位剂主要来自两方面，一是沉淀剂本身就是配位剂，二是加入的其他试剂。

例如用Cl^-沉淀Ag^+时，得到AgCl白色沉淀，若向此溶液加入氨水，则因NH_3配位形成$[Ag(NH_3)_2]^+$，使AgCl的溶解度增大，甚至全部溶解。如果在沉淀Ag^+时，加入过量的Cl^-，则Cl^-能与AgCl沉淀进一步形成$AgCl_2^-$和$AgCl_3^{2-}$等配离子，也使AgCl沉淀逐渐溶解。这时Cl^-沉淀剂本身就是配位剂。由此可见，在用沉淀剂进行沉淀时，应严格控制沉淀剂的用量，同时注意外加试剂的影响。

配位效应使沉淀的溶解度增大的程度与沉淀的溶度积、配位剂的浓度和形成配合物的稳定常数有关。沉淀的溶度积越大，配位剂的浓度越大，形成的配合物越稳定，沉淀就越容易溶解。

综上所述，在实际工作中应根据具体情况来考虑哪种效应是主要的。对无配位反应的强酸盐沉淀，主要考虑同离子效应和盐效应，对弱酸盐或难溶盐的沉淀，多数情况主要考虑酸效应。当有配位反应且沉淀的溶度积又较大，易形成稳定配合物时，应主要考虑配位效应。

除上述因素外，温度和其他溶剂的存在，沉淀颗粒大小和结构等，都对沉淀的溶解度有影响。

第三节　影响沉淀纯度的因素

研究沉淀的类型和沉淀的形成过程，主要是为了选择适宜的沉淀条件，以获得纯净且易于分离和洗涤的沉淀。

一、沉淀的类型

沉淀按其物理性质的不同，可粗略地分为晶形沉淀和无定形沉淀两大类。

(1) 晶形沉淀(crystalline precipitate)

晶形沉淀是指具有一定形状的晶体，其内部排列规则有序，颗粒直径约为0.1~1μm。这类沉淀的特点是：结构紧密，具有明显的晶面，沉淀所占体积小、沾污少、易沉降、易过滤和洗涤。例如：$MgNH_4PO_4$、$BaSO_4$等典型的晶形沉淀。

(2) 无定形沉淀(amorphous precipitate)

无定形沉淀是指无晶体结构特征的一类沉淀，如$Fe_2O_3 \cdot nH_2O$，$P_2O_3 \cdot nH_2O$是典型的无定形沉淀。无定形沉淀是由许多聚集在一起的微小颗粒(直径小于0.02μm)组成的，内部排列杂乱无章、结构疏松、体积庞大、吸附杂质多，不能很好地沉降，无明显的晶面，难于过滤和洗涤。它与晶形沉淀的主要差别在于颗粒大小不同。

介于晶形沉淀与无定形沉淀之间，颗粒直径在0.02~0.1μm的沉淀(如AgCl)称为凝乳状沉淀，其性质也介于两者之间。

在沉淀过程中，究竟生成的沉淀属于哪一种类型，主要取决于沉淀本身的性质和沉淀的条件。

二、沉淀形成过程

沉淀的形成是一个复杂的过程，一般来讲，沉淀的形成要经过晶核形成和晶核长大两个过程，简单表示如下：

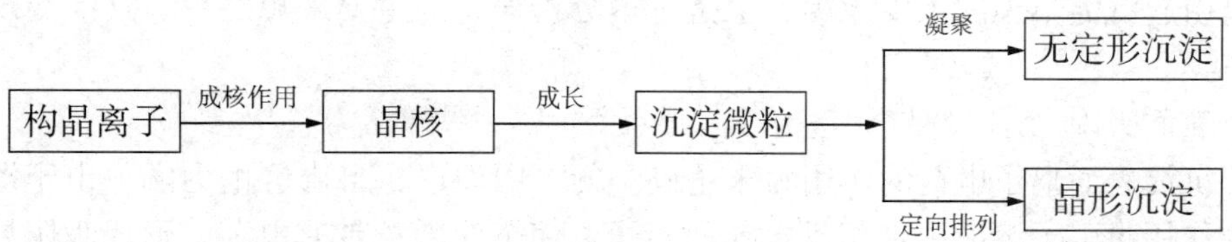

1. 晶核的形成

将沉淀剂加入待测组分的试液中，溶液是过饱和状态时，构晶离子由于静电作用而形成微小的晶核。晶核的形成可以分为均相成核和异相成核。

均相成核是指过饱和溶液中构晶离子通过缔合作用，自发地形成晶核的过程。不同的沉淀，组成晶核的离子数目不同。例如：$BaSO_4$ 的晶核由 8 个构晶离子组成，Ag_2CrO_4 的晶核由 6 个构晶离子组成。

异相成核是指在过饱和溶液中，构晶离子在外来固体微粒的诱导下，聚合在固体微粒周围形成晶核的过程。溶液中的“晶核”数目取决于溶液中混入固体微粒的数目。随着构晶离子浓度的增加，晶体将成长得大一些。

当溶液的相对过饱和程度较大时，异相成核与均相成核同时作用，形成的晶核数目多，沉淀颗粒小。

2. 晶形沉淀和无定形沉淀的生成

晶核形成时，溶液中的构晶离子向晶核表面扩散，并沉积在晶核上，晶核逐渐长大形成沉淀微粒。在沉淀过程中，由构晶离子聚集成晶核的速度称为聚集速度；构晶离子按一定晶格定向排列的速度称为定向速度。如果定向速度大于聚集速度较多，溶液中最初生成的晶核不很多，有更多的离子以晶核为中心，并有足够的时间依次定向排列长大，形成颗粒较大的晶形沉淀。反之聚集速度大于定向速度，则很多离子聚集成大量晶核，溶液中没有更多的离子定向排列到晶核上，于是沉淀就迅速聚集成许多微小的颗粒，因而得到无定形沉淀。

定向速度主要取决于沉淀物质的本性，极性较强的物质，如 $BaSO_4$、$MgNH_4PO_4$ 和 CaC_2O_4 等，一般具有较大的定向速度，易形成晶形沉淀。AgCl 的极性较弱，逐步生成凝乳状沉淀。氢氧化物，特别是高价金属离子的氢氧化物，如 $Fe(OH)_3$、$Al(OH)_3$ 等，由于含有大量水分子，阻碍离子的定向排列，一般生成无定形胶状沉淀。

聚集速度不仅与物质的性质有关，同时主要由沉淀的条件决定，其中最重要的是溶液中生成沉淀时的相对过饱和度。

三、影响沉淀纯度的因素

在重量分析中，要求获得的沉淀是纯净的。但是，沉淀从溶液中析出时，总会或多或少地夹杂溶液中的其他组分。因此必须了解影响沉淀纯度的各种因素，找出减少杂质混入的方法，以获得符合重量分析要求的沉淀。

影响沉淀纯度的主要因素有共沉淀现象和后沉淀现象。

1. 共沉淀

当沉淀从溶液中析出时，溶液中的某些可溶性组分也同时沉淀下来的现象称为共沉淀。

共沉淀是引起沉淀不纯的主要原因，也是重量分析误差的主要来源之一。共沉淀现象主要有以下三类。

(1) 表面吸附

由于沉淀表面离子电荷的作用力未达到平衡，因而产生自由静电力场，由于沉淀表面静电引力作用吸引了溶液中带相反电荷的离子，使沉淀微粒带有电荷，形成吸附层。带电荷的微粒又吸引溶液中带相反电荷的离子，构成电中性的分子。因此，沉淀表面吸附了杂质分子。例如：加过量 $BaCl_2$ 到 H_2SO_4 的溶液中，生成 $BaSO_4$ 晶体沉淀。沉淀表面上的 SO_4^{2-} 由于静电引力强烈地吸引溶液中的 Ba^{2+}，形成第一吸附层，使沉淀表面带正电荷。然后它又吸引溶液中带负电荷的离子，如 Cl^-，构成电中性的双电层，如图 7-1 所示。双电层能随颗粒一起下沉，因而使沉淀被污染。

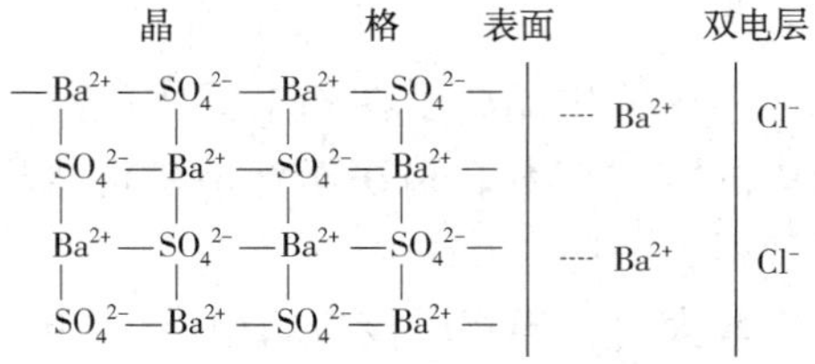

图 7-1 晶体表面吸附示意图

显然，沉淀的总表面积越大，吸附的杂质就越多；溶液中杂质离子的浓度越高，价态越高，越易被吸附。由于吸附作用是一个放热反应，所以升高溶液的温度，可减少杂质的吸附。

(2) 吸留和包藏

吸留是被吸附的杂质机械地嵌入沉淀中。包藏常指母液机械地包藏在沉淀中。这些现象的发生，是由于沉淀剂加入太快，使沉淀急速生长，沉淀表面吸附的杂质来不及离开就被随后生成的沉淀所覆盖，使杂质离子或母液被吸留或包藏在沉淀内部。这类共沉淀不能用洗涤的方法将杂质除去，可以通过改变沉淀条件或重结晶的方法来减免。

(3) 混晶

当溶液杂质离子与构晶离子半径相近，晶体结构相同时，杂质离子将进入晶核排列中形成混晶。例如 Pb^{2+} 和 Ba^{2+} 半径相近，电荷相同，在用 H_2SO_4 沉淀 Ba^{2+} 时，Pb^{2+} 能够取代 $BaSO_4$ 中的 Ba^{2+} 进入晶核形成 $PbSO_4$ 与 $BaSO_4$ 的混晶共沉淀。又如 AgCl 和 AgBr、$MgNH_4PO_4 \cdot 6H_2O$ 和 $MgNH_4AsO_4$ 等都易形成混晶。为了减免混晶的生成，最好在沉淀前先将杂质分离出去。

2. 后沉淀

在沉淀析出后，当沉淀与母液一起放置时，溶液中某些杂质离子可能慢慢地沉积到原沉淀上，放置时间越长，杂质析出的量越多，这种现象称为后沉淀。例如：Mg^{2+} 存在时以 $(NH_4)_2C_2O_4$ 沉淀 Ca^{2+}，Mg^{2+} 易形成稳定的草酸盐过饱和溶液而不立即析出。如果把形成的 CaC_2O_4 沉淀过滤，则发现沉淀表面上吸附有少量镁。若将含有 Mg^{2+} 的母液与 CaC_2O_4 沉淀一起放置一段时间，则 MgC_2O_4 沉淀的量将会增多。

由后沉淀引入杂质的量比共沉淀要多，且随沉淀在溶液中放置时间的延长而增多。因此为防止后沉淀的发生，某些沉淀的陈化时间不宜过长。

四、提高沉淀纯度的方法

为了提高沉淀的纯度，可采用下列措施。

（1）采用适当的分析程序

当试液中含有几种组分时，首先应沉淀低含量组分，再沉淀高含量组分。反之，由于大量沉淀析出，会使部分低含量组分掺入沉淀，产生测定误差。

（2）降低易被吸附杂质离子的浓度

对于易被吸附的杂质离子，可采用适当的掩蔽方法或改变杂质离子价态来降低其浓度。例如：将 SO_4^{2-} 沉淀为 $BaSO_4$ 时，Fe^{3+} 易被吸附，可把 Fe^{3+} 还原为不易被吸附的 Fe^{2+} 或加酒石酸、EDTA 等，使 Fe^{3+} 生成稳定的配离子，以减小沉淀对 Fe^{3+} 的吸附。

（3）选择沉淀条件

沉淀条件包括溶液浓度、温度、试剂的加入次序和速度，陈化与否等，对不同类型的沉淀，应选用不同的沉淀条件，以获得符合重量分析要求的沉淀。

（4）再沉淀

必要时将沉淀过滤、洗涤、溶解后，再进行一次沉淀。再沉淀时，溶液中杂质的量大为降低，共沉淀和后沉淀现象自然减小。

（5）选择适当的洗涤液洗涤沉淀

吸附作用是可逆过程，用适当的洗涤液通过洗涤交换的方法，可洗去沉淀表面吸附的杂质离子。例如：$Fe(OH)_3$ 吸附 Mg^{2+}，用 NH_4NO_3 稀溶液洗涤时，被吸附在表面的 Mg^{2+} 与洗涤液的 NH_4^+ 发生交换，吸附在沉淀表面的 NH_4^+，可在燃烧沉淀时分解除去。

为了提高洗涤沉淀的效率，同体积的洗涤液应尽可能分多次洗涤，通常称为“少量多次”的洗涤原则。

（6）选择合适的沉淀剂

无机沉淀剂选择性差，易形成胶状沉淀，吸附杂质多，难于过滤和洗涤。有机沉淀剂选择性高，常能形成结构较好的晶形沉淀，吸附杂质少，易于过滤和洗涤。因此，在可能的情况下，尽量选择有机试剂做沉淀剂。

第四节　沉淀的条件和称量形式的获得

一、沉淀的条件

在重量分析中，为了获得准确的分析结果，要求沉淀完全、纯净、易于过滤和洗涤，并减小沉淀的溶解损失。因此，对于不同类型的沉淀，应当选用不同的沉淀条件。

1. 晶形沉淀

为了形成颗粒较大的晶形沉淀，采取以下沉淀条件：

（1）在适当稀、热溶液中进行

在稀、热溶液中进行沉淀，可使溶液中相对过饱和度保持较低，以利于生成晶形沉淀。同时也有利于得到纯净的沉淀。对于溶解度较大的沉淀，溶液不能太稀，否则沉淀溶解损失较多，影响结果的准确度。在沉淀完全后，应将溶液冷却后再进行过滤。

(2) 快搅慢加

在不断搅拌的同时缓慢滴加沉淀剂，可使沉淀剂迅速扩散，防止局部相对过饱和度过大而产生大量小晶粒。

(3) 陈化

陈化是指沉淀完全后，将沉淀连同母液放置一段时间，使小晶粒变为大晶粒，不纯净的沉淀转变为纯净沉淀的过程。因为在同样条件下，小晶粒的溶解度比大晶粒大。在同一溶液中，对大晶粒为饱和溶液时，对小晶粒则为未饱和，小晶粒就要溶解。这样，溶液中的构晶离子就在大晶粒上沉积，直至达到饱和。这时，小晶粒又为未饱和，又要溶解。如此反复进行，小晶粒逐渐消失，大晶粒不断长大。

陈化过程不仅能使晶粒变大，而且能使沉淀变得更纯净。

加热和搅拌可以缩短陈化时间。但是陈化作用对伴随有混晶共沉淀的沉淀，不一定能提高纯度，对伴随有后沉淀的沉淀，不仅不能提高纯度，有时反而会降低纯度。

2. 无定形沉淀

无定形沉淀的特点是结构疏松，比表面大，吸附杂质多，溶解度小，易形成胶体，不易过滤和洗涤。对于这类沉淀关键问题是创造适宜的沉淀条件来改善沉淀的结构，使之不致形成胶体，并且有较紧密的结构，便于过滤和减小杂质吸附。因此，无定形沉淀的沉淀条件是：

(1) 在较浓的溶液中进行沉淀

在浓溶液中进行沉淀，离子水化程度小，结构较紧密，体积较小，容易过滤和洗涤。但在浓溶液中，杂质的浓度也比较高，沉淀吸附杂质的量也较多。因此，在沉淀完毕后，应立即加入热水稀释搅拌，使被吸附的杂质离子转移到溶液中。

(2) 在热溶液中及电解质存在下进行沉淀

在热溶液中进行沉淀可防止生成胶体，并减少杂质的吸附。电解质的存在，可促使带电荷的胶体粒子相互凝聚沉降，加快沉降速度，因此，电解质一般选用易挥发性的铵盐如 NH_4NO_3 或 NH_4Cl 等，它们在灼烧时均可挥发除去。有时在溶液中加入与胶体带相反电荷的另一种胶体来代替电解质，可使被测组分沉淀完全。例如测定 SiO_2 时，加入带正电荷的动物胶与带负电荷的硅酸胶体凝聚而沉降下来。

(3) 趁热过滤洗涤，不需陈化

沉淀完毕后，趁热过滤，不要陈化，因为沉淀放置后逐渐失去水分，聚集得更为紧密，使吸附的杂质更难洗去。

洗涤无定形沉淀时，一般选用热、稀的电解质溶液作洗涤液，主要是防止沉淀重新变为胶体难于过滤和洗涤，常用的洗涤液有 NH_4NO_3、NH_4Cl 或氨水。

无定形沉淀吸附杂质较严重，一次沉淀很难保证纯净，必要时进行再沉淀。

3. 均匀沉淀法

为改善沉淀条件，避免因加入沉淀剂所引起的溶液局部相对过饱和的现象发生，采用均匀沉淀法。这种方法是通过某一化学反应，使沉淀剂从溶液中缓慢地、均匀地产生出来，使沉淀在整个溶液中缓慢地、均匀地析出，获得颗粒较大、结构紧密、纯净、易于过滤和洗涤的沉淀。

二、称量形式的获得

沉淀完毕后，还需经过滤、洗涤、烘干或灼烧，最后得到符合要求的称量形式。

1. 沉淀的过滤和洗涤

沉淀常用定量滤纸(也称无灰滤纸)或玻璃砂芯坩埚过滤。对于需要灼烧的沉淀，应根据沉淀的性状选用紧密程度不同的滤纸。一般无定形沉淀如 $Al(OH)_3$、$Fe(OH)_3$ 等，选用疏松的快速滤纸，粗粒的晶形沉淀如 $MgNH_4PO_4 \cdot 6H_2O$ 等选用较紧密的中速滤纸，颗粒较小的晶形沉淀如 $BaSO_4$ 等，选用紧密的慢速滤纸。

对于只需烘干即可作为称量形式的沉淀，应选用玻璃砂芯坩埚过滤。

洗涤沉淀是为了洗去沉淀表面吸附的杂质和混杂在沉淀中的母液。洗涤时要尽量减小沉淀的溶解损失和避免形成胶体。因此，需选择合适的洗液。选择洗涤液的原则是：对于溶解度很小，又不易形成胶体的沉淀，可用蒸馏水洗涤。对于溶解度较大的晶形沉淀，可用沉淀剂的稀溶液洗涤，但沉淀剂必须在烘干或灼烧时易挥发或易分解除去，例如用 $(NH_4)_2C_2O_4$ 稀溶液洗涤 CaC_2O_4 沉淀。对于溶解度较小而又能形成胶体的沉淀，应用易挥发的电解质稀溶液洗涤，例如用 NH_4NO_3 稀溶液洗涤 $Fe(OH)_3$ 沉淀。

用热洗涤液洗涤，则过滤较快，且能防止形成胶体，但溶解度随温度升高而增大较快的沉淀不能用热洗涤液洗涤。

洗涤必须连续进行，一次完成，不能将沉淀放置太久，尤其是一些非晶形沉淀，放置凝聚后，不易洗净。

洗涤沉淀时，既要将沉淀洗净，又不能增加沉淀的溶解损失。同体积的洗涤液，采用“少量多次”“尽量沥干”的洗涤原则，用适当少的洗涤液，分多次洗涤，每次加洗涤液前，使前次洗涤液尽量流尽，这样可以提高洗涤效果。

在沉淀的过滤和洗涤操作中，为缩短分析时间和提高洗涤效率，都应采用倾泻法。

2. 沉淀的烘干和灼烧

沉淀的烘干或灼烧是为了除去沉淀中的水分和挥发性物质，并转化为组成固定的称量形式。烘干或灼烧的温度和时间，随沉淀的性质而定。

灼烧温度一般在800℃以上，常用瓷坩埚盛放沉淀。若需用氢氟酸处理沉淀，则应用铂坩埚。灼烧沉淀前，应用滤纸包好沉淀，放入已灼烧至质量恒定的瓷坩埚中，先加热烘干、炭化后再进行灼烧。

沉淀经烘干或灼烧至质量恒定后，由其质量即可计算测定结果。

习　题

一、选择题

1. 下列说法违反无定形沉淀条件的是(　　)。

A. 在浓溶液中进行　　B. 在不断搅拌下进行

C. 陈化　　D. 在热溶液中进行

2. 下列不属于沉淀重量法对沉淀形式要求的是(　　)。

A. 沉淀的溶解度小　　B. 沉淀纯净

C. 沉淀颗粒易于过滤和洗涤　　D. 沉淀的摩尔质量大

3. 下列关于重量分析基本概念的叙述，错误的是(　　)。

A. 气化法是由试样的重量减轻进行分析的方法

B. 气化法适用于挥发性物质及水分的测定

C. 重量法的基本数据都是由天平称量而得

D. 重量分析的系统误差，仅与天平的称量误差有关

4. 指出下列哪一项不是晶形沉淀所要求的沉淀条件(　　)。

A. 沉淀作用宜在较稀溶液中进行

B. 应在不断地搅拌作用下加入沉淀剂

C. 沉淀应陈化

D. 沉淀宜在冷溶液中进行

5. 下面关于重量分析不正确的操作是(　　)。

A. 过滤时，漏斗的颈应贴着烧杯内壁，使滤液沿杯壁流下，不致溅出

B. 沉淀的灼烧是在洁净并预先经过两次以上灼烧至恒重的坩埚中进行

C. 坩埚从电炉中取出后应立即放入干燥器中

D. 灼烧空坩埚的条件必须与以后灼烧沉淀时的条件相同

6. 晶形沉淀的沉淀条件是(　　)。

A. 浓、冷、慢、搅、陈　　B. 稀、热、快、搅、陈

C. 稀、热、慢、搅、陈　　D. 稀、冷、慢、搅、陈

7. 用 SO_4^{2-} 沉淀 Ba^{2+}时，加入过量的 SO_4^{2-} 可使 Ba^{2+}沉淀更加完全，这是利用(　　)。

A. 络合效应　　B. 同离子效应

C. 盐效应　　D. 酸效应

8. 在重量分析中，待测物质中含的杂质与待测物的离子半径相近，在沉淀过程中往往形成(　　)。

A. 后沉淀　　B. 吸留

C. 包藏　　D. 混晶

二、判断题

1. 沉淀形式和称量形式有时相同有时不同。(　　)

2. 沉淀的溶解度要小，要求沉淀的溶解损失不超过天平的称量误差，即小于0.2g。(　　)

3. 沉淀必须纯净，不应带入沉淀剂和其他杂质。(　　)

4. 沉淀的称量形式应具有尽可能大的摩尔质量。(　　)

5. 1∶1 型的沉淀 MA 的溶解度可以表示为 $s=\sqrt{K_{sp}}$。(　　)

6. 在重量分析中利用同离子效应可以大大降低沉淀的溶解度。(　　)

7. 盐效应能够使沉淀的溶解度随着溶液中电解质浓度的增大而减小。(　　)

8. 溶液的酸度对于沉淀溶解度无影响。(　　)

9. 颗粒的大小对溶解度无影。 (　　)

10. 当 $V_{聚集}>V_{定向}$时，离子来不及进行有序排列，则易形成无定形沉淀。 (　　)

11. 氢氧化物，特别是高价金属离子的氢氧化物，容易形成晶形沉淀。 (　　)

12. 共沉淀现象包括表面吸附、吸留与包夹以及生成混晶。 (　　)

13. 后沉淀现象是指当沉淀析出后，在放置的过程中，溶液中的可溶性杂质慢慢沉淀到原沉淀表面的现象，称为后沉淀现象。 (　　)

14. 降低易被吸附的杂质离子的浓度，可以提高沉淀的纯度。 (　　)

第八章 沉淀滴定法

学习目标

❖ 掌握莫尔法的基本原理及滴定条件；
❖ 了解佛尔哈德法的基本方法和特点；
❖ 了解法扬司法的基本原理及滴定条件。

能力目标

❖ 掌握沉淀滴定法对沉淀反应的要求；
❖ 掌握银量法确定理论终点的方法原理；
❖ 能正确地配制和标定银量法所需的标准溶液；
❖ 能正确地应用银量法进行相关离子的测定。

第一节 概　　述

沉淀滴定法是以沉淀反应为基础的一种滴定分析方法。根据滴定分析对化学反应的要求，用作滴定的沉淀反应必须满足以下条件：

① 反应速度快，生成沉淀的溶解度小；

② 反应按一定的化学式定量进行；

③ 有准确确定滴定终点的方法。

虽然许多化学反应能生成沉淀，但由于很多沉淀的组成不恒定，或溶解度较大，或易形成过饱和溶液，或达到平衡的速度慢，或共沉淀现象严重等，因此，符合滴定分析要求，能用于沉淀滴定法的反应并不多。目前，比较有实际意义的是生成难溶性银盐的沉淀，例如：

$$Ag^+ + X^- \rightleftharpoons AgX\downarrow$$

$$Ag^+ + SCN^- \rightleftharpoons AgSCN\downarrow$$

这种利用生成难溶银盐反应的测定方法称为银量法。银量法主要用于测定 Cl^-、Br^-、I^-、Ag^+、CN^-及 SCN^-等离子。

根据滴定过程中指示终点所用指示剂不同，银量法分为三种：莫尔法(铬酸钾指示剂法)、佛尔哈德法(铁铵矾指示剂法)、法扬司法(吸附指示剂法)。

第二节　莫　尔　法

一、方法原理

莫尔(Mohr)法是以 K_2CrO_4 为指示剂的银量法。在中性或弱碱性溶液中，用 $AgNO_3$ 标准溶液可以直接滴定 Cl^- 或 Br^-。其反应为：

$$Ag^+ + Cl^- \rightleftharpoons AgCl\downarrow(\text{白色}) \qquad K_{sp(AgCl)} = 1.8\times10^{-10}$$

$$2Ag^+ + CrO_4^{2-} \rightleftharpoons Ag_2CrO_4\downarrow(\text{砖红色}) \qquad K_{sp(Ag_2CrO_4)} = 2.0\times10^{-12}$$

在滴定分析溶液中若同时存在几种离子，加入同一种沉淀剂时，不同离子生成难溶电解质依次产生沉淀，这种现象称为分步沉淀。根据分步沉淀原理，当$[Cl^-]=[CrO_4^{2-}]=0.10mol/L$时，则生成 AgCl 沉淀时需 Ag^+浓度为：

$$[Ag^+] = \frac{K_{sp(AgCl)}}{[Cl^-]} = \frac{1.8\times10^{-10}}{0.10} = 1.8\times10^{-9}mol/L$$

生成 Ag_2CrO_4 沉淀时需 Ag^+的浓度为：

$$[Ag^+] = \sqrt{\frac{K_{sp(Ag_2CrO_4)}}{[CrO_4^{2-}]}} = \sqrt{\frac{2.0\times10^{-12}}{0.10}} = 4.5\times10^{-6}mol/L$$

当有 Ag_2CrO_4 沉淀生成时：

$$[Cl^-] = \frac{K_{sp(AgCl)}}{[Ag^+]} = \frac{1.8\times10^{-10}}{4.5\times10^{-6}} = 4.0\times10^{-5}mol/L$$

AgCl 开始沉淀比 Ag_2CrO_4 开始沉淀时所需 Ag^+浓度要小得多，当滴入 $AgNO_3$ 时，AgCl 先沉淀，随着标准溶液 $AgNO_3$ 的不断滴入，溶液中$[Cl^-]$浓度越来越小，而$[Ag^+]$浓度不断增大，到达$[Ag^+]^2[CrO_4^{2-}]\geqslant K_{sp(Ag_2CrO_4)}$时，立即生成砖红色 Ag_2CrO_4 沉淀，终点到达。终点时 Cl^-浓度已很小了。分析化学中，一般离子浓度低于 $10^{-4}\sim10^{-5}mol/L$ 时，可认为沉淀已经完全。

二、滴定条件

(1) 控制 K_2CrO_4 的用量

K_2CrO_4 指示剂的用量直接影响终点误差，K_2CrO_4 浓度过高，终点提前；浓度过低，终点滞后。根据溶度积原理，当滴定到达化学计量点时，AgCl 饱和溶液中$[Ag^+]=[Cl^-]=\sqrt{K_{sp(AgCl)}}=1.3\times10^{-5}mol/L$。此时，$Ag_2CrO_4$ 开始析出所需$[CrO_4^{2-}]$为 0.01mol/L。由于 K_2CrO_4 溶液呈黄色，这样的浓度在实际操作过程中由于颜色太深会影响终点的判断，所以指示剂的浓度还是略低一些好，实验表明其浓度约为 $5\times10^{-3}mol/L$ 比较合适。

如果滴定物浓度降至 0.01mol/L，则终点误差可达 0.6%左右，超出滴定分析所允许的误差范围。这种情况下，应做指示剂空白试验进行校正，以减小误差。

(2) 控制溶液的酸度

莫尔法合适的酸度条件为 pH＝6.5～10.5。若酸度过高，则有：

$$2CrO_4^{2-} + 2H^+ \rightleftharpoons Cr_2O_7^{2-} + H_2O$$

在酸性溶液中 CrO_4^{2-} 转化为 $Cr_2O_7^{2-}$，使[CrO_4^{2-}]减小，影响 Ag_2CrO_4 沉淀的形成，降低了指示剂的灵敏度。

若溶液的碱性太强，会生成黑色 Ag_2O 沉淀，影响结果的准确度。

$$2Ag^+ + 2OH^- \rightleftharpoons 2AgOH\downarrow \rightleftharpoons Ag_2O\downarrow + H_2O$$

若待测溶液为酸性或强碱性，可用酚酞作指示剂，以稀 NaOH 溶液或稀 H_2SO_4 溶液调节至酚酞的红色刚好褪去，也可用 $NaHCO_3$、$CaCO_3$ 或 $Na_2B_4O_7$ 等中和，然后用 $AgNO_3$ 标准溶液滴定。

如果溶液中有铵盐存在，当溶液呈碱性时会产生 NH_3，NH_3 与 Ag^+易形成配离子，致使 AgCl 和 Ag_2CrO_4 沉淀出现过迟甚至不沉淀。当铵盐浓度比较低时(<0.05mol/L)，控制溶液 pH=6.5~7.2 可消除铵根离子的影响，若铵根离子浓度>0.15mol/L 时，仅仅通过控制溶液酸度已经不能消除其影响，此时需要在滴定前将大量铵盐除去。

(3) 滴定时须剧烈摇动

由于生成的 AgCl 沉淀容易吸附 Cl^-，使溶液中 Cl^-浓度降低，Ag_2CrO_4 沉淀过早产生，终点提前，故滴定时必须剧烈摇动，使被吸附的 Cl^-释放出来，以获得正确的终点。莫尔法测定 Br^-时，AgBr 吸附 Br^-比 AgCl 吸附 Cl^-严重，滴定时更要注意剧烈摇动，否则会引入较大误差。

三、应用范围

莫尔法主要用于测定 Cl^-、Br^-和 Ag^+，不适于滴定 I^-和 SCN^-。因为滴定生成的 AgI 或 AgSCN 会强烈吸附 I^-或 SCN^-，使滴定终点过早出现，造成较大滴定误差。

莫尔法操作简便，准确度较好，但选择性较差，凡能与银离子生成沉淀的阴离子，如 S^{2-}、CO_3^{2-}、PO_4^{3-}、SO_3^{2-}、$C_2O_4^{2-}$ 等；能与 CrO_4^{2-} 生成沉淀的阳离子，如 Ba^{2+}、Pb^{2+}等；能与银或氯配位的离子，如 $S_2O_3^{2-}$、NH_3、EDTA、CN^-等；或是在中性或弱碱性溶液中发生水解的离子，如 Fe^{3+}、Al^{3+}、Bi^{3+}、Sn^{4+}等；均对测定有干扰。此外，大量的 Cu^{2+}、Co^{2+}、Ni^{2+}等有色离子的存在，对终点的颜色的观察也有影响。以上干扰应预先除去。

知识拓展

莫尔法测定 Ag^+时，需要采用返滴定法。即向溶液中加入过量的 NaCl 标准溶液，然后再用 $AgNO_3$ 标准溶液滴定剩余的 Cl^-。若采用直接滴定，Ag^+溶液中加入指示剂，立刻形成 Ag_2CrO_4 沉淀，用 NaCl 溶液滴定时，Ag_2CrO_4 转化成 AgCl 的速度非常慢，致使滴定终点难以确定。

第三节　佛尔哈德法

佛尔哈德(Volhard)法是以铁铵矾[$NH_4Fe(SO_4)_2 \cdot 12H_2O$]为指示剂的银量法。佛尔哈德法可分为直接滴定法和返滴定法。

一、直接滴定法

在含有 Ag^+的硝酸溶液中，以铁铵矾为指示剂，用 NH_4SCN(或 KSCN)标准溶液直接滴

定 Ag^+，生成白色 AgSCN 沉淀。到达化学计量点时，微过量的 SCN^- 与指示剂(Fe^{3+})生成血红色 $Fe(SCN)^{2+}$，指示滴定终点的到达。其滴定反应为：

$$Ag^+ + SCN^- \rightleftharpoons AgSCN\downarrow(\text{白色})$$

$$Fe^{3+} + SCN^- \rightleftharpoons [FeSCN]^{2+}(\text{血红色})$$

由于 AgSCN 沉淀对 Ag^+ 有强烈吸附作用，所以在滴定时必须剧烈振荡，使被吸附的 Ag^+ 释放出来，避免指示剂过早显色，减小测定误差。一般指示剂用量为 $[Fe^{3+}] \approx 0.015mol/L$，此法的优点在于可以用来直接测定 Ag^+。

二、返滴定法

在含有卤素离子的硝酸溶液中，先加入已知过量的 $AgNO_3$ 标准溶液与其充分反应，以铁铵矾作指示剂，用 NH_4SCN(或 KSCN)标准溶液返滴剩余的 Ag^+，当出现血红色时指示终点到达。滴定反应为：

$$Ag^+(\text{过量}) + Cl^- \rightleftharpoons AgCl\downarrow(\text{白色})$$

$$Ag^+(\text{剩余}) + SCN^- \rightleftharpoons AgSCN\downarrow(\text{白色})$$

$$Fe^{3+} + SCN^- \rightleftharpoons [FeSCN]^{2+}(\text{血红色})$$

用此法可以测定 Cl^-、Br^-、I^-、SCN^- 等。

在测定 Cl^- 时，由于 AgCl 的溶解度大于 AgSCN，终点之后，加入过量的 SCN^- 会发生 AgCl 沉淀转化为 AgSCN 沉淀的现象：

$$AgCl + SCN^- \rightleftharpoons AgSCN\downarrow + Cl^-$$

使终点拖后，对分析结果产生较大误差。为避免这种情况的发生，通常采取下列措施。

① 加入过量的 $AgNO_3$ 标准溶液后，立即将溶液加热煮沸，使 AgCl 沉淀凝聚，以减少 AgCl 沉淀对 Ag^+ 的吸附。滤去沉淀并用稀 HNO_3 洗涤沉淀，洗涤液并入滤液中，然后用 NH_4SCN 标准溶液返滴滤液中过量的 Ag^+。

② 在滴入 NH_4SCN 标准溶液前加入 1~2mL 有机溶剂如硝基苯、1，2-二氯乙烷、邻苯二甲酸二丁酯或石油醚等。加完后用力摇动，使 AgCl 沉淀进入有机溶剂中，不再与滴定溶液接触，阻止了沉淀的转化，该方法简单，但其中硝基苯毒性很大。

知识拓展

硝基苯是一种带有苦杏仁味的、无色或微黄色的油状液体，不溶于水，密度比水大，有毒性。

人体大量吸入、误食或皮肤接触硝基苯均可引起急性中毒，还有可能诱发高铁血红蛋白血症。

③ 适当增大 Fe^{3+} 浓度，使终点 SCN^- 浓度减小，减少转化造成的误差，一般在终点时 $[Fe^{3+}]=0.2mol/L$，轻轻摇动，红色布满溶液而不消失即为终点。

测定 Br^- 和 I^- 时，由于 AgBr 和 AgI 的溶度积都比 AgSCN 的小，不会发生沉淀转化反应，所以可在 AgBr 或 AgI 沉淀存在下进行回滴。但应注意，测 I^- 时须先加过量 $AgNO_3$ 后，再加入指示剂，防止 Fe^{3+} 氧化 I^-，即，

$$2Fe^{3+} + 2I^- \rightleftharpoons 2Fe^{2+} + I_2$$

影响测定结果的准确度。

佛尔哈德法的滴定是在 HNO_3 介质中进行，其酸度应控制在0.1~1mol/L之间，酸度过低，Fe^{3+}将水解，生成棕色的 $Fe(OH)_3$ 或者 $Fe(H_2O)_5(OH)^{2+}$，影响终点的观察。

和莫尔法相比，佛尔哈德法在酸性条件下进行，许多弱酸离子如 PO_4^{3-}、$C_2O_4^{2-}$、CrO_4^{2-}、AsO_4^{3-} 等不会与 Ag^+发生反应生成沉淀，故此方法选择性较高。而一些强氧化剂、氮的低价氧化物及铜盐、汞盐等会与 SCN^- 作用而干扰测定；大量 Cu^{2+}、Ni^{2+}、Co^{2+}存在影响终点观察，都要预先除去。

第四节　法扬司法

一、方法原理

法扬司法是以吸附指示剂指示终点的银量法。吸附指示剂是一类有机染料，多数为有机弱酸，在溶液中可解离为具有一定颜色的阴离子，此阴离子容易被带正电荷的胶体沉淀所吸附，吸附后分子结构改变，从而引起颜色的改变，指示终点的到达。

例如，用 $AgNO_3$ 标准溶液滴定 Cl^-，以荧光黄为指示剂。荧光黄是一种有机弱酸，用 HFIn 表示，在水溶液中解离出黄绿色的 FIn^-。

$$HFIn \rightleftharpoons H^+ + FIn^-\text{(黄绿色)}$$

在化学计量点前，溶液中有剩余的 Cl^-，AgCl 沉淀吸附 Cl^-形成 $AgCl \cdot Cl^-$而带负电荷，荧光黄阴离子不被吸附，溶液呈黄绿色。滴定至化学计量点后，微过量的 Ag^+被 AgCl 沉淀吸附，形成 $AgCl \cdot Ag^+$而带正电荷，这时溶液中的 FIn^-被吸附，吸附后的指示剂发生结构改变，溶液颜色由黄绿色变为粉红色，指示滴定终点到达。

Cl^-过量时：　　$AgCl^- \cdot Cl^- + FIn^-$(黄绿色)

Ag^+过量时：$AgCl \cdot Ag^+ + FIn^-$(黄绿色)$\rightleftharpoons AgCl \cdot Ag^+ \cdot FIn^-$(粉红色)

二、滴定条件

(1) 加保护胶体

由于吸附指示剂颜色变化发生在沉淀微粒表面，沉淀的颗粒越小，沉淀的比表面越大，吸附能力越强，所以应尽可能使沉淀的表面积大一些。因此，在滴定前应将溶液稀释，并加入糊精、淀粉等高分子化合物作为保护胶体，防止沉淀凝聚。

小贴士

终点时不是溶液颜色发生变化，而是沉淀表面颜色发生变化，这是吸附指示剂的特点。因此，此法不宜用于测定浓度过低的溶液，否则由于生成的沉淀量太少，使终点不明显。

(2) 控制溶液酸度

常用的吸附指示剂大多是有机弱酸，而起指示作用的是它们的阴离子，因此必须控制适宜的酸度，使指示剂在溶液中保持阴离子状态。例如荧光黄，其$K_a \approx 10^{-7}$，当溶液 pH 值偏低时，大部分以 HFIn 形式存在，不被沉淀吸附，故无法指示终点，所以荧光黄适合的 pH=7~10。常用的吸附指示剂和滴定酸度条件见表 8-1。

表 8-1　常用的吸附指示剂和滴定酸度条件

指示剂	被测离子	滴定剂	酸度(pH 值)
荧光黄	Cl^-	Ag^+	7~10
二氯荧光黄	Cl^-	Ag^+	4~6
曙红	Br^-，I^-，SCN^-	Ag^+	2~10
溴甲酚绿	SCN^-	Ag^+	4~5
甲基紫	SO_4^{2-}，Ag^+	Ba^{2+}，Cl^-	酸性溶液
二甲基二碘荧光黄	I^-	Ag^+	中性

(3) 滴定应避免在强光照射下进行

因为卤化银沉淀对光敏感，光照易分解析出金属银使沉淀变为灰黑色，影响终点的观察。

(4) 选择适当吸附能力的指示剂

胶体微粒对指示剂离子的吸附能力应略小于对待测离子的吸附能力，否则指示剂将在化学计量点前变色；但如果吸附能力太小，将使变色不敏锐。卤化银沉淀对卤离子和几种吸附指示剂的吸附能力顺序为：

$$I^- > \text{二甲基二碘荧光黄} > SCN^- > Br^- > \text{曙红} > Cl^- > \text{荧光黄}$$

故滴定 Cl^- 时不能选曙红，而应选荧光黄；滴 Br^- 时不能选二甲基二碘荧光黄，可以选曙红。

(5) 被滴定的离子浓度不能太低

因为浓度太低时，生成的沉淀量太少，观察终点比较困难。如用荧光黄做指示剂，$AgNO_3$ 作标准溶液滴定 Cl^- 时，Cl^- 浓度要求在 0.005mol/L 以上；但滴定 Br^-、I^-、SCN^- 等的灵敏度稍高，浓度低至 0.001mol/L 时仍可准确滴定。

第五节　沉淀滴定法应用

一、标准溶液的配制与标定

1. $AgNO_3$ 标准溶液的配制和标定

(1) 配制

可以用符合基准试剂要求的 $AgNO_3$ 直接配制成标准溶液。但市售的 $AgNO_3$ 常常含有杂质，如银、氧化银、游离硝酸和亚硝酸等，所以需采用间接配制法，先配成近似浓度溶液后，再用基准物质 NaCl 标定。

(2) 标定

$AgNO_3$ 标准溶液可用莫尔法进行标定，以 NaCl 作为基准物质，溶样后，在中性或弱碱性溶液中，以 K_2CrO_4 作为指示剂，用 $AgNO_3$ 溶液滴定，其反应方程式为：

$$Ag^+ + Cl^- \rightleftharpoons AgCl\downarrow (\text{白色})$$

$$2Ag^+ + CrO_4^{2-} \rightleftharpoons Ag_2CrO_4\downarrow (\text{砖红色})$$

达到化学计量点时，微过量的 Ag^+ 与 CrO_4^{2-} 反应析出砖红色 Ag_2CrO_4 沉淀，指示滴定终点。

$AgNO_3$ 标准溶液浓度按下式计算：

$$c(AgNO_3)=\frac{m}{V\times 58.44}$$

式中 $c(AgNO_3)$——$AgNO_3$ 标准溶液的物质的量浓度，mol/L；

m——称取的基准试剂 NaCl 的质量，g；

V——消耗 $AgNO_3$ 标准溶液的体积，L；

58.44——基准试剂 NaCl 的摩尔质量，g/mol。

2. NH_4SCN 标准溶液的配制和标定

（1）配制

市售的 NH_4SCN 常含有硫酸盐、硫化物等杂质，且容易潮解，因此只能用间接法配制。

（2）标定

标定 NH_4SCN 溶液最简便的方法是用 $AgNO_3$ 标准溶液，以铁铵矾作指示剂采用佛尔哈德法进行滴定。

也可用 NaCl 做基准试剂，采用佛尔哈德法，同时标定 $AgNO_3$ 和 NH_4SCN 两种溶液。先准确称取一定量的 NaCl，溶于水后，加入过量的 $AgNO_3$ 溶液，以铁铵矾做指示剂，用 NH_4SCN 溶液回滴过剩的 $AgNO_3$。若已知 $AgNO_3$ 和 NH_4SCN 两种溶液的体积比，则由基准物质 NaCl 的质量和两种溶液的用量，即可计算两种溶液的准确浓度。

【例 8-1】 称取基准物质 NaCl 0.2000g，溶于水后，加 $AgNO_3$ 标准溶液 50.00mL，以铁铵矾为指示剂，用 NH_4SCN 标准溶液滴定至微红色，用去 NH_4SCN 标准溶液 25.00mL。已知 1.00mLNH_4SCN 标准溶液相当于 1.20mL$AgNO_3$ 标准溶液，计算 $AgNO_3$ 和 NH_4SCN 溶液的浓度。

解： 已知 NaCl 的摩尔质量为 58.44g/mol。

$$c(AgNO_3)=\frac{0.2000\text{g}}{58.44\text{g/mol}\times(50.00-1.20\times 25.00)\times 10^{-3}\text{L}}=0.1711\text{mol/L}$$

$$c(NH_4SCN)=\frac{0.1711\text{mol/L}\times 1.20\text{mL}}{1.00\text{mL}}=0.2053\text{mol/L}$$

二、应用实例

1. 水中氯化物的测定

氯化物是水质污染指标之一。天然水中氯化物以钠、钙及镁盐的形式存在。水源水流经含有氯化物的地层或在受到生活污水、工业废水及海水、海风的污染时，其氯化物含量都会增高。以氯化钠形式存在的氯化物含量超过 250mg/L 时，将使水具有咸味。水中氯化物的浓度过高时，对配水系统具有腐蚀作用。

准确吸取一定量的水试样，加入 K_2CrO_4 指示剂 2mL，在充分摇动下，以 $AgNO_3$ 标准溶液滴定至溶液呈微红色，即为滴定终点。测定时须在中性或弱碱性溶液中进行，最适宜的 pH 值范围为 6.5~10.5。从已知数据可以算出 NaCl 的质量浓度。

本法是测定氯化物的经典方法，适用于清洁水样的测定。操作简便，缺点是终点不明显，必须在有空白对照下滴定。

对于有色的水样，要加氢氧化铝悬浮液处理后过滤除去，才可以进行滴定。

知识拓展

水中氯化物可以用三种方法测定：即包括以上介绍的硝酸银滴定法，还可以用硝酸汞滴定法，其原理是氯化物与硝酸汞生成离解度极小的氯化汞，滴定到达终点时，过量的硝酸汞与二苯卡巴腙生成紫色络合物。注意 pH 值对硝酸汞滴定法影响较大，所以要把 pH 值控制在 3.0±0.2 范围内。另外还可用离子色谱法进行测定。

【例 8-2】 准确量取生理盐水 10.00mL 加入 5% K_2CrO_4 指示剂 0.5mL，用 0.1045mol/L $AgNO_3$ 标准溶液滴定至微红色，即为终点，共用去 $AgNO_3$ 溶液 14.58mL，试计算生理盐水中 NaCl 的质量浓度。

解：根据计算公式：

$$\rho(\mathrm{NaCl})=\frac{0.1045\times14.58\times10^{-3}\times58.50}{10.00}$$
$$=8.913\times10^{-3}\mathrm{g/mL}$$

2. 银合金中银的测定

称取一定量的样品，用 HNO_3 加热溶解制成溶液：

$$\mathrm{Ag+NO_3^-+2H^+\rightleftharpoons Ag^++NO_2\uparrow+H_2O}$$

在溶解试样时，必须煮沸以除去氮的低价氧化物，因为它能与 SCN^- 作用生成红色化合物而影响终点的观察，加入铁铵矾指示剂，用 NH_4SCN 标准溶液滴至淡红色。

$$\mathrm{Ag^++SCN^-\rightleftharpoons AgSCN\downarrow}(\text{白色})$$
$$\mathrm{Fe^{3+}+SCN^-\rightleftharpoons[FeSCN]^{2+}}(\text{血红色})$$

为了刚好滴定到计量点时出现 $Fe(SCN)^{2+}$ 的红色，则必须控制一定的 Fe^{3+} 浓度。实验证明，保持 Fe^{3+} 的浓度为 0.015mol/L，可以得到满意的结果。银质量分数 ω 计算如下：

$$\omega(\mathrm{Ag})=\frac{c(\mathrm{NH_4SCN})\cdot V(\mathrm{NH_4SCN})\cdot M(\mathrm{Ag})}{m_{\text{样品}}}$$

根据试样的质量及滴定用去 NH_4SCN 标准溶液的体积，来计算银的质量分数。

3. 蔬菜产品中氯化物含量的测定

蔬菜产品在生长过程中常会遇到喷施含氯农药和化肥等，对于氯化物的测定可采用佛尔哈德法。将样品切成小片后在均质器或研钵中磨碎。准确称取适量样品于烧杯中，加入 100mL 热水混匀加热至沸并保持 1min，冷却后，定量转入 250mL 容量瓶中，静置 15min 后，过滤去渣，收集滤液或直接加酸后定容，用移液管量取一定体积的溶液，加入 5mLHNO_3 和 5mL 硫酸，加入铁铵矾指示剂，加入过量 $AgNO_3$ 标准溶液，再加入 3mL 硝基苯并用力摇动，促使沉淀凝聚，再用 NH_4SCN 溶液滴定至出现红色保持 5min 不褪色为终点。根据数据计算氯化钠的质量分数。

$$\omega(\mathrm{NaCl})=\frac{[c(\mathrm{AgNO_3})\cdot V(\mathrm{AgNO_3})-c(\mathrm{NH_4SCN})\cdot V(\mathrm{NH_4SCN})]\times M(\mathrm{NaCl})}{m_{\text{样品}}}\times\frac{\text{定容体积}}{\text{取样体积}}$$

练一练

称取 KBr 试样 1.231g 溶解后，转移入 100mL 容量瓶中定容，吸取此液 10.00mL 于锥形瓶中，加入 0.1045mol/L $AgNO_3$ 标准液 20.00mL，新煮沸并已冷却的 6mol/L HNO_3 溶液 5mL 以及蒸馏水 20mL，并加入铁铵矾指示剂 1mL，用 0.1212mol/L NH_4SCN 标准溶液滴定至终点，共用去 8.78mL。试计算 KBr 质量分数。

习　题

一、选择题

1. 莫尔法测定工业用水中氯离子含量时，用(　　)为指示剂。

A. 铬酸钾　　B. 重铬酸钾　　C. 银光黄　　D. 曙红

2. 佛尔哈德法滴定的介质是(　　)。

A. HCl　　B. HNO_3　　C. H_2SO_4　　D. HOAc

3. 莫尔法测定氯的含量时，其滴定反应的酸度条件是(　　)。

A. 强酸性　　B. 弱酸性

C. 强碱性　　D. 弱碱性或近中性

4. 关于莫尔法，下列说法正确的是(　　)。

A. 指示剂 K_2CrO_4 的量越少越好

B. 滴定应在弱酸性介质中进行

C. 本法可测定 Cl^- 和 Br^-，但不能测定 I^- 或 SCN^-

D. 莫尔法的选择性较强

5. 莫尔法测定 Cl^- 含量时，要求介质在 pH = 6.5 ~ 10.5 范围内，若酸度过高，则会(　　)。

A. AgCl 沉淀不完全　　B. 形成 Ag_2O 沉淀

C. AgCl 吸附 Cl^-　　D. Ag_2CrO_4 沉淀不生成

6. 以铁铵矾为指示剂，用返滴定法以 NH_4SCN 标准溶液滴定 Cl^- 时，下列错误的是(　　)。

A. 滴定前加入过量定量的 $AgNO_3$ 标准溶液

B. 滴定前将 AgCl 沉淀滤去

C. 滴定前加入硝基苯，并振摇

D. 应在中性溶液中测定，以防 Ag_2O 析出

7. 莫尔法适用于测 Cl^- 和 Br^- 而不适用于测 I^- 是因为(　　)。

A. AgI 强烈吸附 I^-　　B. 没有合适的指示剂

C. I^- 不稳定易被氧化　　D. $K_{spAgI}<K_{spAgCl}$

8. 用佛尔哈德法测定的条件是(　　)。

A. 碱性　　B. 酸性　　C. 中性　　D. 不要求

9. 法扬司法中应用的指示剂其性质属于(　　)。

A. 配位　　B. 沉淀　　C. 酸碱　　D. 吸附

10. 用莫尔法测定时，阳离子(　　)不能存在。

A. K^+　　B. Na^+　　C. Ba^{2+}　　D. Ag^+

11. 莫尔法适用的 pH 值范围一般为 6.5~10.5，但当应用于测定 NH_4Cl 中氯含量时，其适宜的酸度为(　　)。

A. pH<7.0　　B. pH>7.0

C. pH=6.5~10.5　　D. pH=6.5~7.2

12. 下列指示剂中不属于吸附指示剂的是(　　)。

A. 酚酞　　B. 二氯荧光黄　　C. 曙红　　D. 荧光黄

二、选择题

1. 水中 Cl^-的含量可用 NH_4SCN 标准溶液直接滴定。　(　　)

2. 莫尔法一定要在中性和弱酸性中进行滴定。　(　　)

3. 可以将 $AgNO_3$ 溶液放入在碱式滴定管进行滴定操作。　(　　)

4. 在法扬司法中，为了使沉淀具有较强的吸附能力，通常加入适量的糊精或淀粉使沉淀处于胶体状态。　(　　)

5. 佛尔哈德法是以 NH_4SCN 为标准滴定溶液，铁铵矾为指示剂，在稀硝酸溶液中进行滴定。　(　　)

6. 标定 $AgNO_3$ 溶液最常用的基准物质是基准试剂 NaCl。　(　　)

三、计算题

1. 称取 NaCl 试液 20.00mL，加入 K_2CrO_4 指示剂，用 0.1023mol/L $AgNO_3$ 标准溶液滴定，用去 27.00mL，求每升溶液中含 NaCl 多少克？

2. 称取可溶性氯化物试样 0.2266g，用水溶解后，加入 0.1121mol/L $AgNO_3$ 标准溶液 30.00mL。过量的 Ag^+用 0.1185mol/L NH_4SCN 标准溶液滴定，用去 6.50mL，计算试样中氯的质量分数。

3. 称取银合金试样 0.3000g，溶解后加入铁铵矾指示剂，用 0.1000mol/L NH_4SCN 标准溶液滴定，用去 23.80mL，计算银的质量分数。

4. 称取某含砷农药 0.2000g，溶于 HNO_3 后转化为 H_3AsO_4，调至中性，加 $AgNO_3$ 使其沉淀为 Ag_3AsO_4，沉淀经过滤、洗涤后，再溶于 HNO_3 中，以铁铵矾作指示剂，滴定时用去 0.1180mol/L 的 NH_4SCN 标准溶液 33.85mL。求该农药中 As_2O_3 的百分含量。

5. 某试剂厂生产化学试剂 NH_4Cl，根据国家规定标准：一级为 99.5%，二级为 99.0%，三级为 98.5%，化验室对该厂生产试剂进行质量检验。称取试样 0.2000g，以荧光黄为指示剂并加入淀粉，用 0.1500mol/L $AgNO_3$ 滴定，用去 24.60mL，问此产品符合哪级标准？

附 录

附录一　常用酸碱溶液的相对密度、质量分数与物质的量浓度

一、酸

相对密度（15℃）	HCl		HNO_3		H_2SO_4	
	ω/%	c/(mol/L)	ω/%	c/(mol/L)	ω/%	c/(mol/L)
1.02	4.13	1.15	3.70	0.6	3.1	0.3
1.04	8.16	2.3	7.26	1.2	6.1	0.6
1.05	10.2	2.9	9.0	1.5	7.4	0.8
1.06	12.2	3.5	10.7	1.8	8.8	0.9
1.08	16.2	4.8	13.9	2.4	11.6	1.3
1.10	20.0	6.0	17.1	3.0	14.4	1.6
1.12	23.8	7.3	20.2	3.6	17.0	2.0
1.14	27.7	8.7	23.3	4.2	19.9	2.3
1.15	29.6	9.3	24.8	4.5	20.9	2.5
1.19	37.2	12.2	30.9	5.8	26	3.2
1.20			32.3	6.2	27.3	3.4
1.25			39.8	7.9	33.4	4.3
1.30			47.5	9.8	39.2	5.2
1.35			55.8	12	44.8	6.2
1.40			65.3	14.5	50.1	7.2
1.42			69.8	15.7	52.2	7.6
1.45					55	8.2
1.50					59.8	9.2
1.55					64.3	10.2
1.60					68.7	11.2

续表

相对密度（15℃）	HCl		HNO_3		H_2SO_4	
	ω/%	c/(mol/L)	ω/%	c/(mol/L)	ω/%	c/(mol/L)
1. 65					73	12. 3
1. 70					77. 2	13. 4
1. 84					95. 6	18

二、碱

相对密度（15℃）	$NH_3 \cdot H_2O$		NaOH		KOH	
	ω/%	c/(mol/L)	ω/%	c/(mol/L)	ω/%	c/(mol/L)
0. 88	35	18				
0. 9	28. 3	15				
0. 91	25	13. 4				
0. 92	21. 8	11. 8				
0. 94	15. 6	8. 6				
0. 96	9. 9	5. 6				
0. 98	4. 8	2. 8				
1. 05			4. 5	1. 25	5. 5	1
1. 1			9	2. 5	10. 9	2. 1
1. 15			13. 5	3. 9	11. 1	3. 3
1. 2			18	5. 4	21. 2	4. 5
1. 25			22. 5	7	26. 1	5. 8
1. 3			27	8. 8	30. 9	7. 2
1. 35			31. 8	10. 7	35. 5	8. 5

附录二　弱酸和弱碱解离常数

一、酸

名称	温度/℃	解离常数 K_a	pK_a
砷酸 H_3AsO_4	18	$K_{a1}=5.6\times10^{-3}$	2.25
		$K_{a2}=1.7\times10^{-7}$	6.77
		$K_{a3}=3.0\times10^{-12}$	11.50
硼酸 H_3BO_3	20	$K_a=5.7\times10^{-10}$	9.24
氢氰酸 HCN	25	$K_a=6.2\times10^{-10}$	9.21
碳酸 H_2CO_3	25	$K_{a1}=4.2\times10^{-7}$	6.38
		$K_{a2}=5.6\times10^{-11}$	10.25
铬酸 H_2CrO_4	25	$K_{a1}=1.8\times10^{-1}$	0.74
		$K_{a2}=3.2\times10^{-7}$	6.49
氢氟酸 HF	25	$K_a=3.5\times10^{-4}$	3.46
亚硝酸 HNO_2	25	$K_a=4.6\times10^{-4}$	3.37
磷酸 H_3PO_4	25	$K_{a1}=7.6\times10^{-3}$	2.12
		$K_{a2}=6.3\times10^{-8}$	7.20
		$K_{a3}=4.4\times10^{-13}$	12.36
硫化氢 H_2S	25	$K_{a1}=1.3\times10^{-7}$	6.89
		$K_{a2}=7.1\times10^{-15}$	14.15
亚硫酸 H_2SO_3	18	$K_{a1}=1.3\times10^{-2}$	1.90
		$K_{a2}=6.3\times10^{-8}$	7.20
硫酸 H_2SO_4	25	$K_{a2}=1.0\times10^{-2}$	1.99
甲酸 HCOOH	20	$K_a=1.8\times10^{-4}$	3.74
醋酸 CH_3COOH(HAc)	20	$K_a=1.8\times10^{-5}$	4.74
一氯乙酸 $CH_2ClCOOH$	25	$K_a=1.4\times10^{-3}$	2.86
二氯乙酸 $CHCl_2COOH$	25	$K_a=5.0\times10^{-2}$	1.30
三氯乙酸 CCl_3COOH	25	$K_a=0.23$	0.64
草酸 $H_2C_2O_4$	25	$K_{a1}=5.9\times10^{-2}$	1.23
		$K_{a2}=6.4\times10^{-5}$	4.19
琥珀酸 $(CH_2COOH)_2$	25	$K_{a1}=6.4\times10^{-5}$	4.19
		$K_{a2}=2.7\times10^{-6}$	5.57
酒石酸 HOOCCHOHCHOHCOOH	25	$K_{a1}=9.1\times10^{-4}$	3.04
		$K_{a2}=4.3\times10^{-5}$	4.37

续表

名称	温度/℃	解离常数 K_a	pK_a
柠檬酸 $HOCOCH_2C(OH)(COOH)CH_2COOH$	18	$K_{a1}=7.4\times10^{-4}$	3.13
		$K_{a2}=1.7\times10^{-5}$	4.76
		$K_{a3}=4.0\times10^{-7}$	6.40
苯酚 C_6H_5OH	20	$K_a=1.1\times10^{-10}$	9.95
苯甲酸 C_6H_5COOH	25	$K_a=6.2\times10^{-5}$	4.21
水杨酸 $C_6H_4(OH)COOH$	18	$K_{a1}=1.07\times10^{-3}$	2.97
		$K_{a2}=4\times10^{-14}$	13.40
邻苯二甲酸 $C_6H_4(COOH)_2$	25	$K_{a1}=1.1\times10^{-3}$	2.95
		$K_{a2}=2.9\times10^{-6}$	5.54

二、碱

名称	温度/℃	解离常数 K_b	pK_b
氨水 $NH_3 \cdot H_2O$	25	$K_b=1.8\times10^{-5}$	4.74
羟胺 NH_2OH	20	$K_b=9.1\times10^{-9}$	8.04
苯胺 $C_6H_5NH_2$	25	$K_b=4.6\times10^{-10}$	9.34
乙二胺 $H_2NCH_2CH_2NH_2$	25	$K_b=8.5\times10^{-5}$	4.07
	25	$K_b=7.1\times10^{-8}$	7.15
六亚甲基四胺 $(CH_2)_6N_4$	25	$K_b=1.4\times10^{-9}$	8.85
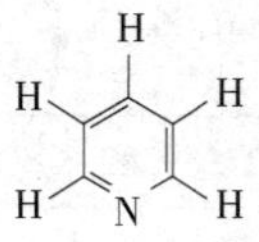 吡啶	25	$K_b=1.7\times10^{-9}$	8.77

附录三 金属配合物的稳定常数

金属离子	离子强度	n	$\lg\beta_n$
氨配合物			
Ag^+	0.1	1，2	3.40，7.40
Cd^{2+}	0.1	1，…，6	2.60，4.65，6.04，6.92，6.6，4.9
Co^{2+}	0.1	1，…，6	2.05，3.62，4.61，5.31，5.43，4.75
Cu^{2+}	2	1，…，4	4.13，7.61，10.48，12.59
Ni^{2+}	0.1	1，…，6	2.75，4.95，6.64，7.79，8.50，8.49
Zn^{2+}	0.1	1，…，4	2.27，4.61，7.01，9.06
氟配合物			
Al^{3+}	0.53	1，…，6	6.1，11.15，15.0，17.7，19.4，19.7
Fe^{3+}	0.5	1，2，3	5.2，9.2，11.9
Th^{4+}	0.5	1，2，3	7.7，13.5，18.0
TiO^{2+}	3	1，…，4	5.4，9.8，13.7，17.4
Sn^{4+}	*	6	25
Zr^{4+}	2	1，2，3	8.8，16.1，21.9
氯配合物			
Ag^+	0.2	1，…，4	2.9，4.7，5.0，5.9
Hg^{2+}	0.5	1，…，4	6.7，13.2，14.1，15.1
碘配合物			
Cd^{2+}	*	1，…，4	2.4，3.4，5.0，6.15
Hg^{2+}	0.5	1，…，4	12.9，23.8，27.6，29.8
氰配合物			
Ag^+	0~0.3	1，…，4	—，21.1，21.8，20.7
Cd^{2+}	3	1，…，4	5.5，10.6，15.3，18.9
Cu^+	0	1，…，4	—，24.0，28.6，30.3
Fe^{2+}	0	6	35.4
Fe^{3+}	0	6	43.6
Hg^{2+}	0.1	1，…，4	18.0，34.7，38.5，41.5
Ni^{2+}	0.1	4	31.3
Zn^{2+}	0.1	4	16.7
硫氰酸配合物			
Fe^{3+}	*	1，…，5	2.3，4.2，5.6，6.4，6.4
Hg^{2+}	1	1，…，4	—，16.1，19.0，20.9

续表

金属离子	离子强度	n	$\lg\beta_n$
硫代硫酸配合物			
Ag^{+}	0	1，2	8.82，13.5
Hg^{2+}	0	1，2	29.86，32.26
柠檬酸配合物			
Al^{3+}	0.5	1	20.0
Cu^{2+}	0.5	1	18
Fe^{3+}	0.5	1	25
Ni^{2+}	0.5	1	14.3
Pb^{2+}	0.5	1	12.3
Zn^{2+}	0.5	1	11.4
磺基水杨酸配合物			
Al^{3+}	0.1	1，2，3	12.9，22.9，29.0
Fe^{3+}	3	1，2，3	14.4，25.2，32.2
乙酰丙酮配合物			
Al^{3+}	0.1	1，2，3	8.1，15.7，21.2
Cu^{2+}	0.1	1，2	7.8，14.3
Fe^{3+}	0.1	1，2，3	9.3，17.9，25.1
邻二氮菲配合物			
Ag^{+}	0.1	1，2	5.02，12.07
Cd^{2+}	0.1	1，2，3	6.4，11.6，15.8
Co^{2+}	0.1	1，2，3	7.0，13.7，20.1
Cu^{2+}	0.1	1，2，3	9.1，15.8，21.0
Fe^{2+}	0.1	1，2，3	5.9，11.1，21.3
Hg^{2+}	0.1	1，2，3	—，19.65，23.35
Ni^{2+}	0.1	1，2，3	8.8，17.1，24.8
Zn^{2+}	0.1	1，2，3	6.4，12.15，17.0
乙二胺配合物			
Ag^{+}	0.1	1，2	4.7，7.7
Cd^{2+}	0.1	1，2	5.47，10.02
Cu^{2+}	0.1	1，2	10.55，19.60
Co^{2+}	0.1	1，2，3	5.89，10.72，13.82
Hg^{2+}	0.1	2	23.42
Ni^{2+}	0.1	1，2，3	7.66，14.06，18.59
Zn^{2+}	0.1	1，2，3	5.71，10.37，12.08

* 离子强度不定。

附录四　标准电极电势(18~25℃)

半反应	$E^{\ominus}$/V
F_2(气)$+2H^++2e$ ══ $2HF$	3.06
O_3+2H^++2e ══ O_2+2H_2O	2.07
$S_2O_8{}^{2-}+2e$ ══ $2SO_4^{2-}$	2.01
$H_2O_2+2H^++2e$ ══ $2H_2O$	1.77
$MnO_4^-+4H^++3e$ ══ MnO_2(固)$+2H_2O$	1.695
PbO_2(固)$+SO_4^{2-}+4H^++2e$ ══ $PbSO_4$(固)$+2H_2O$	1.685
$HClO_2+H^++e$ ══ $HClO+H_2O$	1.64
$HClO+H^++e$ ══ $1/2\ Cl_2+H_2O$	1.63
$Ce^{4+}+e$ ══ Ce^{3+}	1.61
$H_5IO_6+H^++2e$ ══ $IO_3^-+3H_2O$	1.60
$HBrO+H^++e$ ══ $1/2\ Br_2+H_2O$	1.59
$BrO_3^-+6H^++5e$ ══ $1/2\ Br_2+3H_2O$	1.52
$MnO_4^-+8H^++5e$ ══ $Mn^{2+}+4H_2O$	1.51
Au(Ⅲ)$+3e$ ══ Au	1.50
$HClO+H^++2e$ ══ Cl^-+H_2O	1.49
$ClO_3^-+6H^++5e$ ══ $1/2\ Cl_2+3H_2O$	1.47
PbO_2(固)$+4H^++2e$ ══ $Pb^{2+}+2H_2O$	1.455
$HIO+H^++e$ ══ $1/2\ I_2+H_2O$	1.45
$ClO_3^-+6H^++6e$ ══ Cl^-+3H_2O	1.45
$BrO_3^-+6H^++6e$ ══ Br^-+3H_2O	1.44
Au(Ⅲ)$+2e$ ══ Au(Ⅰ)	1.41
Cl_2(气)$+2e$ ══ $2Cl$	1.3595
$ClO_4^-+8H^++7e$ ══ $1/2\ Cl_2+4H_2O$	1.34
$Cr_2O_7^{2-}+14H^++6e$ ══ $2Cr^{3+}+7H_2O$	1.33
MnO_2(固)$+4H^++2e$ ══ $Mn^{2+}+2H_2O$	1.23
O_2(气)$+4H^++4e$ ══ $2H_2O$	1.229
$IO_3^-+6H^++5e$ ══ $1/2\ I_2+3H_2O$	1.20
$ClO_4^-+2H^++2e$ ══ $ClO_3^-+H_2O$	1.19
Br_2(水)$+2e$ ══ $2Br^-$	1.087
NO_2+H^++e ══ HNO_2	1.07
Br_3^-+2e ══ $3Br^-$	1.05
HNO_2+H^++e ══ NO(气)$+H_2O$	1.00

续表

半反应	$E^{\ominus}/V$
$VO_2^{\ +}+2H^++e \longrightarrow VO^{2+}+H_2O$	1.00
$HIO+H^++2e \longrightarrow I^-+H_2O$	0.99
$NO_3^-+3H^++2e \longrightarrow HNO_2+H_2O$	0.94
$ClO^-+H_2O+2e \longrightarrow Cl^-+2OH^-$	0.89
$H_2O_2+2e \longrightarrow 2OH^-$	0.88
$Cu^{2+}+I^-+e \longrightarrow CuI$(固)	0.86
$Hg^{2+}+2e \longrightarrow Hg$	0.845
$NO_3^-+2H^++e \longrightarrow NO_2+H_2O$	0.80
$Ag^++e \longrightarrow Ag$	0.7995
$Hg_2^{\ 2+}+2e \longrightarrow 2Hg$	0.793
$Fe^{3+}+e \longrightarrow Fe^{2+}$	0.771
$BrO^-+H_2O+2e \longrightarrow Br^-+2OH^-$	0.76
O_2(气)$+2H^++2e \longrightarrow H_2O_2$	0.682
$AsO_8^{\ -}+2H_2O+3e \longrightarrow As+4OH^-$	0.68
$2HgCl_2+2e \longrightarrow Hg_2Cl_2$(固)$+2Cl^-$	0.63
Hg_2SO_4(固)$+2e \longrightarrow 2Hg+SO_4^{2-}$	0.6151
$MnO_4^-+2H_2O+3e \longrightarrow MnO_2+4OH^-$	0.588
$MnO_4^-+e \longrightarrow MnO_4^{2-}$	0.564
$H_3AsO_4+2H^++2e \longrightarrow HAsO_2+2H_2O$	0.559
$I_3^-+2e \longrightarrow 3I^-$	0.545
I_2(固)$+2e \longrightarrow 2I^-$	0.5345
Mo(VI)+e ⟶ Mo(V)	0.53
$Cu^++e \longrightarrow Cu$	0.52
$4SO_2$(水)$+4H^++6e \longrightarrow S_4O_6^{2-}+2H_2O$	0.51
$HgCl_4^{2-}+2e \longrightarrow Hg+4Cl^-$	0.48
$2SO_2$(水)$+2H^++4e \longrightarrow S_2O_3^{2-}+H_2O$	0.40
$Fe(CN)_6^{\ 3-}+e \longrightarrow Fe(CN)_6^{\ 4-}$	0.36
$Cu^{2+}+2e \longrightarrow Cu$	0.337
$VO^{2+}+2H^++2e \longrightarrow V^{3+}+H_2O$	0.337
$BiO^++2H^++3e \longrightarrow Bi+H_2O$	0.32
Hg_2Cl_2(固)$+2e \longrightarrow 2Hg+2Cl^-$	0.2676
$HAsO_2+3H^++3e \longrightarrow As+2H_2O$	0.248
$AgCl$(固)$+e \longrightarrow Ag+Cl^-$	0.2223
$SbO^++2H^++3e \longrightarrow Sb+H_2O$	0.212

续表

半反应	$E^{\ominus}$/V
$SO_4^{2-}+4H^++2e$ ══ SO_2(水)$+H_2O$	0.17
$Cu^{2+}+e$ ══ Cu^-	0.519
$Sn^{4+}+2e$ ══ Sn^{2+}	0.154
$S+2H^++2e$ ══ H_2S(气)	0.141
Hg_2Br_2+2e ══ $2Hg+2Br^-$	0.1395
$TiO^{2+}+2H^++e$ ══ $Ti^{3+}+H_2O$	0.1
$S_4O_6^{2-}+2e$ ══ $2S_2O_3^{2-}$	0.08
AgBr(固)$+e$ ══ $Ag+Br^-$	0.071
$2H^++2e$ ══ H_2	0.000
O_2+H_2O+2e ══ $HO_2^-+OH^-$	−0.067
$TiOCl^++2H^++3Cl^-+e$ ══ $TiCl_4^-+H_2O$	−0.09
$Pb^{2+}+2e$ ══ Pb	−0.126
$Sn^{2+}+2e$ ══ Sn	−0.136
AgI(固)$+e$ ══ $Ag+I^-$	−0.152
$Ni^{2+}+2e$ ══ Ni	−0.246
$H_3PO_4+2H^++2e$ ══ $H_3PO_3+H_2O$	−0.276
$Co^{2+}+2e$ ══ Co	−0.277
Tl^++e ══ Tl	−0.3360
$In^{3+}+3e$ ══ In	−0.345
$PbSO_4$(固)$+2e$ ══ $Pb+SO_4^{2-}$	0.3553
$SeO_3^{2-}+3H_2O+4e$ ══ $Se+6OH^-$	−0.366
$As+3H^++3e$ ══ AsH_3	−0.38
$Se+2H^++2e$ ══ H_2Se	−0.40
$Cd^{2+}+2e$ ══ Cd	−0.403
$Cr^{3+}+e$ ══ Cr^{2+}	>−0.41
$Fe^{2+}+2e$ ══ Fe	−0.440
$S+2e$ ══ S^{2-}	−0.48
$2CO_2+2H^++2e$ ══ $H_2C_2O_4$	−0.49
$H_3PO_3+2H^++2e$ ══ $H_3PO_2+H_2O$	−0.50
$Sb+3H^++3e$ ══ SbH_3	−0.51
$HPbO_2^-+H_2O+2e$ ══ $Pb+3OH^-$	−0.54
$Ga^{3+}+3e$ ══ Ga	−0.56
$TeO_3^{2-}+3H_2O+4e$ ══ $Te+6OH^-$	−0.57
$2SO_3^{2-}+3H_2O+4e$ ══ $S_2O_3^{2-}+6OH^-$	−0.58

续表

半反应	$E^{\ominus}$/V
$SO_3^{2-}+3H_2O+4e$ ══ $S+6OH^-$	-0.66
$AsO_4^{3-}+2H_2O+2e$ ══ $AsO_2{}^-+4OH^-$	-0.67
Ag_2S(固)$+2e$ ══ $2Ag+S^{2-}$	-0.69
$Zn^{2+}+2e$ ══ Zn	-0.763
$2H_2O+2e$ ══ H_2+2OH^-	-8.28
$Cr^{2+}+2e$ ══ Cr	-0.91
$HSnO_2{}^-+H_2O+2e$ ══ Sn^-+3OH^-	->0.91
$Se+2e$ ══ Se^{2-}	-0.92
$Sn(OH)_6^{2-}+2e$ ══ $HSnO_2{}^-+H_2O+3OH^-$	-0.93
CnO^-+H_2O+2e ══ Cn^-+2OH^-	-0.97
$Mn^{2+}+2e$ ══ Mn	-1.182
$ZnO_2{}^{2-}+2H_2O+2e$ ══ $Zn+4OH^-$	-1.216
$Al^{3+}+3e$ ══ Al	-1.66
$H_2AlO_3^-+H_2O+3e$ ══ $Al+4OH^-$	-2.35
$Mg^{2+}+2e$ ══ Mg	-2.37
Na^++e ══ Na	-2.71
$Ca^{2+}+2e$ ══ Ca	-2.87
$Sr^{2+}+2e$ ══ Sr	-2.89
$Ba^{2+}+2e$ ══ Ba	-2.90
K^++e ══ K	-2.925
Li^++e ══ Li	-3.042

附录五　一些氧化还原电对的条件电极电势

半反应	$E^{\ominus'}$/V	介质
Ag(Ⅱ)+e^-══Ag	1.927	4mol/L HNO_3
Ce(Ⅳ)+e^-══Ce(Ⅲ)	1.74	1mol/L $HClO_4$
	1.44	0.5mol/L H_2SO_4
	1.28	1mol/L HCl
$Co^{3+}+e^-$══Co^{2+}	1.84	3mol/L HNO_3
$Co(en)_3^{3+}+e^-$══$Co(en)_3^{2+}$	-0.2	0.1mol/L HNO_3+0.1mol/L en(乙二胺)
Cr(Ⅲ)+e^-══Cr(Ⅱ)	-0.40	5mol/L HCl
$Cr_2O_7^{2-}+14H^++6e^-$══$2CrO^{3+}+7H_2O$	1.08	3mol/L HCl
	1.15	4mol/L H_2SO_4
	1.025	1mol/L $HClO_4$
$CrO_4^{2-}+2H_2O+3e^-$══$CrO_2^-+4OH^-$	-0.12	1mol/L NaOH
Fe(Ⅲ)+e^-══Fe^{2+}	0.767	1mol/L $HClO_4$
	0.71	0.5mol/L HCl
	0.68	1mol/L H_2SO_4
	0.68	1mol/L HCl
	0.46	2mol/L H_3PO_4
	0.51	1mol/L HCl+0.25mol/L H_3PO_4
$Fe(EDTA)^-+e^-$══$Fe(EDTA)^{2-}$	0.12	0.1mol/L EDTA pH=4~6
$Fe(CN)_6^{3-}+e^-$══$Fe(CN)_6^{4-}$	0.56	0.1mol/L HCl
$FeO_4^{2-}+2H_2O+3e^-$══FeO_2^-+4OH	0.55	10mol/L NaOH
$I_3^-+2e^-$══$3I^-$	0.5446	0.5mol/L H_2SO_4
I_2(水)+$2e^-$══$2I^-$	0.6276	0.5mol/L H_2SO_4
$MnO_4^-+8H^++5e^-$══$Mn^{2+}+4H_2O$	1.45	1mol/L $HClO_4$
$SnCl_6^{2-}+2e^-$══$SnCl_4^{2-}+2Cl^-$	0.14	1mol/L HCl
Sb(Ⅴ)+$2e^-$══Sb(Ⅲ)	0.75	3.5mol/L HCl
$Sb(OH)_6^-+2e^-$══$SbO_2^-+2OH^-+2H_20$	-0.428	3mol/L NaOH
$SbO_2^-+2H_2O+3e^-$══$Sb+4OH^-$	-0.675	10mol/L KOH
Ti(Ⅳ)+e^-══Ti(Ⅲ)	-0.01	0.2mol/L H_2SO_4
	0.12	2mol/L H_2SO_4
	0.10	3mol/L HCl
	-0.04	1mol/L HCl
	-0.05	1mol/L H_3PO_4
Pb(Ⅱ)+$2e^-$══Pb	-0.32	1mol/L NaAc

附录六 难溶化合物的溶度积常数

序号	分子式	K_{sp}	pK_{sp}	序号	分子式	K_{sp}	pK_{sp}
1	Ag_3AsO_4	1.0×10^{-22}	22.0	95	Hg_2Cl_2	1.3×10^{-18}	17.88
2	AgBr	5.0×10^{-13}	12.3	96	HgC_2O_4	1.0×10^{-7}	7.0
3	$AgBrO_3$	5.50×10^{-5}	4.26	97	Hg_2CO_3	8.9×10^{-17}	16.05
4	AgCl	1.8×10^{-10}	9.75	98	$Hg_2(CN)_2$	5.0×10^{-40}	39.3
5	AgCN	1.2×10^{-16}	15.92	99	Hg_2CrO_4	2.0×10^{-9}	8.70
6	Ag_2CO_3	8.1×10^{-12}	11.09	100	Hg_2I_2	4.5×10^{-29}	28.35
7	$Ag_2C_2O_4$	3.5×10^{-11}	10.46	101	HgI_2	2.82×10^{-29}	28.55
8	$Ag_2Cr_2O_4$	1.2×10^{-12}	11.92	102	$Hg_2(IO_3)_2$	2.0×10^{-14}	13.71
9	$Ag_2Cr_2O_7$	2.0×10^{-7}	6.70	103	$Hg_2(OH)_2$	2.0×10^{-24}	23.7
10	AgI	8.3×10^{-17}	16.08	104	HgSe	1.0×10^{-59}	59.0
11	$AgIO_3$	3.1×10^{-8}	7.51	105	HgS(红)	4.0×10^{-53}	52.4
12	AgOH	2.0×10^{-8}	7.71	106	HgS(黑)	1.6×10^{-52}	51.8
13	Ag_2MoO_4	2.8×10^{-12}	11.55	107	Hg_2WO_4	1.1×10^{-17}	16.96
14	Ag_3PO_4	1.4×10^{-16}	15.84	108	$Ho(OH)_3$	5.0×10^{-23}	22.30
15	Ag_2S	6.3×10^{-50}	49.2	109	$In(OH)_3$	1.3×10^{-37}	36.9
16	AgSCN	1.0×10^{-12}	12.00	110	$InPO_4$	2.3×10^{-22}	21.63
17	Ag_2SO_3	1.5×10^{-14}	13.82	111	In_2S_3	5.7×10^{-74}	73.24
18	Ag_2SO_4	1.4×10^{-5}	4.84	112	$La_2(CO_3)_3$	3.98×10^{-34}	33.4
19	Ag_2Se	2.0×10^{-64}	63.7	113	$LaPO_4$	3.98×10^{-23}	22.43
20	Ag_2SeO_3	1.0×10^{-15}	15.00	114	$Lu(OH)_3$	1.9×10^{-24}	23.72
21	Ag_2SeO_4	5.7×10^{-8}	7.25	115	$Mg_3(AsO_4)_2$	2.1×10^{-20}	19.68
22	$AgVO_3$	5.0×10^{-7}	6.3	116	$MgCO_3$	3.5×10^{-8}	7.46
23	Ag_2WO_4	5.5×10^{-12}	11.26	117	$MgCO_3\cdot3H_2O$	2.14×10^{-5}	4.67
24	$Al(OH)_3$①	4.57×10^{-33}	32.34	118	$Mg(OH)_2$	1.8×10^{-11}	10.74
25	$AlPO_4$	6.3×10^{-19}	18.24	119	$Mg_3(PO_4)_2\cdot8H_2O$	6.31×10^{-26}	25.2
26	Al_2S_3	2.0×10^{-7}	6.7	120	$Mn_3(AsO_4)_2$	1.9×10^{-29}	28.72
27	$Au(OH)_3$	5.5×10^{-46}	45.26	121	$MnCO_3$	1.8×10^{-11}	10.74
28	$AuCl_3$	3.2×10^{-25}	24.5	122	$Mn(IO_3)_2$	4.37×10^{-7}	6.36
29	AuI_3	1.0×10^{-46}	46.0	123	$Mn(OH)_4$	1.9×10^{-13}	12.72
30	$Ba_3(AsO_4)_2$	8.0×10^{-51}	50.1	124	MnS(粉红)	2.5×10^{-10}	9.6

续表

序号	分子式	K_{sp}	pK_{sp}	序号	分子式	K_{sp}	pK_{sp}
31	$BaCO_3$	5.1×10^{-9}	8.29	125	MnS(绿)	2.5×10^{-13}	12.6
32	BaC_2O_4	1.6×10^{-7}	6.79	126	$Ni_3(AsO_4)_2$	3.1×10^{-26}	25.51
33	$BaCrO_4$	1.2×10^{-10}	9.93	127	$NiCO_3$	6.6×10^{-9}	8.18
34	$Ba_3(PO_4)_2$	3.4×10^{-23}	22.44	128	NiC_2O_4	4.0×10^{-10}	9.4
35	$BaSO_4$	1.1×10^{-10}	9.96	129	$Ni(OH)_2$(新)	2.0×10^{-15}	14.7
36	BaS_2O_3	1.6×10^{-5}	4.79	130	$Ni_3(PO_4)_2$	5.0×10^{-31}	30.3
37	$BaSeO_3$	2.7×10^{-7}	6.57	131	α-NiS	3.2×10^{-19}	18.5
38	$BaSeO_4$	3.5×10^{-8}	7.46	132	β-NiS	1.0×10^{-24}	24.0
39	$Be(OH)_2$②	1.6×10^{-22}	21.8	133	γ-NiS	2.0×10^{-26}	25.7
40	$BiAsO_4$	4.4×10^{-10}	9.36	134	$Pb_3(AsO_4)_2$	4.0×10^{-36}	35.39
41	$Bi_2(C_2O_4)_3$	3.98×10^{-36}	35.4	135	$PbBr_2$	4.0×10^{-5}	4.41
42	$Bi(OH)_3$	4.0×10^{-31}	30.4	136	$PbCl_2$	1.6×10^{-5}	4.79
43	$BiPO_4$	1.26×10^{-23}	22.9	137	$PbCO_3$	7.4×10^{-14}	13.13
44	$CaCO_3$	2.8×10^{-9}	8.54	138	$PbCrO_4$	2.8×10^{-13}	12.55
45	$CaC_2O_4\cdot H_2O$	4.0×10^{-9}	8.4	139	PbF_2	2.7×10^{-8}	7.57
46	CaF_2	2.7×10^{-11}	10.57	140	$PbMoO_4$	1.0×10^{-13}	13.0
47	$CaMoO_4$	4.17×10^{-8}	7.38	141	$Pb(OH)_2$	1.2×10^{-15}	14.93
48	$Ca(OH)_2$	5.5×10^{-6}	5.26	142	$Pb(OH)_4$	3.2×10^{-66}	65.49
49	$Ca_3(PO_4)_2$	2.0×10^{-29}	28.70	143	$Pb_3(PO_4)_3$	8.0×10^{-43}	42.10
50	$CaSO_4$	3.16×10^{-7}	5.04	144	PbS	1.0×10^{-28}	28.00
51	$CaSiO_3$	2.5×10^{-8}	7.60	145	$PbSO_4$	1.6×10^{-8}	7.79
52	$CaWO_4$	8.7×10^{-9}	8.06	146	PbSe	7.94×10^{-43}	42.1
53	$CdCO_3$	5.2×10^{-12}	11.28	147	$PbSeO_4$	1.4×10^{-7}	6.84
54	$CdC_2O_4\cdot 3H_2O$	9.1×10^{-8}	7.04	148	$Pd(OH)_2$	1.0×10^{-31}	31.0
55	$Cd_3(PO_4)_2$	2.5×10^{-33}	32.6	149	$Pd(OH)_4$	6.3×10^{-71}	70.2
56	CdS	8.0×10^{-27}	26.1	150	PdS	2.03×10^{-58}	57.69
57	CdSe	6.31×10^{-36}	35.2	151	$Pm(OH)_3$	1.0×10^{-21}	21.0
58	$CdSeO_3$	1.3×10^{-9}	8.89	152	$Pr(OH)_3$	6.8×10^{-22}	21.17
59	CeF_3	8.0×10^{-16}	15.1	153	$Pt(OH)_2$	1.0×10^{-35}	35.0
60	$CePO_4$	1.0×10^{-23}	23.0	154	$Pu(OH)_3$	2.0×10^{-20}	19.7
61	$Co_3(AsO_4)_2$	7.6×10^{-29}	28.12	155	$Pu(OH)_4$	1.0×10^{-55}	55.0
62	$CoCO_3$	1.4×10^{-13}	12.84	156	$RaSO_4$	4.2×10^{-11}	10.37
63	CoC_2O_4	6.3×10^{-8}	7.2	157	$Rh(OH)_3$	1.0×10^{-23}	23.0

续表

序号	分子式	K_{sp}	pK_{sp}	序号	分子式	K_{sp}	pK_{sp}
64	$Co(OH)_2$(蓝)	6.31×10^{-15}	14.2	158	$Ru(OH)_3$	1.0×10^{-36}	36.0
				159	Sb_2S_3	1.5×10^{-93}	92.8
	$Co(OH)_2$（粉红，新沉淀）	1.58×10^{-15}	14.8	160	ScF_3	4.2×10^{-18}	17.37
				161	$Sc(OH)_3$	8.0×10^{-31}	30.1
				162	$Sm(OH)_3$	8.2×10^{-23}	22.08
				163	$Sn(OH)_2$	1.4×10^{-28}	27.85
				164	$Sn(OH)_4$	1.0×10^{-56}	56.0
	$Co(OH)_2$（粉红，陈化）	2.00×10^{-16}	15.7	165	SnO_2	3.98×10^{-65}	64.4
				166	SnS	1.0×10^{-25}	25.0
				167	SnSe	3.98×10^{-39}	38.4
65	$CoHPO_4$	2.0×10^{-7}	6.7	168	$Sr_3(AsO_4)_2$	8.1×10^{-19}	18.09
66	$Co_3(PO_4)_3$	2.0×10^{-35}	34.7	169	$SrCO_3$	1.1×10^{-10}	9.96
67	$CrAsO_4$	7.7×10^{-21}	20.11	170	$SrC_2O_4\cdot H_2O$	1.6×10^{-7}	6.80
68	$Cr(OH)_3$	6.3×10^{-31}	30.2	171	SrF_2	2.5×10^{-9}	8.61
69	$CrPO_4\cdot 4H_2O$(绿)	2.4×10^{-23}	22.62	172	$Sr_3(PO_4)_2$	4.0×10^{-28}	27.39
	$CrPO_4\cdot 4H_2O$(紫)	1.0×10^{-17}	17.0	173	$SrSO_4$	3.2×10^{-7}	6.49
70	CuBr	5.3×10^{-9}	8.28	174	$SrWO_4$	1.7×10^{-10}	9.77
71	CuCl	1.2×10^{-6}	5.92	175	$Tb(OH)_3$	2.0×10^{-22}	21.7
72	CuCN	3.2×10^{-20}	19.49	176	$Te(OH)_4$	3.0×10^{-54}	53.52
73	$CuCO_3$	2.34×10^{-10}	9.63	177	$Th(C_2O_4)_2$	1.0×10^{-22}	22.0
74	CuI	1.1×10^{-12}	11.96	178	$Th(IO_3)_4$	2.5×10^{-15}	14.6
75	$Cu(OH)_2$	4.8×10^{-20}	19.32	179	$Th(OH)_4$	4.0×10^{-45}	44.4
76	$Cu_3(PO_4)_2$	1.3×10^{-37}	36.9	180	$Ti(OH)_3$	1.0×10^{-40}	40.0
77	Cu_2S	2.5×10^{-48}	47.6	181	TlBr	3.4×10^{-6}	5.47
78	Cu_2Se	1.58×10^{-61}	60.8	182	TlCl	1.7×10^{-4}	3.76
79	CuS	6.3×10^{-36}	35.2	183	Tl_2CrO_4	9.77×10^{-13}	12.01
80	CuSe	7.94×10^{-49}	48.1	184	TlI	6.5×10^{-8}	7.19
81	$Dy(OH)_3$	1.4×10^{-22}	21.85	185	TlN_3	2.2×10^{-4}	3.66
82	$Er(OH)_3$	4.1×10^{-24}	23.39	186	Tl_2S	5.0×10^{-21}	20.3
83	$Eu(OH)_3$	8.9×10^{-24}	23.05	187	$TlSeO_3$	2.0×10^{-39}	38.7
84	$FeAsO_4$	5.7×10^{-21}	20.24	188	$UO_2(OH)_2$	1.1×10^{-22}	21.95
85	$FeCO_3$	3.2×10^{-11}	10.50	189	$VO(OH)_2$	5.9×10^{-23}	22.13
86	$Fe(OH)_2$	8.0×10^{-16}	15.1	190	$Y(OH)_3$	8.0×10^{-23}	22.1
87	$Fe(OH)_3$	4.0×10^{-38}	37.4	191	$Yb(OH)_3$	3.0×10^{-24}	23.52

续表

序号	分子式	K_{sp}	pK_{sp}	序号	分子式	K_{sp}	pK_{sp}
88	$FePO_4$	1.3×10^{-22}	21.89	192	$Zn_3(AsO_4)_2$	1.3×10^{-28}	27.89
89	FeS	6.3×10^{-18}	17.2	193	$ZnCO_3$	1.4×10^{-11}	10.84
90	$Ga(OH)_3$	7.0×10^{-36}	35.15	194	$Zn(OH)_2$③	2.09×10^{-16}	15.68
91	$GaPO_4$	1.0×10^{-21}	21.0	195	$Zn_3(PO_4)_2$	9.0×10^{-33}	32.04
92	$Gd(OH)_3$	1.8×10^{-23}	22.74	196	α-ZnS	1.6×10^{-24}	23.8
93	$Hf(OH)_4$	4.0×10^{-26}	25.4	197	β-ZnS	2.5×10^{-22}	21.6
94	Hg_2Br_2	5.6×10^{-23}	22.24	198	$ZrO(OH)_2$	6.3×10^{-49}	48.2

①~③：形态均为无定形。

附录七　一些化合物的相对分子质量

化合物	相对分子质量	化合物	相对分子质量
AgBr	187.78	CO_2	44.01
AgCl	143.32	Cr_2O_3	151.99
AgCN	133.84	$Cu(C_2H_3O_2)_2 \cdot 3Cu(AsO_2)_2$	1013.80
Ag_2CrO_4	331.73	CuO	79.54
AgI	234.77	Cu_2O	143.09
$AgNO_3$	169.87	CuSCN	121.62
AgSCN	169.95	$CuSO_4$	159.60
Al_2O_3	101.96	$CuSO_4 \cdot 5H_2O$	249.68
$Al_2(SO_4)_3$	342.15	$FeCl_3$	162.21
As_2O_3	197.84	$FeCl_3 \cdot 6H_2O$	270.30
As_2O_5	229.84	FeO	71.85
$BaCO_3$	197.35	Fe_2O_3	159.69
BaC_2O_4	225.36	Fe_3O_4	231.54
$BaCl_2$	208.25	$FeSO_4 \cdot H_2O$	169.96
$BaCl_2 \cdot 2H_2O$	244.28	$FeSO_4 \cdot 7H_2O$	278.01
$BaCrO_4$	253.33	$Fe_2(SO_4)_3$	399.87
BaO	153.34	$FeSO_4 \cdot (NH_4)_2SO_4 \cdot 6H_2O$	392.13
$Ba(OH)_2$	171.36	H_3BO_3	61.83
$BaSO_4$	233.40	HBr	80.91
$CaCO_3$	100.09	$H_2C_4H_4O_6$(酒石酸)	150.09
CaC_2O_4	128.10	HCN	27.03
$CaCl_2$	110.99	H_2CO_3	62.03
$CaCl_2 \cdot H_2O$	129.00	$H_2C_2O_4$	90.04
CaF_2	78.08	$H_2C_2O_4 \cdot 2H_2O$	126.07
$Ca(NO_3)_2$	164.09	HCOOH	46.03
CaO	56.08	HCl	36.46
$Ca(OH)_2$	74.09	$HClO_4$	100.46
$CaSO_4$	136.14	HF	20.01
$Ca_3(PO_4)_2$	310.18	HI	127.91
$Ce(SO_4)_2$	332.24	HNO_2	47.01
$Ce(SO_4)_2 \cdot 2(NH_4)_2SO_4 \cdot 2H_2O$	632.54	HNO_3	63.01
CH_3COOH	60.05	H_2O	18.02

续表

化合物	相对分子质量	化合物	相对分子质量
CH_3OH	32.04	H_2O_2	34.02
$CH_3\cdot CO\cdot CH_3$	58.08	H_3PO_4	98.00
$C_6H_5\cdot COOH$	122.12	H_2S	34.08
$C_6H_4\cdot COOH\cdot COOK$	204.23	H_2SO_3	82.08
$CH_3\cdot COONa$	82.03	H_2SO_4	98.08
C_6H_5OH	94.11	$HgCl_2$	271.50
$(C_9H_7N)_3H_3(PO_4\cdot 12MoO_3)$(磷钼酸喹啉)	2212.74	Hg_2Cl_2	472.09
CCl_4	153.81	Na_2O	61.98
$KAl(SO_4)_2\cdot 12H_2O$	474.38	$NaNO_2$	69.00
$KB(C_6H_5)_4$	358.38	NaI	149.89
KBr	119.01	NaOH	40.01
$KBrO_3$	167.01	Na_3PO_4	163.94
KCN	65.12	Na_2S	78.04
K_2CO_3	138.21	$Na_2S\cdot 9H_2O$	240.18
KCl	74.56	Na_2SO_3	126.04
$KClO_3$	122.55	Na_2SO_4	142.04
$KClO_4$	138.55	$Na_2SO_4\cdot 10H_2O$	322.20
K_2CrO_4	194.20	$Na_2S_2O_3$	158.10
$K_2Cr_2O_7$	294.19	$Na_2S_2O_3\cdot 5H_2O$	248.18
$KHC_2O_4\cdot H_2C_2O_4\cdot 2H_2O$	254.19	Na_2SiF_6	188.06
$KHC_2O_4\cdot H_2O$	146.14	NH_3	17.03
KI	166.01	NH_4Cl	53.49
KIO_3	214.00	$(NH_4)_2C_2O_4\cdot H_2O$	142.11
$KIO_3\cdot HIO_3$	389.92	$NH_3\cdot H_2O$	35.05
$KMnO_4$	158.04	$NH_4Fe(SO_4)_2\cdot 12H_2O$	482.19
KNO_2	85.10	$(NH_4)_2HPO_4$	132.05
K_2O	92.20	$(NH_4)_3PO_4\cdot 12MoO_3$	1876.53
KOH	56.11	$(NH_4)_2SO_4$	132.14
KSCN	97.18	$NiC_8H_{14}O_4N_4$(丁二酮肟镍)	288.93
K_2SO_4	174.26	P_2O_5	141.95
$MgCO_3$	84.32	$PbCrO_4$	323.18
$MgCl_2$	95.21	PbO	223.19
$MgNH_4PO_4$	137.33	PbO_2	239.19
MgO	40.31	Pb_3O_4	685.57

续表

化合物	相对分子质量	化合物	相对分子质量
$Mg_2P_2O_7$	222.60	$PbSO_4$	303.25
MnO	70.94	SO_2	64.06
MnO_2	86.94	SO_3	80.06
$Na_2B_4O_7$	201.22	Sb_2O_3	291.50
$Na_2B_4O_7 \cdot 10H_2O$	381.37	SiF_4	104.08
$NaBiO_3$	279.97	SiO_2	60.08
$NaBr$	102.90	$SnCO_3$	147.63
$NaCN$	49.01	$SnCl_2$	189.60
Na_2CO_3	105.99	SnO_2	150.69
$Na_2C_2O_4$	134.00	TiO_2	79.90
$NaCl$	58.44	WO_3	231.85
$NaHCO_3$	84.01	$ZnCl_2$	136.29
NaH_2PO_4	119.98	ZnO	81.37
Na_2HPO_4	141.96	$Zn_2P_2O_7$	304.70
$Na_2H_2Y \cdot 2H_2O$（EDTA 二钠盐）	372.26	$ZnSO_4$	161.43

附录八　国际相对原子质量表

元素		相对原子质量	元素		相对原子质量	元素		相对原子质量	元素		相对原子质量
符号	名称		符号	名称		符号	名称		符号	名称	
Ac	锕	[227]	Er	铒	167.26	Mn	锰	54.93805	Ru	钌	101.07
Ag	银	107.8682	Es	锿	[254]	Mo	钼	95.94	S	硫	32.066
Al	铝	26.981539	Eu	铕	151.964	N	氮	14.006747	Sb	锑	121.760
Am	镅	[243]	F	氟	18.998403	Na	钠	22.989768	Sc	钪	44.95591
Ar	氩	39.948	Fe	铁	55.845	Nb	铌	92.906384	Se	硒	78.96
As	砷	74.92160	Fm	镄	[257]	Nd	钕	144.24	Si	硅	28.0855
At	砹	[210]	Fr	钫	[223]	Ne	氖	20.1797	Sm	钐	150.36
Au	金	196.96655	Ga	镓	69.723	Ni	镍	58.6934	Sn	锡	118.710
B	硼	10.811	Gd	钆	157.25	No	锘	[254]	Sr	锶	87.62
Ba	钡	137.327	Ge	锗	72.61	Np	镎	237.0482	Ta	钽	180.9479
Be	铍	9.012182	H	氢	1.00794	O	氧	15.9994	Tb	铽	158.92534
Bi	铋	208.98038	He	氦	4.002602	Os	锇	190.23	Tc	锝	98.9062
Bk	锫	[247]	Hf	铪	178.49	P	磷	30.973762	Te	碲	127.60
Br	溴	79.904	Hg	汞	200.59	Pa	镤	231.03588	Th	钍	232.0381
C	碳	12.0107	Ho	钬	164.93032	Pb	铅	207.2	Ti	钛	47.867
Ca	钙	40.078	I	碘	126.90447	Pd	钯	106.42	Tl	铊	204.3833
Cd	镉	112.411	In	铟	114.818	Pm	钷	[145]	Tm	铥	168.93421
Ce	铈	140.116	Ir	铱	192.217	Po	钋	[~210]	U	铀	138.0289
Cf	锎	[251]	K	钾	39.0983	Pr	镨	140.90765	V	钒	50.9415
Cl	氯	35.4527	Kr	氪	83.80	Pt	铂	195.078	W	钨	183.84
Cm	锔	[247]	La	镧	138.9055	Pu	钚	[244]	Xe	氙	131.29
Co	钴	58.93320	Li	锂	6.941	Ra	镭	226.0254	Y	钇	88.90585
Cr	铬	51.9961	Lr	铹	[257]	Rb	铷	85.4678	Yb	镱	173.04
Cs	铯	132.90545	Lu	镥	174.967	Re	铼	186.207	Zn	锌	65.39
Cu	铜	63.546	Md	钔	[256]	Rh	铑	102.90550	Zr	锆	91.224
Dy	镝	162.50	Mg	镁	24.3050	Rn	氡	[222]			

参 考 文 献

[1] 武汉大学．分析化学[M].6版．北京：高等教育出版社，2016.

[2] 姜洪文，王英健．化工分析[M].2版．北京：化学工业出版社，2019.

[3] 陈海燕，栾崇林，陈燕舞．化学分析[M]．北京：化学工业出版社，2022.

[4] 高职高专化学教材编写组．分析化学[M].4版．北京：高等教育出版社，2014.

[5] 司晓晶．分析化学[M]．北京：中国石化出版社，2019.

[6] 武汉大学．分析化学实验[M].6版．北京：高等教育出版社，2021.

[7] 王术皓．分析化学实验[M].3版．北京：中国石化出版社，2019.

[8] 刘珍．化验员读本[M].4版．北京：化学工业出版社，2006.